本书由国家自然科学基金项目(51678103)、国家重点研发计划项目(2017YFE0125900)、大连市人民政府资助出版

Urban Nighttime Light Pollution

城市夜间光污染

刘鸣　等编著

化学工业出版社
·北京·

内容简介

本书介绍了多种光污染产生的原理、我国城市光环境发展状态以及若干光污染监测方法，分别对城市夜天空发亮、溢散型光污染、动态干扰光等主要形式的光污染进行了理论研究、调查分析、测量分析与评价分析，并初步形成了光污染评价、检测技术指标和评价程序，为建立一个较为完备的光污染防治、监测和检测体系做了积极地探讨。对环境部门进行城市环境监测提供了良好的依据和方法。

本书内容涉及光学、建筑学、城市规划、景观设计、环境科学、天文学等诸多领域；面向对象广泛，适合上述各类专业的研究人员、设计人员、管理人员参考使用。

图书在版编目（CIP）数据

城市夜间光污染 / 刘鸣等编著．一北京：化学工业出版社，2021.10（2024.1 重印）

ISBN 978-7-122-39812-3

Ⅰ．①城… Ⅱ．①刘… Ⅲ．①光污染-污染防治 Ⅳ．①X5

中国版本图书馆CIP数据核字（2021）第174950号

责任编辑：王 斌 邹 宁

文字编辑：吴开亮

责任校对：李雨晴

装帧设计：王晓宇

出版发行：化学工业出版社

（北京市东城区青年湖南街13号 邮政编码100011）

印 装：北京建宏印刷有限公司

710mm×1000mm 1/16

印张12¼ 字数229千字 2024年1月北京第1版第2次印刷

购书咨询：010-64518888

售后服务：010-64518899

网 址：http://www.cip.com.cn

凡购买本书，如有缺损质量问题，本社销售中心负责调换。

定 价：98.00元

编写人员名单

刘　鸣　唐　建　张宝刚　祝培生　马　辉　焦伟利
江　威　于　辉　胡沈健　张九红　刘慧婵　李维珊
郭晓炜　刘郁川　杨鑫鑫　潘晓寒　郝庆丽　刘小双
栗一伟　刘清源　雒　童　刘　玥

前言

随着城市现代化进程的发展，城市光环境建设已经成为城市整体建设的一项重要内容，优秀的城市照明规划不仅能满足城市基础设施照明功能，提高人民居住质量，减少交通事故和犯罪行为的发生，更能够提升城市形象和品位，延长城市居民夜间活动时间，促进旅游业发展，带来城市夜景经济增长。但是当城市夜间照明对人和生态环境产生负面影响时就变成了光污染，同其他形式的城市污染一样会给城市的绿色可持续发展带来阻碍。城市夜间光污染问题的研究、预防和治理在近年来已经成为备受关注的全球性环境问题。

本书介绍了多种光污染产生的原理、我国城市光环境发展状态以及若干光污染监测方法，分别对城市夜天空发亮、溢散型光污染、动态干扰光等主要形式的光污染进行了理论研究、调查分析、测量分析与评价分析，并初步形成了光污染评价、检测技术指标和评价程序，为建立一个较为完备的光污染防治、监测和检测体系做了积极地探讨。对环境部门进行城市环境监测提供了良好的依据和方法。

本书分为7章，第1章绪论，介绍了什么是光污染，对其表现形式和发展动态进行了概述；第2章主要介绍夜天空发亮的原因与机理，以及天空发亮对天文观测的影响；第3章主要探究城市中的各种溢散光以及城市表面对光的反射特征；第4章借助新型技术手段，研究了遥感与地理信息系统在光环境监测中的应用；第5章介绍城市夜间光色环境立体观测与分布规律；第6章探讨了全天空光污染分布规律，分析了单色光与复合光对城市整体的影响；第7章是城市照明中光污染的评价指标与评价程序。

开展城市夜天空保护行动，提出城市夜间光污染问题的评价指标和程序，积极探讨如何建立一个立体的、全方位的城市夜间光环境观测方法和城市夜间光污染监测、防治体系。其目的是为城市夜间光环境的低碳运行以及保护城市夜间生态环境提供科学化的评价手段和规划方法，具有十分重要的意义和作用。本书内容涉及专业广泛，如建筑设计、城市规划、景观设计、环境科学、天文学等诸多专业；面向对象广泛，涉及上述专业的研究人员、设计人员、政府职能人员、企事业单位。

本书凝结了研究团队多年来对光污染的研究与总结，主要参与撰写的工作人员及分工如下：第1章由大连理工大学刘鸣、刘清源、栗一伟、马辉负责编写和审阅；第2章由大连理工大学刘鸣、唐建、于辉、杨鑫鑫负责编写和审阅；第3章由大连理工大学刘鸣、刘郁川、祝培生负责编写和审阅；第4章由中国水利水电科学研究院江威、中国科学院空天信息创新研究院焦伟利、刘慧婵、大连理工大学刘小双负责编写和审阅；第5、6章由东北大学张九红、大连理工大学张宝刚、李维珊、郭晓炜、郝庆丽负责编写和审阅；第7章由中国科学院空天信息创新研究院焦伟利、大连理工大学刘鸣、雒童、刘玥负责编写和审阅。

本书凝练了国家自然科学基金项目和国家重点研发计划项目政府间国际科技创新合作重点专项的研究成果。本书得到了国家自然科学基金项目（51678103）和国家重点研发计划项目政府间国际科技创新合作重点专项（2017YFE0125900）以及大连市人民政府资助出版。

城市夜间灯光污染监测在国内尚处于起步阶段，我们的研究也是进行了有益探索，但也不可避免存在一些不足之处，敬请专家、读者指正。此外，本书中引入的参考文献恕未一一列出，谨向有关作者致谢。

编著者

2021年7月

目录

第 1 章

绪论

1.1 什么是光污染

随着人们生活水平的提高，人们更需要一个可见度良好、安全、舒适并富有吸引力的夜间光环境。但是由于表达内容、设计方法和实施策略等方面的影响，一些夜间照明设施可能会引起负面效果，造成光污染。研究与控制光污染已成为国际学术界近年来特别关注的涉及全球环境的学术问题，同时也是人类和全球生态不可推卸的责任和义务。

通过对城市光污染问题的研究发现，夜间光污染情况不仅与城市照明设施有直接关系，还与自然、气象及城市规划等因素有关系，这些因素不仅影响夜间光的传播，也影响光在城市空间传播的效果。因此本书通过对城市夜间光污染与各种自然、城市影响因素进行相关理论关系的研究，并通过对大连地区的夜间光污染情况调研及数据收集，着重探索解决城市夜间光污染的各项光学参数与各种影响因素之间关系，以及城市除天顶层次外的内部空间光环境状况。将城市夜间亮度、色温等数值与影响因素等相关数据进行分析研究，建立关系模型及初步探索可视化表达。从而为建立城市光污染监测评价系统，为将来城市光污染研究、城市规划、城市生态照明规划等提供一定的参考依据。

1.2 光污染的表现形式

1.2.1 主要形式

夜间室外照明的光污染主要形式包括眩光（glare）、光入侵（light trespass）、溢散光（spill light）、反射光（reflected light）、天空辉光（sky glow），见图 1-1。

① 眩光。就是在视野中由于亮度的分布或范围不适宜，或在空间或时间上存在着极端的亮度对比，以致引起不舒适和降低物体可见度的视觉条件。分为失能眩光（disability glare）和不舒适眩光 (discomfort glare)。

② 溢散光。从照明装置散射出并照射到照明范围以外的光线。

③ 反射光。室外照明设施的光线通过墙面、地面或其他被照面反射到周围空间，并对人与环境产生干扰的光线。

④ 光入侵。是指光投射到不需要照明的地方，侵犯了人们的正常生活范围。居民区、宾馆饭店、医院附近实施夜间景观照明需特别谨慎，这些区域的主要功能是休息，过多的夜间照明必然形成光干扰。

⑤ 天空光（或称天空辉光）。来自大气中的气体分子和气溶胶的散射（包括可见和非可见）光线，反射在天文观测方向形成的夜空光亮现象。它由自然天空辉光和人为天空辉光两个独立成分构成。

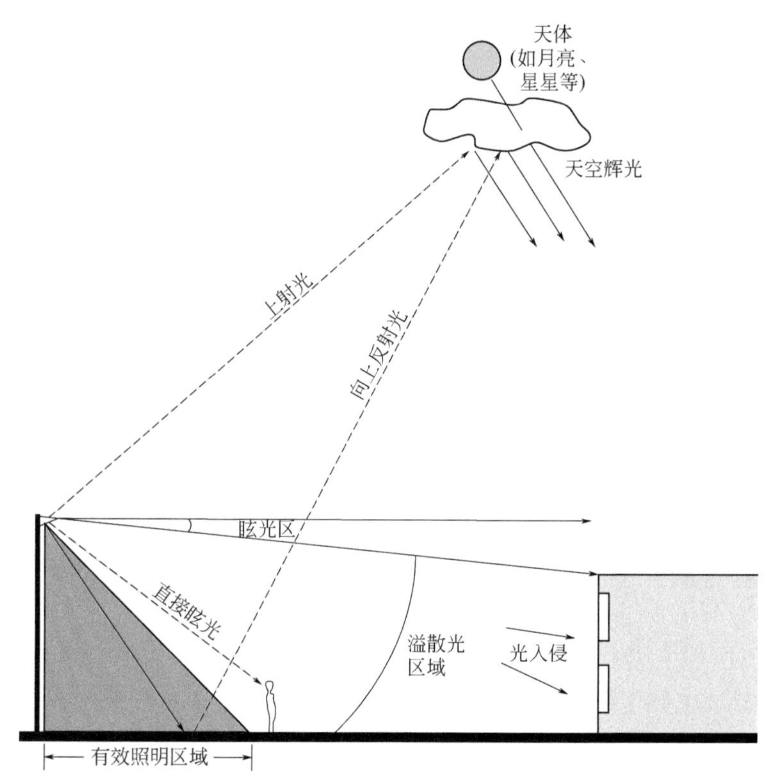

图 1-1　光污染形式

常见主要光污染的实例见图 1-2 ～图 1-5。前四种光污染形式主要是由低效的光源，拙劣的照明设备或过量的光线引起，通过采取一定的措施，如正确选择光源、限制灯具安装区域、协调光的颜色、适时开闭照明系统等能够适当控制这几种光污染。天空发亮是因城市的人工光在尘埃、水蒸气或其他悬浮粒子的反射或扩散作用下进入大气层，而导致的城市上空发亮。因此要全面控制地面上的光污染，才能有效避免天空亮度的提高。

图 1-2　眩光实例

图 1-3　天空辉光实例

图 1-4 光溢散实例

图 1-5 光入侵实例

1.2.2 其他形式

除上述五种主要的光污染形式外，随着光污染影响范围的扩大，新型光污染侵害也在不断出现，涉及生态、美学、心理学等多个方面，被称为广义的光污染，包括以下几种污染形式。

光辐射污染：是指光源中辐射出的非可见射线对人体、生物和建筑等造成损害的光污染，主要包括紫外辐射污染和红外辐射污染。例如光照中短波辐射的氧化作用和长波热辐射作用，会造成建筑材料表面的褪色老化甚至变质。

光亮误导：夜间的光亮有时会对人、动物造成误导，使之发生意外灾害。例如，光亮误导引来的昆虫可能会导致二次灾害。克罗地亚的学者就对特殊光源——昆虫诱引器有过研究，结果表明高压汞灯对虫子的吸引力最强，低压钠灯和高压钠灯吸引力较小。因此在有居民和游客逗留的城市休闲区的照明设计中应尽量避免使用荧光高压汞灯，以免引来不受欢迎的昆虫而造成灾害。

频闪效应：指在以一定频率的变化光照射下（通常在 50Hz 下），观察到物体运动显现出不同于实际运动的现象。由于发光原理和使用交流电等原因，大多数荧光灯具有频闪效应（电子镇流器荧光灯除外），只是由于视觉暂留的原因，人眼无法觉察。霓虹灯是最常见的广告灯光，当霓虹灯闪烁过快或过亮时也会造成频闪污染。另外，在商业区霓虹灯大量密集，无论是光色、亮度、变化频率都不同，因而是频闪污染最集中的地方。

动态光污染：各种光源的快速闪亮被称为光源闪烁。光源闪烁种类很多，其中艺术灯光闪烁（如 LED 动态光、霓虹灯、彩灯等）在城市夜间照明中较普遍存在，可作为重点研究的对象。动态光的类型有 LED 动态广告牌、建筑立面装饰照明、城市景观装饰照明、交通系统指示灯（牌）、商业门面标识等。

此外，还有视屏蔽、光色滥用、光形误导、光泛滥、光形过杂、光形色彩单调等形式的光污染。

1.3 光污染对城市的影响

光污染主要是指城市照明中对人、物和环境产生负面影响的光的总称。这样的污染会对城市环境、生态系统和社会生活造成不同程度的影响，总结如下。

（1）引起光线流失

光污染中的眩光、光入侵、光泛滥等现象，不仅会干扰人的生理节律，降低驾驶员的工作效率甚至引发交通事故等，而且极大地浪费了能源，见图 1-6。光线流失是造成光污染最突出、最直接的原因。

图 1-6 光泛滥，夜间环境淹没在灯光之中

（2）造成环境污染和能源浪费

光污染不仅浪费了大量的电力资源，而且发电产生的废弃物（如 CO_2、SO_2 等）还是酸雨和光化学烟雾的主要产生源。例如，据测算，每千瓦时的电能够释放大约 590g 的 CO_2、2g 的 SO_2 和 1.6g 的 NO。如果一年耗电 680 亿千瓦时，那么将释放 4000 万吨的 CO_2、140 万吨的 SO_2 和 110 万吨的 NO，这些都对城市环境和气候造成了严重的污染和负面影响。自 20 世纪末，城市气候发生了异常现象，极端天气频发，光污染也加剧了城市的“热岛现象”，光污染也由此逐渐进入大众的视野。2007 年 3 月 31 日，悉尼发起了在 19 点 30 集体熄灯 1 个小时的活动，期待引起人们对温室气体排放导致全球变暖的关注。

此外，每年因低效光源以及在不适当的时间和地方进行照明而浪费的能源也是巨大的，美国 2002 年这个数据就达到将近 20 亿美元。因光污染而使天文台更换高价值宽口径的望远镜甚至不得不搬迁，所耗费用也是一笔笔惊人的数字。

（3）破坏审美效果

在城市照明工程中，过量的光线、耀眼的光彩常常会使人眼花缭乱，而单一的照明元素又往往达不到美的效果，令人乏味。事实表明，过度的元素堆积、错位，反而会造成设计的混乱，破坏审美效果，因此光形、光色、亮度等元素的设计要适“度”为止，以满足人们的审美要求。

（4）威胁生态平衡

随着城市夜间光污染问题的日益严重，近年来生态光污染问题也浮现出来，而且受到光污染干扰的物种范围也越来越广，从空中到陆地再到水中的生态系统都有可能受到光污染的影响。夜间城市照明产生的天空光、溢散光、干扰光和反射光往往把动物活动和休憩环境照得很亮，过度的光会改变夜行动物的生长发育，扰乱动植物的正常活动规律，甚至导致物种濒临灭绝和发生变异等。这些现象都与可持续发展观念相违背，会使生态系统处于不平衡状态。

图 1-7 广告照明射向居民窗户，埋下光干扰的隐患

（5）扰乱人的正常生活

昼夜节律是人的生理循环正常的保障，减少或忽视黑暗，会严重影响人的健康和生活（图 1-7）。据研究表明，夜景照明常用的许多光源并非“全光谱”照射，而非全光谱光源会扰乱人体的正常生理规律，使机体生理失去平衡。长期下去，人体内的生物和化学系统会发生改变，造成体温、心跳、脉搏、血压不协调。例如，婴幼儿经常处于光照环境下，会引发睡眠和营养方面的问题。在有些光污染严重的地方，即使用厚重的窗帘或百叶窗也无法保证室内拥有黑暗的睡眠环境。长时间在亮光环境中休息，轻则使生物钟发生紊乱，白天昏昏欲睡，晚上却辗转难眠，影响正常生活，重则还会使大脑神经长期得不到真正的休息，产生神经衰弱，诱发精神疾病。

（6）引起安全系数降低

有时繁华、明亮的光环境反而会让人感到更加紧张，引起恐慌、烦躁和不安。而这样的环境是否会给犯罪分子创造有利条件，虽然还没有科学的论证，但是据美国司法部报道，人工照明的增强会降低犯罪分子的恐惧心理。例如，亮度越高的场所与相邻空间的明暗对比就愈发强烈，犯罪分子越容易从暗处去袭击他人。从一定意义上来讲，不良的光环境会给人带来虚假的安全感。

（7）失去美丽夜空

城市的天空发亮主要是由过量的人工光直射或反射造成的，许多低品质的室外照明所产生的上射光、溢散光、反射光等都能够增加城市的夜空亮度，这样就减弱了人们对星星和银河的观察能力。然而深蓝夜空，繁星闪烁作为夜间环境的重要组成，是自然界留给人类最宝贵的生态资源之一，人类不能以照明技术的进步为代价而失去美丽的夜空。

1.4 国际研究机构及主要成果

（1）国际照明委员会（CIE）

国际照明委员会（Commission Internationale de L'Eclairage；International Commission on Illumination，CIE)，其前身是 1900 年成立的国际光度委员会（International Photometric Commission，IPC），1913 年更改为现用名，并根据其法语名称缩写为 CIE，图 1-8 所示为其标识。总部设在维也纳。CIE 是由国际照

明工程领域中光源制造、照明设计和光辐射计量测试机构组成的非政府兼多学科的世界性学术组织。国际照明委员会有七个分部，其中每个分部有20个技术委员会（TC）。迄今为止，已有来自世界各地40个国家和地区的成员加入CIE组织。CIE出版了一系列相应规范，如《光在天文观测中的影响》（CIE/TC4-21）、《干扰光》（CIE/TC5-12）、《泛光照明指南》等。

（2）国际暗天协会（联盟）（IDA）

国际暗天协会全称为国际黑暗天空协会（联盟）（International Dark-Sky Association，IDA）。IDA是一个非营利性组织，1988年创建于亚利桑那州，IDA致力于夜间天空光污染的研究与知识普及，从而保护夜间环境和黑暗的天空遗产。图1-9所示为其标识。IDA提出了只有改善照明环境才能创造高质量的室外照明水平的观点，因此该机构一直努力提高民众抵制光污染的环保意识。到目前为止，IDA已经拥有来自世界各地70多个国家5000多名成员，并向公众提出了很多关于防治光污染问题的办法和建议。

国际暗天空协会（联盟）北京分部于2007年正式加入国际暗天空协会。中国分部的成立可以很好地提高政府官员、行业从业人员、科研人员及城市民众对室外环境照明高质量的需求，控制与防治城市光污染，促进中国照明事业向专业规范、低碳可持续方向发展。

图1-8　CIE标识

图1-9　IDA标识

2016年，中国生物多样性保护与绿色发展基金会（简称中国绿发会）星空工作委员会开展暗夜保护标准制定、暗夜公园试点建设等工作，并率先在西藏阿里、那曲开展中华暗夜保护地建设，将浙江开化县的“七彩长虹”景区等三地列为国内首批暗夜环境保护区试点。2017年11月，IDA年会在波士顿召开。本次年会主题是“让黑夜回归：以政策和技术作为改变的工具”（*Reclaiming the Night: Policy and Technology as Tools of Change*）。会议中来自8个不同国家的分会代表及暗夜星空保护组织分享了工作成果，推动了暗夜保护工作的制度化、标准化，扩大了试点保护项目，提高了公众保护暗夜天空的意识等。

（3）国际天文学联合会（IAU）

国际天文学联合会（International Astronomical Union，IAU）是最早开展关于光污染问题研究的国际组织。图1-10所示为其标识。其中，IAU的第21个委

图 1-10　IAU 标识

员会是夜天光（The Light of the Night Sky）委员会，第 50 个委员会是现有和潜在的天文台址保护（Protection of Existing and Potential Observatory Sites）委员会，这两个委员会是专为保护天文观测环境（包括光学 / 红外、射电和空间）成立的。同时 IAU 还与其他学术组织联合举行各种学术会议，以便交流与探讨研究成果。值得一提的是，IAU 于 2015 年首次通过国际空间站图片进行光污染研究，新的结果证实，从太空看到的这种溢散光是来自路灯和建筑物的散射光。这是导致城市内部和周围夜空增亮的主要组成部分，因此大大限制了模糊星星和银河系的可见度。

（4）美国国防气象卫星（DMSP）计划

美国国防气象卫星（Defence Meteorological Satel-lite Program，DMSP），是美国国家国防部专用于军事气象监测的卫星，是由美国空军空间和导弹系统中心负责实施，美国国家海洋和大气管理局（NOAA）负责运行的。DMSP 提供的信息主要由军方使用，但也面向民众提供一些信息（例如监测地球夜间灯光的数据）。通过灯光数据监测，可以看出城市或地区的夜间灯光强度、侧面反映城市的经济建设情况等。通过对中国 DMSP/OSL 夜间灯光影像 1995 ～ 2010 年每隔 5 年的发展变化的研究（图 1-11），发现城市发展的进程会明显影响夜间光环境，且光污染程度随着城市发达情况越演越烈。

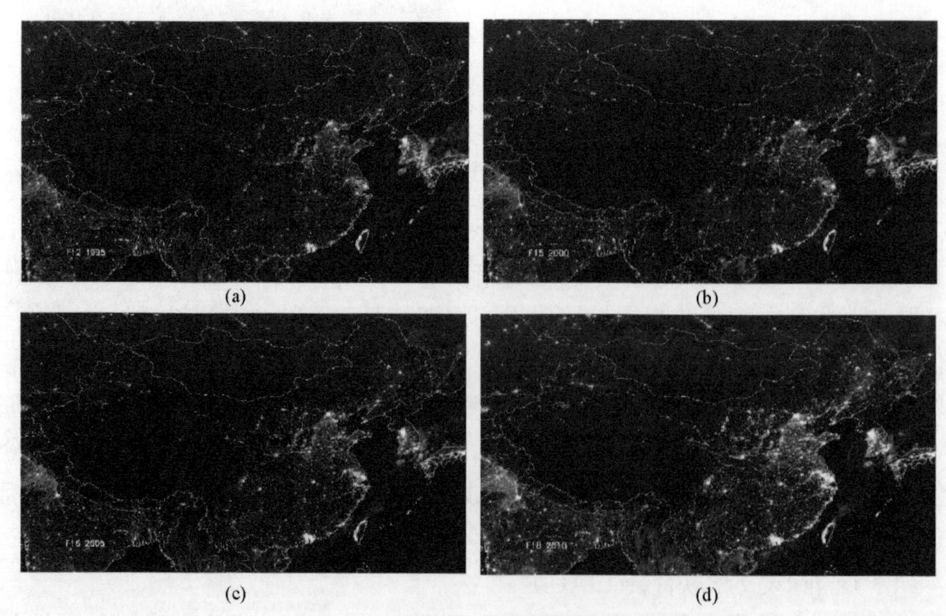

(a)　(b)　(c)　(d)

图 1-11　中国夜间灯光影像发展变化

（5）美国国家航空航天局（NASA）

美国国家航空航天局（National Aeronautics and Space Administration，NASA），是主要负责制定与实施美国的民用太空计划与开展航空航天科学的研究机构。NASA 利用传感器获得的夜间灯光数据在现实中有很高的应用价值。例如，2012 年 6 月 28 日，被称为“Derecho”的风暴将强烈的闪电、雨水与高达 60mile/h（约 96.5km/h）的飓风联合起来，导致了华盛顿和巴尔的摩大范围断电，最终造成 22 人死亡，约 430 万户家庭失去电力供应。当时的断电前后的亮度变化对比如图 1-12 所示，蓝色区域为断电灾区。这些图像是用 S-NPP（最新一代地球环境观测卫星）的可见光红外成像辐射仪（VIIRS）的日 / 夜模式拍摄的。可以看出大规模断电后，夜空恢复了本该有的黑暗，这从侧面反映出光污染源的可调控性。因此呼吁大家，不要在另一场灾难到来时，才能唤回我们保护黑暗天空遗产的意识。

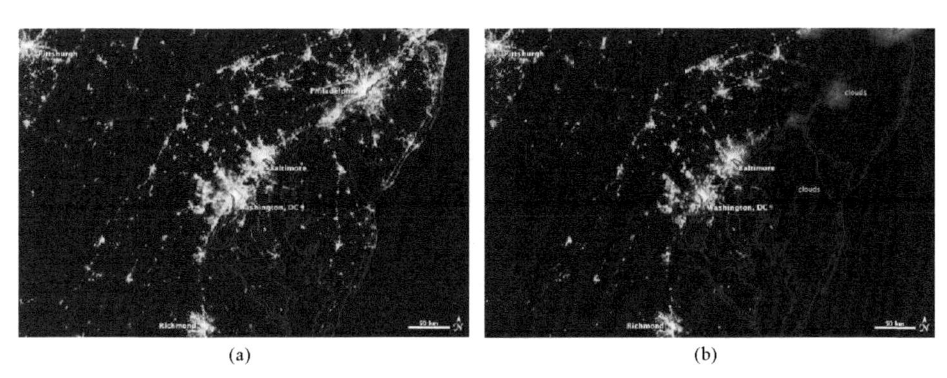

(a)　　　　(b)

图 1-12　断电前后的亮度变化对比

（6）以色列 EROS 卫星计划

以色列 EROS 卫星是以色列空间局（ISA）计划发射的两组卫星，分别是 EROS-A 及 EROS-B 系列卫星。2000 年 12 月 5 日，以色列成功发射 1 颗具有照相侦察功能的 EROS-A1 卫星。该卫星采用商业运作模式，不仅能保证军方的需求，还充分利用卫星资源获得了可观的利润。EROS-B 卫星上加载的是一台全色 CCD 相机遥感器。但是由于仪器的像元分辨率和覆盖区域的提高导致了测试视场的缩小，从而降低了仪器的灵敏度和信噪比，因此量化等级也相应降低了。其中 EROS-A 为 1bit，EROS-B 为 8 ～ 10bit。EROS-B 卫星主要用于环境监测、城市建设和规划、城市测绘、大规模遥感影像制图、灾害评估和军事侦察等。2015 年，学者 Yali Katz 等人采用 EROS-B 卫星获取的不同空间分辨率的图像开展了对比城市光污染的定量化研究，如图 1-13 所示。可以看出卫星图像的分辨率越高，描述城市夜间照明环境的精确度反而越低。

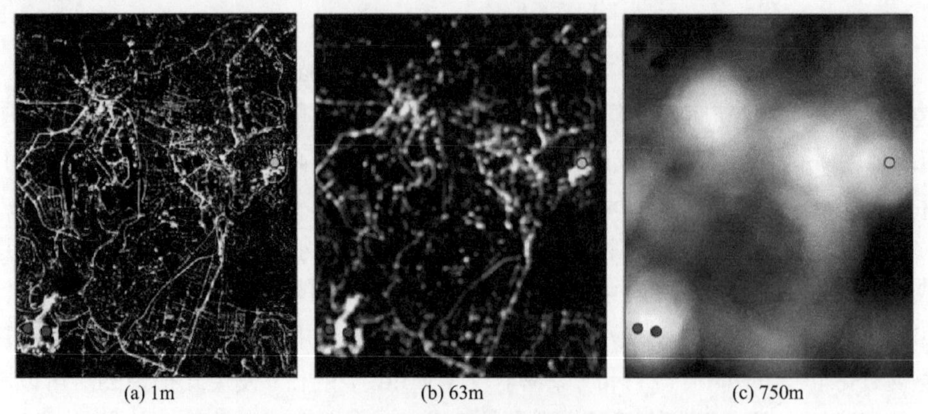

图 1-13　EROS-B 卫星获取不同空间分辨率的图像

（图片来源：*Quantifying urban light pollution—A comparison between field measurements and EROS-B imagery*）

1.5　光污染研究发展动态

1.5.1　光污染理论模型研究

从 20 世纪 70 年代开始，学者 Walker 通过对加利福尼亚夜间天空亮度的观察，发现城市夜间天空亮度与城市人口有着密切联系，并根据实地测试与数据收集，建立了简单的数学模型来表达人口分布规模对城市夜间亮度的影响，并在此基础上通过对其他光传播影响因素的研究，逐步完善了城市夜间亮度的模型，从而对光污染地图的研究提供了理论支持。

Treanor 通过研究空气中气溶胶等成分对光照的散射作用，发现城市天空的亮度可以分为两部分：城市光直接照射到天空部分和城市光通过空气散射照射到天空部分。因此 Treanor 在建立的夜间天空亮度的模型中加入了空气内气溶胶所产生影响的相关系数。通过出于地球详细的几何和物理方面的考虑，例如城市海拔、观测员位置高度等，Garstang 进一步完善了预测人工照明对天空亮度的地图模型。在该模型中，大气密度和气溶胶密度随着距离城市地面高度的增加而下降，并与高度呈指数关系，同时假设城市天空为均匀亮度穹顶时，城市总亮度与城市人口和从地面反射的光成正比关系（遵循朗伯分布）。

基于上述学者的研究工作，Cinzano 确定了由位于相邻漫射光污染地区的观测者探测天空的亮度分布图模型，并且与 Falchi 等人通过选取 1993 年和 1997 年美国国防气象卫星（DMSP）图像中无云状况下的夜间图像以及意大利政府提供的人口数量变化统计，先对人口分布规模由大范围到小范围进行研究分析，发现当城市人口规模达到一定程度时，城市总体亮度增加缓慢，而在此之前符合 Walker 所建立的模型（成线性增加关系）。因此建立了给定区域总亮度地图模型：

$$b(x', y') = \iint e(x, y) f\sqrt{(x - x')^2 + (y - y)^2}\,\mathrm{d}x\mathrm{d}y \tag{1-1}$$

式中　$e(x, y)$——单位面积光线向上的发射量；

$b(x', y')$——某一地点给定天空方向的人工天空总亮度。

2014 年，Cainzano 等人将意大利人口分布状况与卫星图像相结合，建立了意大利相关城市的夜间亮度地图模型。为精确描述低人口密度区域的天空亮度，在与卫星图像相同位置和像素尺寸的低人口区域 $e_{x,y}$ 中，分离出了相应的数据，精确了相应的模型。

$$b_{i,j} = \sum_{i}\sum_{j} e_{h,k} f\left[\sqrt{(x_i - x_h)^2 + (y_j - y_k)^2}\right] \tag{1-2}$$

式中　$b_{i,j}$——某区域中心的人工天空总亮度。

由此可见，基础理论模型和光污染分布图是相辅相成的，基础理论模型为掌握城市辉光的分布特点提供了指导，同时对光污染发展的影响因素的提出、光污染分布特征的表达都是非常重要的。

1.5.2　光污染图谱分析研究

在 DMSP 卫星图像和 ISS（国际空间站）图像基础上，各国开始通过对夜间城市光环境情况进行实地测试，并通过各种测试手段建立和研究相应的城市夜间亮度照明模型，为光污染分布图的绘制提供了数据支持。

（1）基于 CCD 图像测量的光环境分布图

利用 CCD 相机可以对城市夜间天空亮度进行直接地观测，有利于城市光污染的后期研究。CCD 相机常结合鱼眼镜头和适当的过滤器对所测量区域的天空照度进行连续测量，将获取的图形进行转化、校准，可以得到具有代表性的该区域天空亮度分布图像模型。

Kollath 利用装有广角鱼眼镜头的 CCD 相机对 Zselic 景观保护区的天空亮度进行观测，表明 CCD 相机已经达到了 10% 的矫正精确度。Duriscoe 等人使用 CCD 相机对美国国家公园夜空状况进行观测评估，在使用已知亮度的星星对图像进行校准后，得到了当地区的马赛克的全天空图像模型，用来保护夜空质量和对夜景照明进行管理。Rabaza 对白天天空测量系统 WASBM 进行改进，利用装有 B、V、R 三种过滤器的 CCD 相机，配合鱼眼镜头和标准德国式天文赤道对西班牙当地夜间天空亮度进行测量，进行大气消光改正后，通过使用 Stellarium 软件，得到天空亮度模型，在该模型中，通过比较夜空背景下已知亮度恒星的出现率，分析天空光污染的分布情况，也能提供准确的测光波段的背景天空光通量。

2020 年，Andreas Jechow 等人利用全天空测光法绘制了从城市到农村的天光亮度和颜色，研究了从柏林市中心到柏林以南超过 58km 的一个农村地区的横断面，使用了带有校准功能的商用数码相机（DSLR）和鱼眼镜头，如图 1-14 所示。

该研究根据多光谱成像数据，处理了亮度和相关色温图；同时提取了夜天空亮度和天顶相关色温，以及水平照度和标量照度；计算了每个地点的云放大系数，并研究了亮度和颜色随着距离的变化情况，特别是显示了城市范围内、外之间的差异。

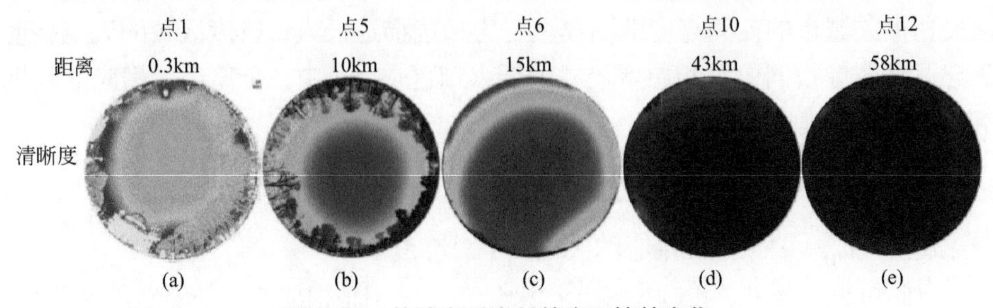

图 1-14　从城市到农村的光环境的变化

（2）基于实测的光污染地图和数据模型

CCD 相机主要用于对夜间天空图像进行直接分析，利用天空质量测量仪（Sky Quality Meter，SQM）能够通过数据资料对城市夜间天空或人工照明亮度建立测量数据模型并进行分析研究。Pun 等人使用 SQM 仪器对中国香港 18 个地区进行长期连续的夜天空观测，建立了在地区分类基础下的夜天空亮度地图和测量模型。该模型反映了不同夜晚的天空亮度分布情况，并通过地区之间的比较发现，香港夜天空平均亮度比黑暗标准天空高 82 倍，其中城市夜天空亮度平均水平比农村高出 15 倍，为香港室外照明规划提供了数据帮助。Kollath 利用 SQM 仪器对匈牙利 Zselic 景观保护区进行测量，包括公园和沉降区地区的上空天空亮度模型，发现该地区人工照明对天空影响很小，被指定为黑暗天空公园。

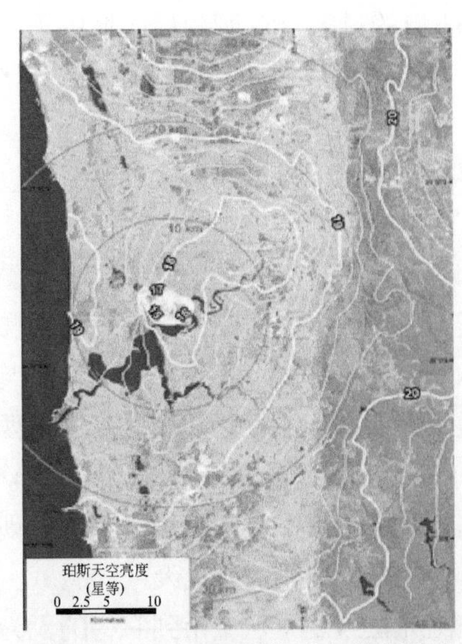

图 1-15　澳大利亚珀斯城市商业测试中心

Biggs 等人把澳大利亚珀斯城市商业作为测试中心，以 2.5km 的网格向郊区成辐射状进行测量网格划分，使用 SQM 仪器和 GPS（全球定位系统）对该测试点的夜天空亮度进行测量，将所得数据利用插值法绘制到该地区地形图上，得到该地区的天空亮度等高线地图模型（图 1-15）。从该模型中发现，城市商业区、工业区、高速公路地区的天空亮度最高，有植被的城市地区亮度居中，城市植被区、农业区亮度最低。

1.5.3 地理信息系统在光环境中的应用

地理信息系统的应用给城市规划带来便利，随着对城市光污染分布的研究发现，城市夜间照明亮度不但与城市人口分布有关，还与城市的土地使用功能分布有关。其中，城市夜间天空亮度比郊区及农村亮度高 50 倍以上，而城市内商业区及工业区的照明亮度是最高的区域，其次是城市道路亮度，其中植被（如乔木等）对城市照明向天空透射的部分有削弱的作用。因此，国内外光污染的相关研究开始在卫星地图（DSMP）图像的基础上，基于 GIS（地理信息系统）应用平台，建立城市相应的夜间亮度模型。

Chalkias 等人通过对希腊的 DMSP 图像进行处理，将同时期多个图像进行 GIS 系统的地理叠加技术，在 OLS-IR 数据系统上进行无云图像的识别和筛选，以及消除偶然事件（如火灾等）带来的影响，将得到的有效图像结合 GIS 系统创建的希腊地理空间数据（包括路网、地形、水系、土地覆盖等）及数字高程模型（DEM），对城市的人工夜间光源对应的光污染进行可视化的夜间亮度模型分析与研究（图 1-16）。S.M. Kwon 等人创建的针对黄道光的分布模型，如图 1-17 所示。

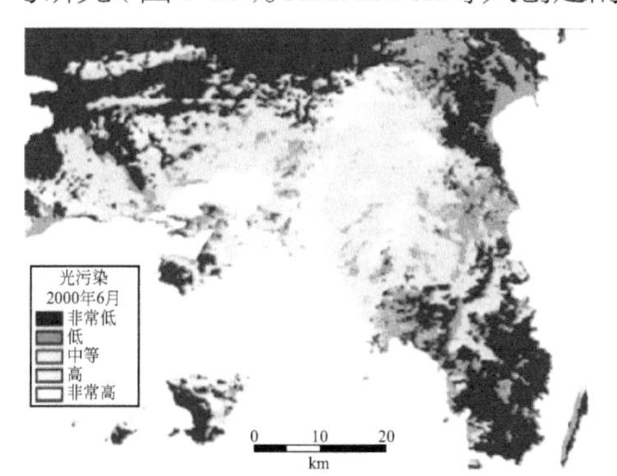

图 1-16　Chalkias 等人基于 GIS 得到的希腊亮度地图

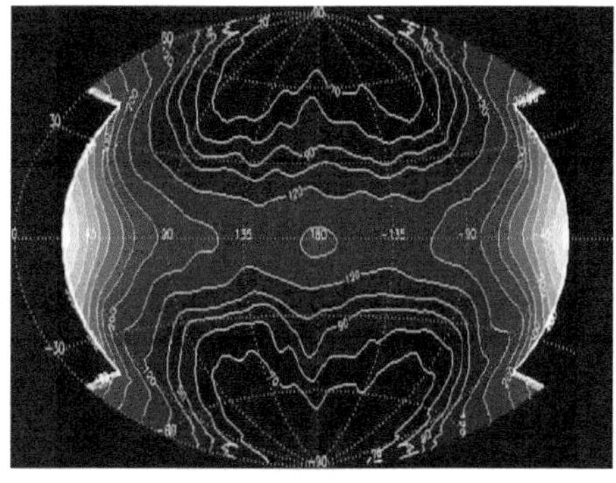

图 1-17　S.M. Kwon 等人创建的黄道光分布地图

由于 DMSP/OLS 图像数据对于描述城市照明状况的精确率很低，为了研究城市土地利用与城市光污染之间的关系，Kuechly 等人利用 Finger Lakes Instruments (FLI)、CCD 等仪器从柏林上空直接拍摄当地实际照明情况，通过 GIS 系统对图形进行叠加处理，从而绘制了分辨率为 1m 的城市照明地图，并对城市土地使用类别和各种用地光总量、总面积等进行统计分析，以及相应的研究（图 1-18）。

Mohamed 等人研究了加利福尼亚港口地区光污染水平，利用 GIS（地理信息系统）软件，对该地区夜间的 DMSP 卫星图像进行像素化处理，通过研究该地区港口区域的天空辉光以及夜间光的穿透能力变化，并结合当地的地理信息，将研究区域的光污染分成 63 个等级进行评定，从而建立了对光污染水平评价的

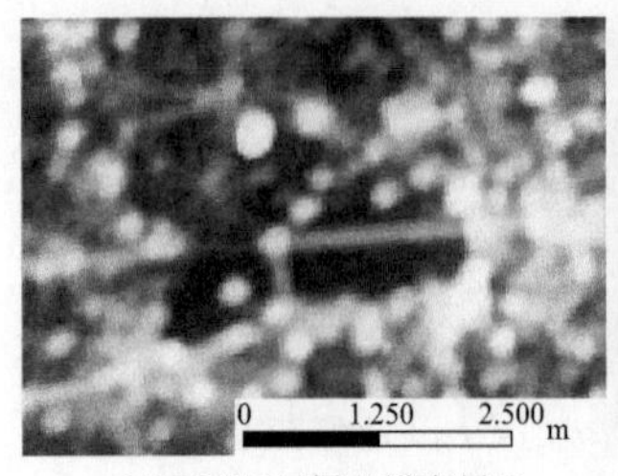

(a) DMSP卫星分辨率显示

(b) 绘制的地图分辨率显示

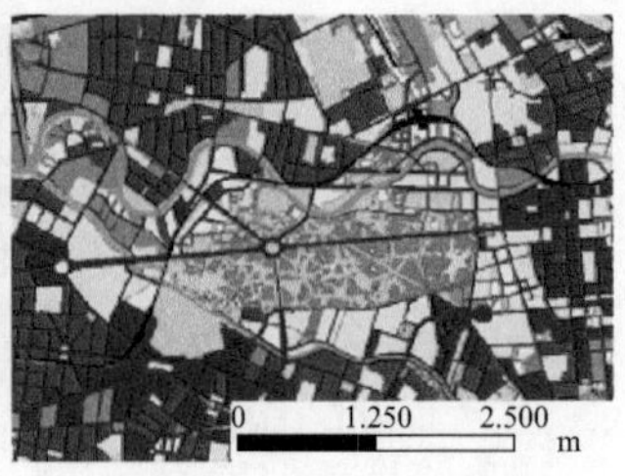

(c) GIS平台建立的地理图像

图 1-18 Kuechly 绘制的地图与 DMSP 图像比较

GIS 模型，并通过研究发现 IESNA（北美照明工程协会）标准能够对港口地区在 LEED 评价光污染标准上进一步提供评价标准，提出了相应的照明改善策略，为减少该区域光污染提供指导作用（图 1-19、图 1-20）。

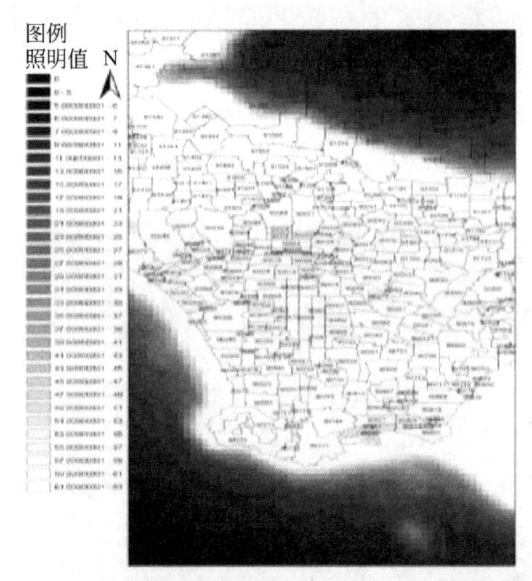

图 1-19 洛杉矶地区夜间光排放分布地图

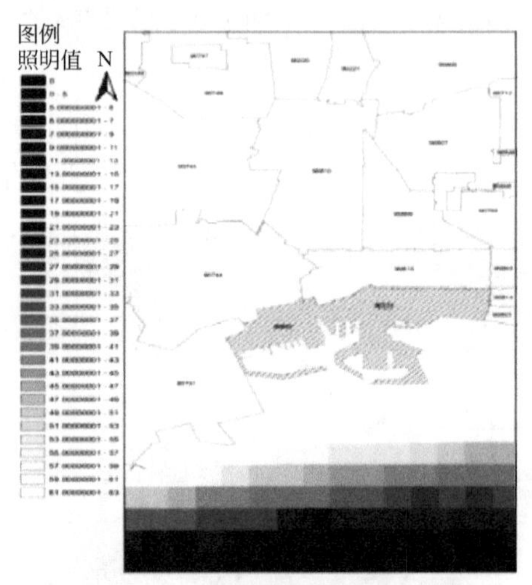

图 1-20 长滩地区港口夜间光排放分布地图

1.5.4 卫星遥感技术在光环境中的应用

近年来，遥感观测技术的升级带来夜间灯光数据的时间分辨率与空间分辨率的飞速提升，使地理信息系统（GIS）与遥感（RS）技术在光环境的宏观预测与微观观测中实际应用价值也在逐步地体现。遥感观测独特的视角对光环境的研究具有十分重要的意义。除了更为高效的数据采集技术方式、更加宽广的研究区域，卫星遥感还可以便捷高效地对城市的上射光进行研究。当前的夜光遥感研究数据主要包括美国国防气象卫星计划提供的 DMSP/OLS 数据，美国航空航天局提供的 NPP-VIIRS 数据，以色列空间局提供的 EROS-B 数据。另外，2018 年，中国研发的珞珈卫星也提供了高分辨率的夜光遥感数据。近年来以遥感技术为主体的光环境研究从以下几个方面展开。

2006 年，Chalkias 基于 GIS 软件，利用 GIS 高级分析功能，使用夜间卫星图像和模拟地图，建立了研究区域可视化空间数据库，分析结果展现并评估了雅典郊区周围直接和间接光污染的地图，研究发现雅典郊区的光污染水平较高，而且在过去十年中也有所增加。2009 年，Butt 运用相似的方法，开发并提出光污染建模方法，并通过创建各种相关地图来评估巴基斯坦城市和郊区的光污染等级以及直接和间接光污染。

2012 年，Kuechly 基于 DMSP 夜间卫星图像，利用 CCD 相机俯拍柏林的夜景，之后结合 GIS 技术对图像进行拼接及评估土地使用数据和图像数据之间的关系，并运用 GIS 计算每类土地利用类型的总面积和其中产生的灯光数量总和，得到各区域光总量和城市土地利用之间的比例关系。2012 年，Zollweg 利用开源街道地图（OSM）和地理信息系统（GIS）数据库，提出了通过城市辉光真实建模的技术模拟夜间光环境分布模型，使用 OSM 数据库中定义的街道和建筑物，可以在数字成像和遥感图像生成（DIRSIG）模型中自动生成研究区域的模拟夜间场景，该模拟场景与 NPP-VIIRS 数据进行了比较。Netzel 和 Tahar 分别基于遥感和实测结合 GIS 技术，建立了天空亮度模型。

2014 年，韩鹏鹏等人利用 DMSP 于 1992 ～ 2012 年拍摄夜间灯光图像，分析 1992 ～ 2012 年中国光污染空间分布及变化趋势。通过对 DMSP 原始夜间光照数据的联校，得到研究区域夜间光照变化趋势图（图 1-21）。结果表明，中国的光污染呈上升趋势，1992 ～ 2004 年，光污染占国土面积的比例从 2.08% 上升到 5.64%。同时，光污染的变化趋势在不同的地区呈现出不同特点。例如，20 世纪 90 年代，光污染面积增长较快的区域主要分布在东部和沿海地区的大城市，呈减少趋势的主要为矿产资源丰富的城市。

2015 年，Kyba 等人使用 NPP-VIIRS 数据研究了美国和德国人口尺度和灯光总量之间的关系。2016 年，Katz 利用 SQM 实测数据，结合 EROS-B、ISS 和 NPP-VIIRS 夜光图像及 CCD 相机图像，对比了地面实测数据和卫星遥感数据，主要是利用 SQM 测得的星等亮度及 EROS-B 拍摄的夜光图像之间的关系，发现了两类数据之间具有强相关性，并评估了由于直接光、反射光和散射光造成的光污染的定向的差异。2016 年，Henryka Netzel 基于 Berry 的模型，使用居民居住和城市化高分辨率地图数据（GHSL）及 SQM 实测数据，通过地理资源分析支持系统软件（GRASS，是一种用于计算光环境地图的 GIS 软件）获得了分辨率为 100m 的波兰夜空亮度合成图［图 1-22（a）］，将光环境地图与 NPP-VIIRS 数据［图 1-22（b）］相比，证明简单的模型和高分辨率数据相结合，可以在简化情况下获得夜间亮度的空间分布。Levin 对 NPP-VIIRS 数据进行定量分析，研究了亮度与人口、GDP（国内生产总值）、路网密度、植被覆盖率等相关影响因素之间的相关性。

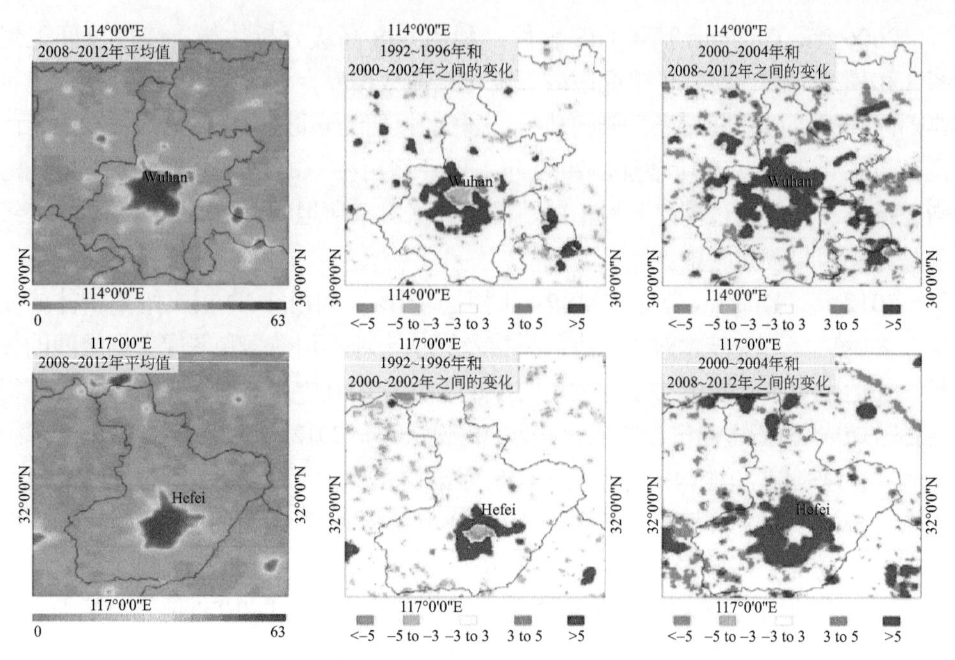

图 1-21　中国部分大型城市的夜间灯光变化趋势

（图片来源：HANP, HUANG J, LIR, et al. Monitoring Trends in Light Pollution in China Based on Nighttime Satellite Imagery[J]. Remote Sensing, 2014, 6(6):5541-5558.）

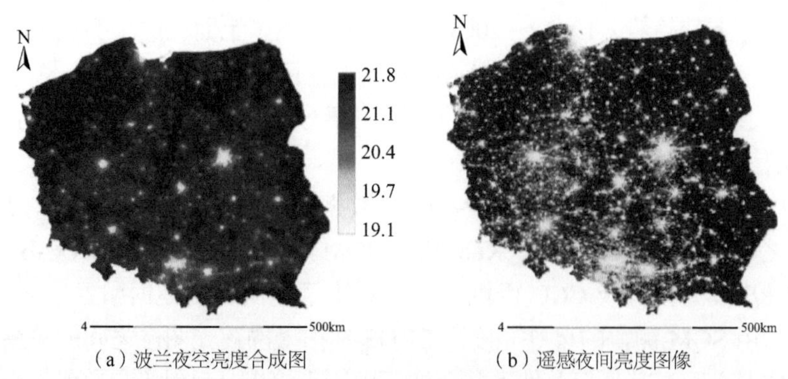

（a）波兰夜空亮度合成图　　（b）遥感夜间亮度图像

图 1-22　波兰夜间灯光图像

2017 年，江威为了揭示中国光污染的时空格局演化规律，利用 1992 ～ 2012 年 11 年的 DMSP/OLS 图像，分别从国家、省市的尺度上研究了夜间光环境的变化规律，研究发现，中国的光污染在不断加重，尤其是长三角、珠三角、京津冀等东部沿海区域。2017 年，江威的研究是第一次评估利用珞珈一号夜间光图像调查人工光污染的潜力的研究。选取 8 幅珞珈一号图像进行几何校正。然后，从三个方面对珞珈一号探测人工光污染的能力进行了评估，包括珞珈一号与索米国家极地轨道合作伙伴可见光 / 红外成像辐射计套件 (NPP-VIIRS) 的比较，如图 1-23 所示。

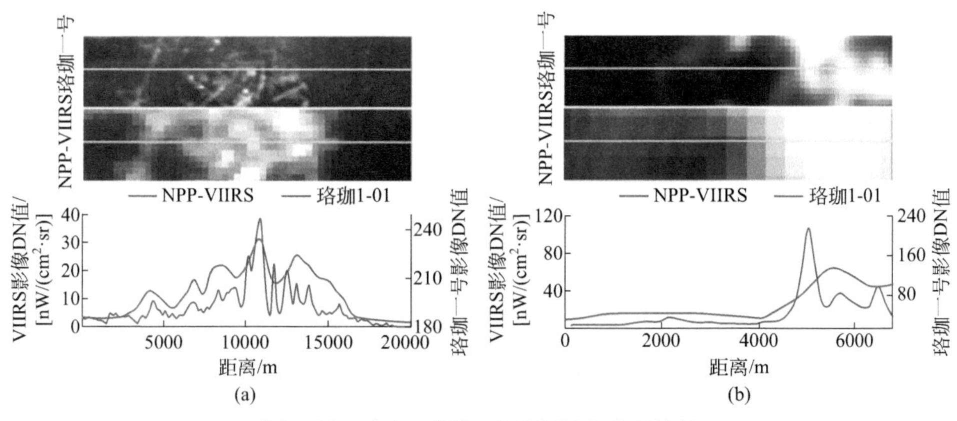

图 1-23　珞珈一号和 NPP-VIIRS 分析比较

2018 年，刘鸣根据城市夜间光环境分布特性，将城市空间的可视化划分了三个层次，结合光污染地理信息，对光污染分布进行了可视化方法的探讨，并利用大连市西安路区域的调研数据，建立了光污染的初步可视化模型。2019 年，郝庆丽对大连市四个广场的地面实测数据与珞珈夜光数据进行可视化对比及相关性分析，发现遥感数据（辐射亮度）和实测数据存在相关性。2019 年，刘鸣等人以遥感数据类型为基础，分别针对 DMSP/OLS、VIIRS、EROS-B 提供的夜间灯光数据以及 Landsat 提供的土地利用数据，对应用成果中遥感数据基本信息、技术方法、研究应用及应用优缺点进行述评，统计了遥感数据在光污染研究领域的应用现状，总结出遥感数据应用的限制及发展前景。

上述内容提出了借助图像提取参数进行城市空间分析，尤其是利用图像处理、卫星图像等方式对于光环境分布以及理论模型建构提供了全新的视角。以遥感数据为基础的理论模型的建构为光环境研究提供了更宏观的研究尺度。尤其是在对于城市近海区域的光污染研究中发挥了较大作用，近海城市海域面积大，海岸线长，对于海洋区域进行实地测量成本高、精度低，而长时间序列、高分辨率的遥感数据可以提供全海域多时段的夜间光环境数据。因此卫星遥感技术的介入对于光环境模型的建构的研究是非常重要的。

1.5.5　光污染对沿海环境的影响

绝大多数物种是在自然和可预测的月光、阳光和星光下演化的。这些制度定义了物种的活动时间（例如，夜间、昼夜），提供了有用的导航帮助，有助于调节并协调物种成熟和生殖活动，并提供了相对恒定的辐照度光谱，可以调节生理学并告知视觉引导的行为，例如捕食与传播。这些过程都受到陆地生态系统中人造夜间光的影响，例如，鸟类中的性成熟提前，觅食能力得到加强，而黎明歌曲的播放时间（鸟叫）会延长到深夜。一些物种被吸引到人工照明的区域，它们遭受捕食的概率增加；而另一些物种则避开了人工照明的区域，转移到没有人工照明的栖息地。许多相同类型的光，也会影响海洋物种。由此可知，人造光很可能会影响海洋环境中各种各样的生态过程（图 1-24）。

图 1-24　人造光污染对海洋生态系统的已知和潜在影响

（a）通过人工增辉抑制浮游动物的垂直迁移；（b）夜间在点燃的船只上发生鸟击；（c）将沿海涉水禽的视觉觅食行为扩展到深夜；（d）破坏无柄无脊椎动物幼虫的定居点选择；（e）鱼在码头灯光下聚集导致捕食加剧；（f）在月相和水温调节下珊瑚同步释放配子；（g）海龟从人工照明的筑巢区移出；（h）通过路灯迷惑海龟孵化场中的向海迁移路线

我们要量化光污染对海洋系统生态的威胁程度，需要研究受影响物种的数量和系统发育的广度，以及人造光在海洋生态系统中的空间影响，还有影响发生的生物复杂性范围。为指导这一过程，了解哪些物种可能易受伤害以及它们当前是否或可能受到人造光污染是有用的。生态学家可以通过在陆地生态系统中寻找有生物反应的海洋类似物，以及从记录自然光在海洋生态系统中作用的研究中推断出，以此来识别脆弱物种。筛选许多分类单元中的响应可以帮助我们制定易受攻击的物种或行为的完整列表，但是这种方法可能既昂贵又耗时。因此，我们将只研究那些对人类福祉有明显影响的物种和生态系统，例如生物量生产、海岸保护、生态系统稳定性等。

事实证明，夜间照明的全球卫星图像可用于识别暴露于光污染的珊瑚礁区域，这种方法可以扩展到在海洋保护区以及其他已知对人工照明敏感的物种的区域绘制人工照明的地图。但是，卫星图像仅限于在晴朗的天空条件下测量向上发射的光，而有机物则暴露于直接和分散的光线以及从大气反射回来的光，其数量会随着当地气象条件在时空上发生变化。因此，对光污染趋势和长期生物影响进行大规模的时空分析需要合适的地面传感器阵列，利用这些传感器可增强和完善地面卫星数据，从而可以开发出准确的预测模型。但是，只有少数天空质量仪（SQM）部署在沿海地区，到目前为止尚未在公海部署。海上基础设施［包括石油平台、“机遇之船”（愿意参加长期监测计划的船舶）和全球海洋观测系统（海面浮标）] 都具有建立这种设备网络的潜力，从而带来了物流方面的挑战与海上部署有关的问题。

在较大的空间尺度上测量和监测海洋光污染提供了识别受威胁区域、量化趋势以及制定最有可能发生未来影响的预测模型的可能性。要了解敏感物种和生态系统在人造光下的暴露位置，还需要进行制图和建模，同时考虑人造光的垂直和水平变化，以便能够确定浊度等因素，从而确定光谱和深度如何相互作用以影响强度。

2012 年，Tessa Mazor 使用遥感工具和来自 SAC-C 卫星以及国际空间站的高分辨率数据，研究了海龟巢穴的长期空间格局与以色列整个地中海海岸线上夜间光照强度之间的关系。发现海龟巢穴与夜间光照强度呈负相关，并且集中在沿海较暗的区域。认为夜间灯光是解释海龟巢穴分布的重要因素。2013 年，Davies 等人从生物学的视角切入光环境对于生物的影响，发现较宽的光谱照明使动物能够检测到在其敏感光谱范围内反射光的物体。认为更宽的光谱照明会使动物在食物识别上造成更大的差异，从而有可能改变物种间相互作用的平衡并改变群落结构。

2014 年，Thomas W Davies 等人指出，人造光污染在全球范围内广泛分布于海洋环境中，改变了自然光的颜色、周期和夜间光的强度。而光与各种生物活动有关。海洋环境中的人造光来源各不相同，其中航运和轻型渔业是近岸和近海水域的临时光源，见图 1-25(a）和（d)。海上石油平台和陆上开发项目（例如城镇、城市及港口）提供了更多的永久性资源，可以增加河口、海湾和大陆架海等地区的夜间光照强度［图 1-25（b）和（c)]。

2014 年，Poulin 等人进行了第一个测试光污染是否会影响光合作用的研究。他们在实验室中模拟了近岸光污染区域的环境，发现处于适用强度下限的光（大约 6lx）不影响净光合作用或生长，但影响了一些其他的生理活动，包括最大的电荷分离量子产率，以及功能吸收截面光系统的数量等。

（a）锚定在英国法尔茅斯湾的船舶上的人造光

（b）英国普利茅斯的灯光照亮了添马舰河口及小河和支流

（c）从英国克雷梅尔观看，装饰、港口和市政照明洒到添马舰上

（d）月光投射在英国添马舰河口 Cremyll 的海岸上

图 1-25　海洋生态系统中的人造光来源

2015 年，在 Poulin 等人的研究的基础上，Hölker 等人调查了长期暴露于田间类似的夜间照明（农业排水沟）是否会影响软底沉积物中的微生物群落。研究

发现人工照明改变了微生物群落组成，增加了主要生产者（例如硅藻和蓝细菌）的比例。将沉积物运送到实验室并在更高强度的夜间照明（70lx）下孵育后，发生了光合作用。这表明夜间人工光照明（ALAN）可以在较高的光照强度下激发夜间的光合作用。

2018 年，Xavier Ges 等人提出了一个测量系统，该系统可用于在实际航行条件下，在小型船和大型船上进行天顶天窗测量，用于测量日光对距光污染源距离的依赖性，并验证（或拒绝）大气光传播模型。2018 年，Maja Grubisic 等人研究认为，暴露于 ALAN 尤其是白光 LED 灯下会严重影响初级生产者的数量和构成，如图 1-26 所示。发出大量蓝光的光源可能会产生更大的生态影响。物种组成的季节性差异及其对日照条件的生理适应可能是生态系统应对 ALAN 影响的重要调节剂。

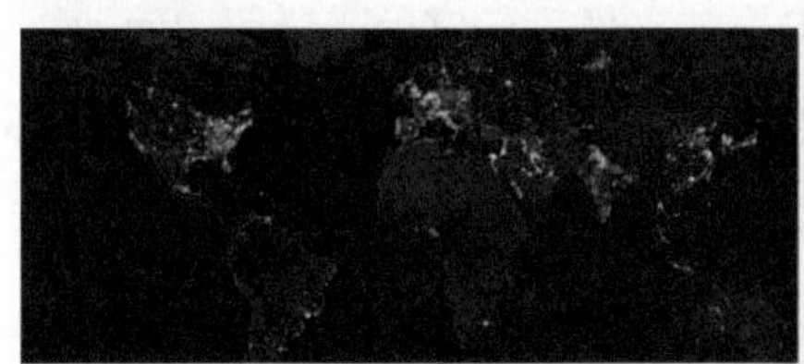

(a) 从太空观看地球的夜景

(b) 从太空看尼罗河及其三角洲的夜景

(c) 塞尔维亚贝尔格莱德的萨瓦河上的发光桥

图 1-26　ALAN 在全球范围内的存在以及河流照明的例子

2003 年，朱金善分别利用亮度对比度、可见度水平的计算公式和格拉斯曼的颜色混合定律分析了亮度对比度和颜色对比度对船舶号灯可识别性的影响；同时，分析了眩光对船舶驾驶员视力的影响，对现行《国际海上避碰规则》提出了减小与防范这种影响的措施与建议。2009 年，朱金善对海上光污染的概念进行了一定的探讨，认为海上光污染的主要来源是城市夜间照明和海上灯光捕鱼照明所产生的溢散光、反射光。主要影响航海安全、海洋生态系统。

近海水的光环境作为城市光环境的组成部分，主要来源于船舶、近海陆地开发项目、海上石油平台。许多沿海海洋生态系统在夜间暴露于人造光下，因此，城市近海区域的光污染对于水域有着不容忽视的影响。国内外的现有研究的实验方式主要有模拟实验和实地测量等，研究区域较小、缺乏足够的数据支撑。因此，需要进一步深入研究对城市水域夜间光环境的监测与评价，以提高居民的生活质量，保护生态环境，实现可持续友好发展。

1.5.6　光污染对其他生态系统的影响

随着电力系统的发展以及人类的生产生活对夜间光照提出的更高需求，人工照明得到了飞速发展，从照射时间、光线波长和灯光分布等方面很大程度上改变了地球的夜间环境。这给人类带来了广泛的利益的同时也会有一些负面的影响，影响人类的肌体健康、野生动植物和生态系统，如表 1-1 所示。自 19 世纪 70 年代开始，天文学家发现由于城市人工夜间光导致天空过亮的问题，引起了不同国家、不同学科范畴的科研学者就城市人工光照对于生态系统的影响展开了一系列的研究。在这里以文献综述的方式回顾这些影响，特别是在人工照明的范围和所采用的流行技术不断发展的背景下的影响。

表 1-1　关于光污染对生态系统影响的研究

时间 / 年	作者	方法	观测对象
2004	Gaston	实验、理论分析	自然生态系统
2004	Los Angeles	SPSS	自然生态系统
2009	朱金善	问卷调查、GIS	海洋光污染
2010	马剑	现场调查、实验	候鸟
2010	刘博	现场调查、实验	雨燕
2012	Tessa Mazor	GIS、SPSS	海龟
2014	Kevin	文献分析	自然生态系统
2015	Jonathan Bennie	DMSP/OLS、GIS	自然生态系统
2017	Van Doren	雷达	候鸟

2004 年，Gaston 等人通过研究发现，光环境主要影响生物体的时间划分（它们如何分配白天的活动）以及它们的昼夜节律和光周期模式。人工夜间照明已被证明可以改变生物体捕获资源的时间和周期，通常会增加昼夜物种的数量，并对夜间物种的生存造成一定的影响。2004 年，Jonathan 讨论了生态光污染的规模和程度及其与天文光污染的关系，并且在行为和人口生态学、社区生态学、生态系统生态学的嵌套层次结构中探讨了人工夜灯的潜在影响。

2010 年，马剑通过对文鸟及虎皮鹦鹉的光照影响观察实验，得到在不同照度、亮度、光色、光谱、闪烁等照明情况下的一些行为影响结果。发现迁徙候鸟明视觉感知十分发达，且在非自然光环境，诸如闪烁、变色、低显色性的光照下，更易出现异常反应行为。2010 年，刘博对雨燕的光照特性以及候鸟在京津冀的分布做了较为详细的研究；在此基础上，进行雨燕晨昏数量观测，并选用典型室外照明光源进行现场光照实验，初步得出雨燕受人工照明影响的原因及其光照承受照度阈值。

2014 年，Kevin 从能源消耗、生态系统、视觉感知、昼夜节律、光合作用、空间取向六个方面探讨人工照明的发展对于生态系统及人类日常生活的影响。2015 年，Jonathan Bennie 将 1992 ～ 2012 年间相互校准的国防气象卫星计划的稳定夜间照明的操作线扫描系统（DMSP / OLS）图像与遥感土地覆盖产品（GLC2000）结合在一起，以评估夜间人造光的变化对全球生态系统类型的影响。并且发现地中海气候生态系统的暴露量增加最大，其次是温带生态系统。在北方，北极和山地系统的增幅最低。在热带和亚热带地区，增幅最大的是红树林、亚热带针叶和混交林。而在干旱地区，增幅主要在森林和农业地区。在人造光照射下增加最大的全球生态系统已经被局部化和分散化。

2017 年，Van Doren 通过监控 9 月 11 日美国国家纪念馆的“致敬之光”的光束，通过雷达和声学传感器量化鸟类的行为反应，并通过计算机模拟的方式来估算光线对于鸟类的吸引力，研究了夜间人工光（ALAN）对鸟类迁徙的影响。模拟结果表明，附近鸟类的方向混乱和随后被吸引的可能性很高，即使在良好的可见性条件下，这种单一光源也会引起鸟类的重大行为改变。在每年的观测中，设施附近的鸟类密度超过周围基准密度的 20 倍。但是，当灯光熄灭时，行为上的干扰就消失了，这表明鸟类在夜间大量迁徙的过程中会被灯光影响。

因此，大量的人造光源对地球的生态系统保护工作提出了较大的挑战，通过对近些年相关科研成果的分析可以发现，夜间人工照明对于动物的迁徙、生育、生物节律、视觉环境感知等有一定的影响，以人类需求为出发点的城市夜间照明切切实实地引发了生态系统的改变。然而，对于光污染等非传统污染，缺乏社会治理共识，且治理的标准不全，认定困难。因此，光环境对生态系统影响因素的研究，能够为光污染的治理提供参考规范和标准，使光污染和其他种类污染一样，受到妥善的处理，对构建“环境友好型”的夜间人工光环境具有重要的意义。

1.6 光污染防控对环境的意义

（1）保护全球生态的需要

光污染的危害已不仅是对天文观测等人类的研究和行为进行干扰。光污染对动物的夜间定位、沟通等行为以及对植物的生物钟节律、休眠、冬芽形成等方面都存在一定的影响。但目前国际上还没有此方面定量化的标准和指南，光污染对该方面影响的结论和研究成果还很有限。因此，光污染对全球生态系统的危害不容忽视。例如透过人们所熟知的食物链，如果人工光照影响了食物链中的某一环，就会影响动物群落间的交互作用，甚至还会进一步改变群落的结构。在人工照明形成的“永久月光”的环境下，有助于那些耐光型物种生存，会将其他物种逐渐从该环境中驱逐出去。这样的结果只会导致生物群落结构简单化，从而影响生态系统的平衡特征。另外，受到光污染干扰的物种范围也越来越广，从空中到陆地再到水中的生态系统都有可能受到光污染的影响和破坏。所以防治光污染、保护生态系统是亟待解决的问题。

（2）促进城市夜景照明科学、可持续发展的需要

科学的、可持续的夜景照明要求人造光环境对周围物理环境的影响应该是最小的。而光污染作为城市夜景照明中的副产品，具有表现形式多、影响范围广

和传播速度快等特点，与可持续发展理念相违背——光污染在全球范围内造成了巨大的能源浪费，每年因光污染造成的直接和间接的环境污染和经济损失也非常严重，尤其是给人类的健康、生活、交通和人居环境带来了许多干扰和侵害。由此，从长远目标来看，需要对城市夜景照明中的光污染进行系统性、规范性和全面性的控制与治理，只有这样，在适当的区域和时间科学合理地进行城市照明，才能创造出良好的城市光环境，并且还可为人类带来可观的经济效益和环境效益。而这方面正是节约能源，保护夜空本色，提升夜间人居环境品质，实现城市夜景照明规划、设计、建设等方面能够科学、可持续发展的需要。

（3）建立我国光污染防治研究体系的需要

① 与欧美和日本等发达国家相比，适合我国国情的关于解决光污染方面的技术性研究成果还比较缺乏，更没有该方面的权威性法律法规。虽然北京、天津、上海等地先后出台了行业的技术规范，但是缺乏一定的法律性和针对性。如果关于防治光污染的具体措施详细地列入法律规范，不仅能保证在开始规划时期就考虑防治光污染，还能够优化照明设计、提高照明质量、促进照明产品的新生和刺激照明系统的技术发展。

② 在我国比较缺乏光污染的监控方法、评价体系和历史记录。就天空发亮型光污染的研究情况来看，德国、意大利、日本等国家都有关于城市夜天空亮度研究的历史资料。如日本，自 1987 年以来，在环境厅的领导下绘制了全日本的夜间天空光的等值区域图，并且这项工作得到了持续。而我国在该方面的研究很有限，关于夜天空亮度的测量比较缺乏历史资料，还缺少连续性、系统性和地域性的研究，因此较难定量化地分析一个城市不同年份间天空光污染的分布与进程；同时，由于缺少其他城市夜天空亮度的记录，也很难比较城市之间的夜天空亮度的差别。所以建立城市夜天空亮度的监控和评价体系，将有利于城市环境的保护和可持续发展。

（4）智慧城市光环境的需求

随着互联网、物联网技术的飞速发展，计算机算力的提升为智慧城市大数据处理、数据实时分析提供了必要的技术条件。智慧城市的夜间光环境分析模块可以对能源消耗、夜间光环境情况进行数据化、智能化的分析，在城市夜间光环境问题的解决上具有积极意义。

智慧城市夜间光环境模块建设的核心是形成数据采集、分析、可视化的夜间光环境实时数据监测处理系统。而地面夜间光环境数据作为智慧夜间光环境系统的基石，承载着夜间光环境的现实状态。系统需要对数据进行快速、准确地收集与分析，才能实现城市夜间光环境的智慧化的监测与治理。

外空星载观测平台提供的城市夜间灯光数据具有覆盖范围广、更新速度快的特点，可以为智慧城市夜间光环境模块的建设提供宏观视角的数据支持服务。但由于国内夜间灯光数据卫星 Luojia 在 2018 年才正式入轨提供数据，目前还没有形成较为系统的遥感夜光数据收集处理方法，难以满足智慧城市夜间光环境模块对于数据更新的需求。

总之，研究与控制光污染已经成为国际学术界近年来特别关注的涉及全球环境的学术问题，同时也是人类和全球生态不可推卸的责任和义务。

第 2 章

夜天空发亮的理论研究

夜天空发亮是城市光污染的主要表现形式之一，它是来自大气中的气体分子和气溶胶的散射（包括可见和非可见）光线，反射在天文观测方向形成的夜空光亮现象。它主要是由自然天空光和人为天空光两部分造成的。其中自然天空光是指天体和地球大气上层辐射过程引起的那部分天空辉光。自然天空光包括月光、高层大气辉光、黄道光、散射的星光、星际尘埃和气体等引起的背景光五个方面，见图 2-1。人为天空光主要是指城市的人工光在尘埃、水蒸气或其他悬浮粒子的反射或散射作用下进入大气层，而导致的城市上空发亮。它包括直接向上和经地面反射到空中的光辐射。

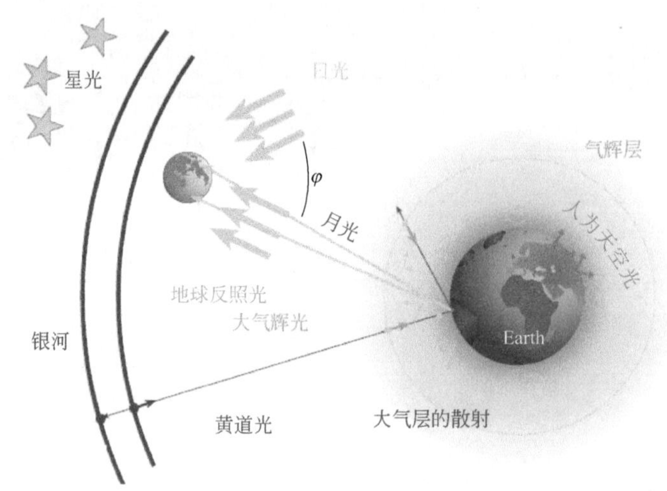

图 2-1　夜天空光模型的组成

2.1　夜天空发亮与大气散射

如上所述，夜天空发亮是在空气分子、水蒸气、尘埃或其他悬浮粒子的反射或散射作用下进入大气层而导致的。在大气中，造成散射的粒子尺度很宽——从气体分子（约 10^{-8}cm）直到大雨滴和雹粒（约 1cm）。散射图形的相对分布强烈地依赖于粒子尺度与入射波长之比。如散射是各向同性的，则散射图相对于入射波方向对称。各向异性的小粒子所散射的光，前向和后向趋于相等；当粒子变大时，散射能量以图 2-2 所示的较复杂的形式逐渐集中在前向。图 2-2 中绘出两种粒子尺度的散射图。用电磁波理论可以定量地求得有关球状和某些对称形状的粒子的散射能的分布。

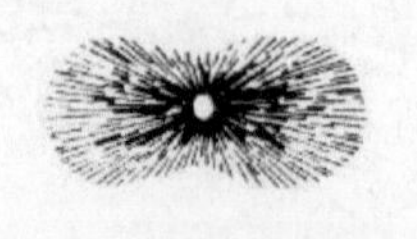

(a) 瑞利(Rayleigh Scattering)
散射的近似能量分布

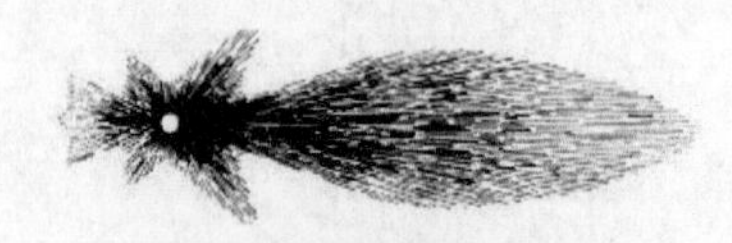

(b) 较大波长的米氏(Mie Scattering)
散射的能量分布

图 2-2　两种粒子尺度的散射图

Mark A Yocke 等人从大气中的空气分子和气溶胶对人为天空光散射的角度，建立了单次散射和多次散射条件下的夜天空亮度模型。2001 年，Henrik W J 从天文物理的角度，建立夜天空发亮与月光、高层大气辉光、黄道光、散射的星光、星际尘埃和气体、人工光之间的物理模型。2003 年，王爱英等人论述了城市光通过尘埃、悬浮物等扩散进入大气层。2006 年，Baddiley C 在第六届欧洲暗天空研讨会的研究报告中，分析了夜天空发亮与大气散射的关系，发现夜天空发亮主要是由于大气分子或气溶胶对城市上射光向下散射的结果，其中在大气底层以气溶胶散射（米氏散射）为主，随着大气高度的增加，则以大气分子散射（瑞利散射）为主。研究表明，观察者在非常高的观察角度上，看到的散射是大角度的，且以空气分子为主，并依赖于波长；当观察者在很大的距离外，并且是在低、中仰角观察城市辉光时，被散射到观察方向的光线主要是来自接近光源路径的角度。波峰主要由光源产生，并且是来自气溶胶的散射。主要的分子散射元素将更接近光源，在那里的散射角度更大，并且贡献较少。

极微小异质体（异质体线度比入射光波长小很多）产生的散射和分子散射的散射规律与大颗粒异质体散射不同，其散射强度是与入射光的波长有关的。主要有瑞利散射和米氏散射，瑞利散射主要是对空气中较小的粒子，主要散射较小波长的波，散射强度与光波波长的 4 次方成反比，瑞利散射的能量对于光的入射比较对称；米氏散射主要散射空气中较大的粒子，主要散射较长的波，散射的能量在逆光部分比较少。

图 2-3 所示为地面上光源光线的直射与反射图，通过它可以观测光线在天空中的散射方式，可以看出，夜天空发亮主要是由大气分子或气溶胶对上照光向下散射的结果，其中在大气底层以气溶胶散射为主，随着大气高度增加，则以大气分子散射为主。在低仰角时，光线大多是直射光，大气路程非常长，这些光线是散射到观测者视野方向上影响其观测的主要光线，也是引起远离光源处的夜天空发亮的主要原因；在高仰角时，光线大多是反射光，大气路程相对较短，这反映出光线到达大气底层的路程越长，散射现象就越强烈。

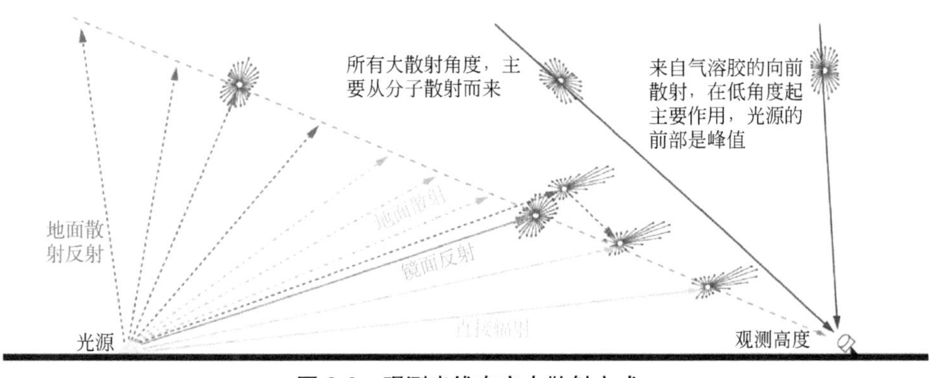

图 2-3　观测光线在空中散射方式

2.1.1 夜天空发亮的影响因素

夜间光环境主要可以分为自然背景光及人工照明光。在城市快速发展的过程中，人工照明光逐渐占据主导地位。在城市环境中，不同的城市规模、模式及功能，不同的照明装备、设计以及不同的自然条件都会对城市空间中的光线造成影响。为了从原理方面基本了解光环境，对光环境的影响因素进行了概述。

2.1.1.1 自然环境

正是由于自然环境的复杂性，形成了复杂的室外夜间光环境。

（1）天体光影响

夜间光环境中的天体光是天体发射或者反射的光，以月光、极光、黄道光为主，并且具有年、季、月、日等周期性变化的特征。在无人工照明光的夜间光环境中，各种自然背景光的日 / 夜照度划分如图 2-4 所示，它们作为夜间最主要的自然背景光，对夜间光环境的影响最大。随着月亮高度角的变化，月亮对地面的照度在一定范围内呈周期性变化。研究发现，夜间人工照明光会减弱月相对于夜间光环境的影响。但是，虽然影响变弱，整体光环境亮度仍然随着月相变化呈周期性改变。例如，上弦月时，夜间光环境亮度是下弦月亮度的 120%；晴朗满月夜的天空光环境亮度是晴朗无月夜的 5 倍，这种变化会随着月相、月亮对太阳角度距离、地表反射率、大气环境等因素而改变。恒星光辉及大气散射的太阳光是自然背景光的第二大组成部分。

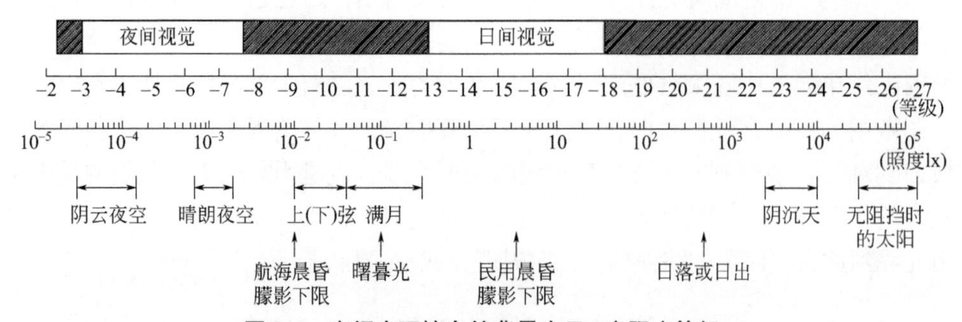

图 2-4 夜间光环境自然背景光日 / 夜照度等级

（图片来源：电光学手册）

① 恒星　在城市夜空中，恒星亮度不仅是自然背景光构成要素之一，也是用来衡量天空亮暗程度的标准之一。在研究中，通常根据恒星观测数量来表示天空亮暗，从而反映光污染程度，以星等表示，且值越大表示天空亮度越暗。在晴朗夜晚，恒星对地面照度约为 2.2×10^{-4}lx，一般为无月时夜间天空实际亮度的 1/4。

② 月亮　月辉是夜间自然背景光的主要组成部分之一，也是研究光污染需

要考虑的因素。另外，在无人工照明光时，月辉在影响城市夜间光环境中占主导地位。图 2-5 表示各种自然光对地面照度随月亮高度角的变化，其中空气辉光和星光是维持在一定照度范围内的，但月亮出现时，总体照度会随着高度角发生变化。此外，月亮对地面照度是呈周期性变化的，即月相是由月亮相对太阳角度距离引起的（图 2-6，设满月时为 1）。另外，月亮对地球距离、表面反射率均会影响对地面照度，例如，上弦月亮度就比下弦月高 20%。

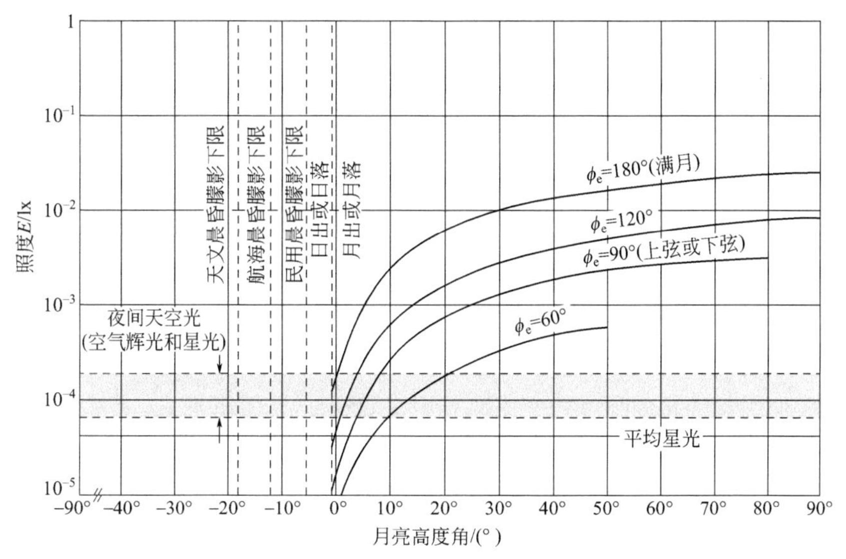

图 2-5　自然背景光对地面照度随月亮高度角的变化

（图片来源：《电光学手册》）

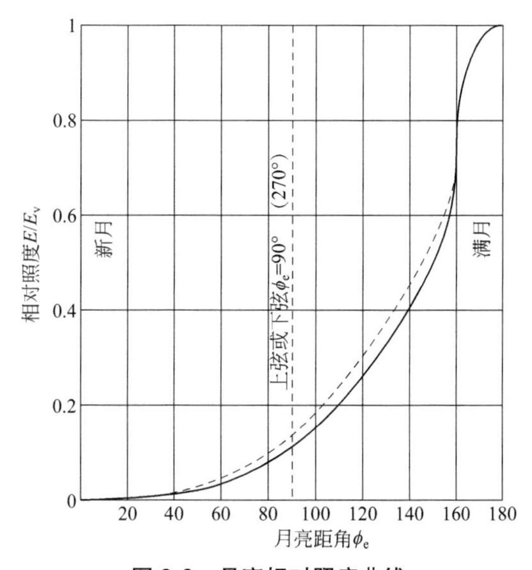

图 2-6　月亮相对照度曲线

（图片来源：《电光学手册》）

经研究发现，夜晚天空亮度受月相的影响程度会在发达的市中心区域减弱，人工照明光会削弱月相引发的天空亮度明显变化。不过，虽然在人工光量较多区域，月辉对城市天空亮度总体影响较小，但仍会引起天空亮度随月相呈周期性变化，晴朗满月时天空亮度会比晴朗无月时高出 5 倍左右，并随着月相变化，这种倍数关系也会发生改变。由此可知，月亮对城市空间光环境影响与月相、地球、表面反射率和大气层等均有关系。

（2）大气影响

大气是影响光在城市传播的因素之一。根据 2.1 节中城市空间环境发亮的原因可以看出，大气中影响光传播的方式主要分为米氏散射和瑞利散射两种，其散射的粒子及能量分布如图 2-2 所示。空气分子是决定瑞利散射的因素，而灰尘和水滴等空气颗粒形成的气溶胶决定了米氏散射，由于灰尘和水滴主要对光是向前传播的［图 2-2（b）］，它对光散射的影响远超过空气分子。其中来自水平层次的间接照明是造成空气中光污染的主要原因，来自垂直面的间接和直接照明是造成光污染远距离传播的原因。

① 大气透射率　大气透射率确定了光在传播路程中，因为大气的吸收和散射的损失而引起的辐射强度的变化率，用 T_a 表示，其值小于 1，表达公式为

$$E = T_a \frac{I}{R^2} \tag{2-1}$$

式中　I——辐射源的发光强度；

E——与辐射源距离为 R 处的辐照度，$W/(sr \cdot m^2)$。

另外，大气透射率 T_a 是多种变量的函数，主要受波长、传播路径长度、压力、温度、湿度和大气等影响，它影响了城市人工照明光在大气中传播的情况。图 2-7 表示的是辐射沿着与天顶倾斜成 0°、60°和 70.5°角度路程上通过全大气（从海平面到外层空间）的光谱透射率。

② 大气气溶胶　大气气溶胶通常是指悬浮在大气中直径为 10^2 ～ 10^3μm 的固体或液体粒子，其质量仅占整个大气质量的十亿分之一，对气候变化、云雾的形成、大气能见度、环境空气质量、大气微量成分的循环及人类健康有着重要影响，也是影响城市内米氏散射的因素，对大气中光学性质的影响高达 99%。其中粒径为 0.1 ～ 2.0μm 的颗粒物通过对光的散射而降低物体与背景之间的对比度，从而降低能见度。在这一粒径范围的颗粒物中，二次 SO_4 颗粒物和二次 NO_3 颗粒物最易散射可见光。根据大气颗粒物的直径，通常呈现三种模态分布：粒径小于 0.08μm 的爱根核模态、粒径 0.08 ～ 2μm 的积聚模态和粒径大于 2μm 的粗粒子模态（图 2-8）。不同粒径的大气颗粒物在大气中的沉降速度、滞留时间与去除过程也不相同（表 2-1），其中，爱根核模态颗粒物存在时间最长，最不稳定且存在时间最短的是积聚模态，但积聚模态的运输距离是最远的。

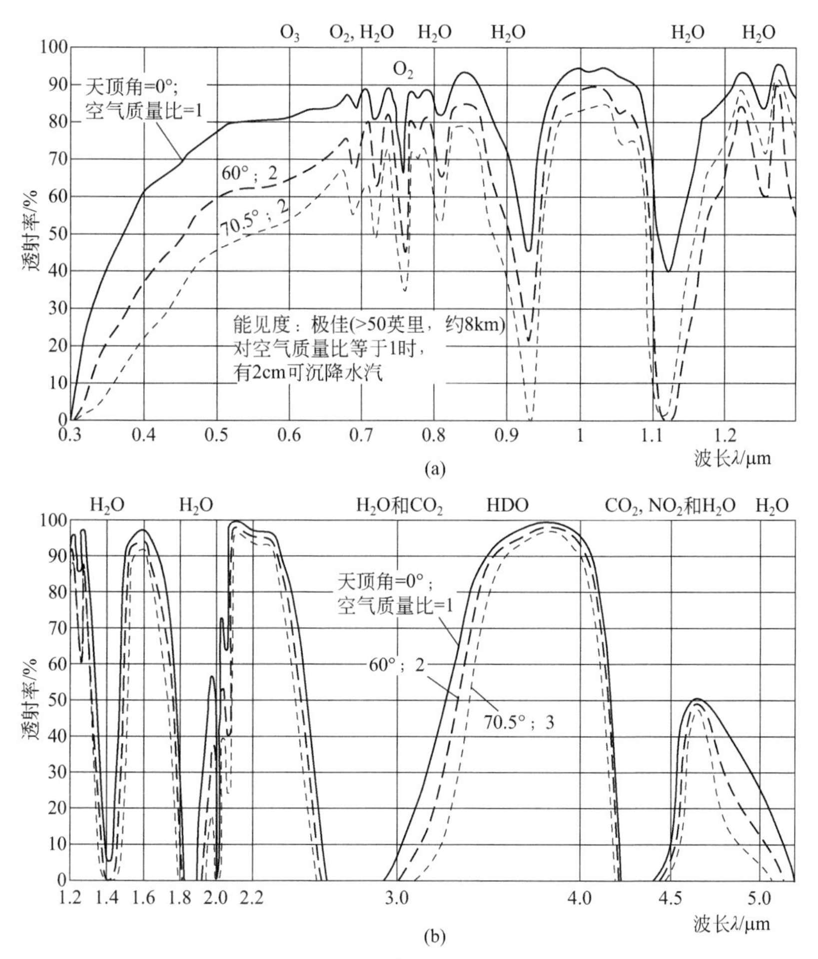

图 2-7　大气光谱透射率

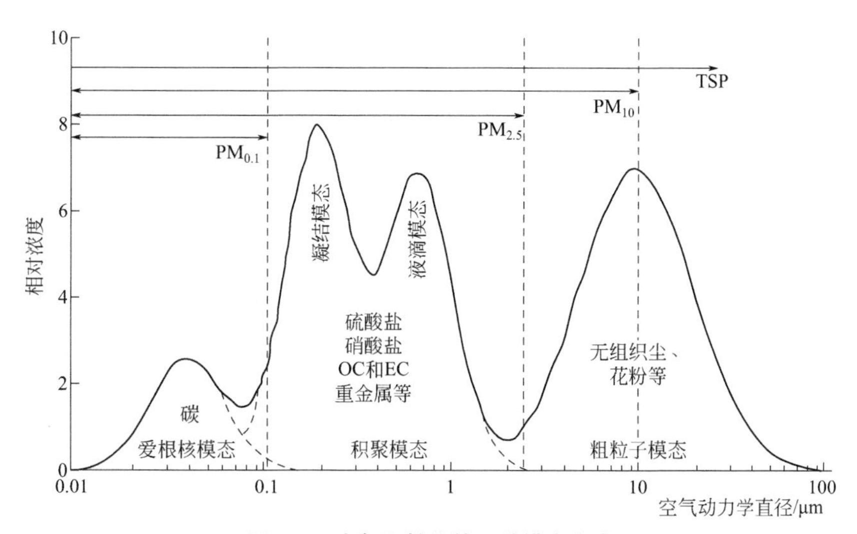

图 2-8　大气颗粒物的三种模态分布

表 2-1 不同粒径的大气颗粒物在大气中的沉降速度、滞留时间、去除过程

粒径 /μm	沉降速度	滞留时间（约）	去除过程
0.001	4.0×10^{-7}	1 天	凝并
0.01	1.5×10^{-4}	1 周	凝并
0.1	2.5×10^{-2}		成核（雨除、冲刷）
1	2.5	1 月	沉降
10	150	12h	沉降
100		10min	沉降

大气气溶胶与空气一样，随着大气高度的升高，相对密度会降低。从图 2-8 可以看出，在 10km 的高度下，空气的密度降低到地面值的 2/3。所带来的总大气密度的等效高度只有几千米。因此，当在远距离对城市的光环境进行观测时，由于大气高度是有限的，所以光线路径几何被限制在低角度内，气溶胶散射发挥主要作用。同时，在观测点处的顶点位置，由于气溶胶不造成光散射，这部分的光散射主要是空气分子在发挥作用，如图 2-9 和图 2-10 所示。因此，在对城市光观测时，一定海拔的天空辉光的测量其实是散射在这条观测路径上所有光的总和；对于近地面的光环境，当观测距离小于 2km 的时候，会受到地面的反射光影响，此影响会随着距离增加，逐步被来自地平线上方的角度的光所影响。

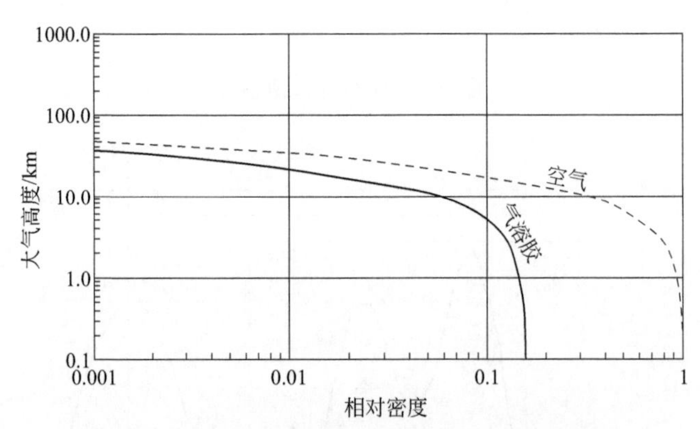

图 2-9 空气成分的相对密度随着大气高度的变化

此外，大气气溶胶密度主要会通过城市能见度表现出来，产生不同程度和持续时间的能见度，从而对光传播的效果也不同（图 2-11）。在一定能见度范围内，市中心天空亮度是随着能见度降低而降低，光传播的距离也会减少，市区的夜间照明对郊区的影响将会减少。

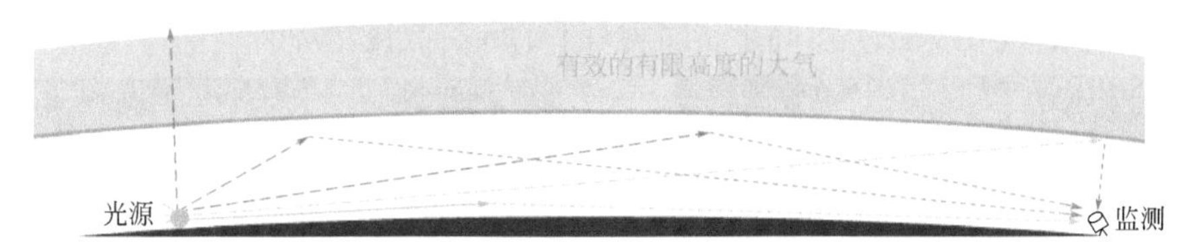

图 2-10　距离光源 10km 进行观测时光路径几何的方式

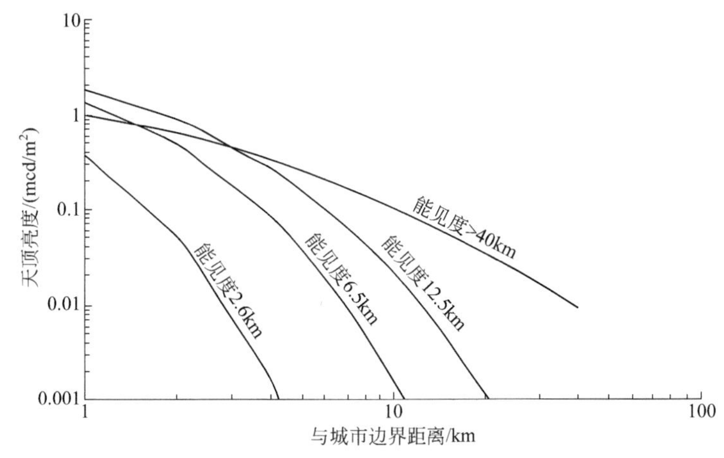

图 2-11　城市能见度对光传播的影响

（3）云层影响

云层是有效厚度的气溶胶（小水滴）的可见聚合物，由于其对可见波长的光线几乎不吸收，这使云层具有很高的光反射能力。云层可以增加上射光被反射回地面的概率，从而增加不同空间层次的亮度，加重光污染现象。

在厚重云层的情况下，只需考虑光的向上和向下传播。首先，云层底部可以被看作是双面白色的朗伯界面，它将太阳、月亮或来自城市的光线漫反射回光线所来自的半球。虽然这个模式较为简单化（例如，即使云层很厚的情况下，人们在室外可见度也较好），但是可以更直接地表现云层对光环境的作用情况。

已有研究表明，夜间的室外区域，尤其是城市区域，云层对夜间灯光有很大的扩大作用，并且将城市照明的影响延伸到远离城市中心的区域。研究发现，云层的光学厚度、动态变化、反照率等均会影响城市空间中的光环境及光环境观测的结果。如图 2-12 所示，天空无云区域的亮度明显低于有云区域，并且亮度会随着云层厚度增加而增大。刘鸣通过实测天津夜间天空光环境，发现在全阴天情况下的夜天空亮度比晴朗少云情况下状态平稳；在冬季阴雪的天气状况下的夜天空亮度比夏季阴雨状况下的亮度高 2.2 ～ 2.5 倍。此外，Puschnig 在波茨坦天空亮度的研究中，通过持续观测，发现阴天和多云的天空可以增加上射光反射回地面的能力，城市空间光环境整体亮度增加，相对于晴朗天空亮度高了 3 星等级；在无人工光干扰时，阴天的天空亮度比晴朗的天空亮度暗；当有人工光干扰时，多云满月状况下的天空亮度高于晴朗满月下的天空亮度。

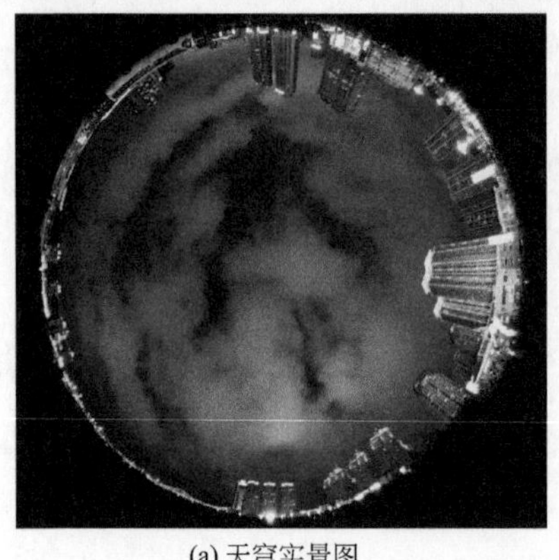

(a) 天穹实景图

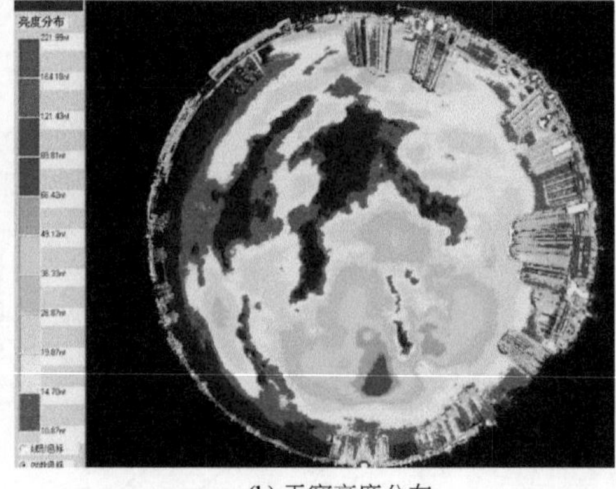

(b) 天穹亮度分布

图 2-12　星海广场云层对天空光环境的影响

云具有独特的光学特性，使天空呈现不同的颜色。在人工光干扰时，夜天空原本状态是呈现黑色或深蓝色；但在人工光干扰时，由于天空中的云层会反射上射光及空间中的漫射光，并对红色、橙色等长波长的部分反射能力远远高于蓝色等短波长部分，使天空的颜色呈现红色或灰白色。

2.1.1.2　城市影响因素

（1）城市发展

江威等人利用 DMSP/OLS 数据分别在国家、区域和省级尺度上研究了中国的光污染分布，主要集中在东部沿海等区域，且逐渐严重。分析发现：过去 21 年来，中国的光污染主要集中在华北和华东地区，占全国光污染的 50% 以上；中国西北地区、西南地区的光污染发展速度最快，华东、华中和东北的增长率稳定，华北和华南的增长率则在下降；中国的省会城市光污染严重，长三角、珠三角、京津冀地区形成了光污染发展区；省级光污染主要分布在山东、广东、河北等省份，发达的省份（港澳台、上海、天津）比欠发达省份的光污染水平高。此外，Han 等人采用同样的方法调查了 1992 ～ 2012 年中国光污染的发展趋势。研究表明，光污染增长主要位于东部沿海城市，而工矿城市则呈下降趋势。由此可知，夜间光环境亮度水平与城市发展趋势和程度紧密相关。

（2）城市人口与规模

由于复杂的城市环境，人工照明光线会通过直射、反射、漫反射到数公里外的郊区区域，影响城市周边区域的光环境。因此，在光环境研究的最初阶段，研究学者们主要致力于建立天空亮度和人口分布、观测距离之间的光环境数学关系模型。通过数学模型，发现天空亮度随着与城市中心距离的增加，其下降速度增快；数学模型表现天空亮度和人口规模呈现正比关系。总之，随着城市人口的增加，城市天空亮度呈正比递增；随着与城市中心照明区域距离变远，天空亮度迅速下降（图 2-13）。

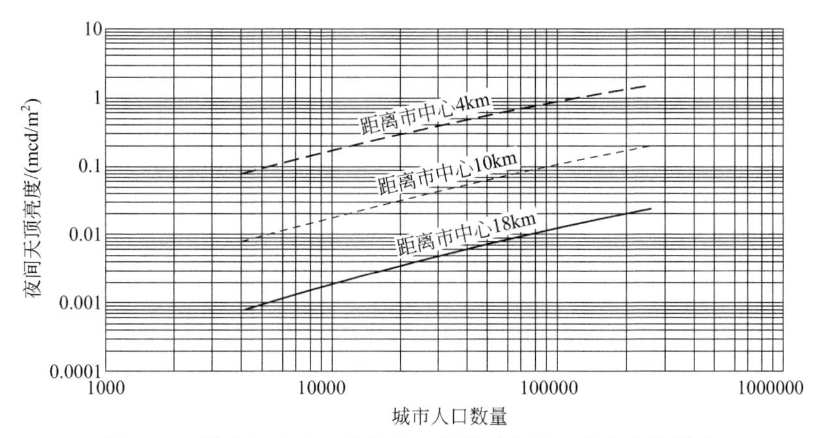

图 2-13　城市与中心距离和人口数量对夜间天顶亮度的影响

（图片来源：*Modeling the Impact of Urbanization and Weather on Light Pollution*）

（3）城市功能

城市具有多样、复杂、综合等性质，同一片区域存在多种功能，对城市夜间照明的需求各不相同。商业区域：该区域人员活动密集，人工照明来源主要为店铺照明、立面亮化、道路照明、广告牌照明等，亮度水平普遍较高，光色以橙色光和白色光为主。居住区：居住区域的整体照度水平应充分考虑居住照明的功能需要、私密需求、安全需求，此外应当严格管控居住区广告照明、光侵入、光溢散。城市广场：城市广场的光色选择、灯具类型、光源样式等，不仅需要保障城市安全性、自由性，还要塑造城市形象、注意配光的合理性。城市公园绿地：城市公园绿地是居民在城市中主要室外活动区域之一，公园绿地对城市人工光有减少反射作用和遮蔽的作用，减少人工光的传播，降低城市光污染。城市道路：道路照明类型相对较为简单，它的基本需求是保障道路通行的安全性、通畅性、导向性等，其次才是保障照明的景观性。

（4）城市界面

城市夜空光环境中除直射到天空的光线外，还有通过城市界面反射或散射的光线。根据城市界面特征，主要分为道路表面、建筑外立面、植被界面。界面主要通过反射率及弥散系数表现对光的反射能力。道路表面：道路反射率与道路色彩和材料有关，道路颜色越浅，反射能力越强，白色材料的反射率能达到 30.8%，黑色道路和砂石道路反射率分别为 10.7% 和 10.4%（表 2-2）。建筑外立面：建筑表面材质类型多样，反射率也千差万别（表 2-3），主要呈现为光滑的表面会对光环境产生镜面反射效果，增加空间光环境亮度。例如，白色的反射率可以达到 70% ～ 85%。植被界面：城市环境组成中，植被是很重要的部分，它不仅反射城市空间中的光线，还对空间传播中的光有遮挡作用。而且由于地面植被呈现季节性变化，因此表面反射率差距及变化较大。此外，不同植被对光的反射情况也不同，如图 2-14 所示，明显发现，植物对于短波长部分（350 ～ 650nm）反射能力较弱；在 670nm 波长处反射率最低，主要因为该波长的光被植物光合作用吸收了。

表 2-2　不同类型道路对光环境的反射特征

参数	混凝土铺路砖					砂石
	白色	灰色	黄褐色	赭色	黑色	
反射率 ρ/%	30.8	18.6	17.6	15.8	10.7	10.4
弥散系数 σ	0.65	0.78	0.74	0.79	0.57	0.85
亮度系数 q	0.151	0.076	0.076	0.064	0.06	0.039

表 2-3　建筑立面颜色对光环境的反射特征

建筑物与构筑物立面特征		平均照度 /lx		
		环境状况		
外墙颜色	反射率 /%	明亮	明	暗
白色	70 ～ 85	75 ～ 100	50 ～ 75	35 ～ 50
明色	45 ～ 70	100 ～ 150	75 ～ 100	50 ～ 75
中间色	20 ～ 45	150 ～ 200	100 ～ 150	75 ～ 100

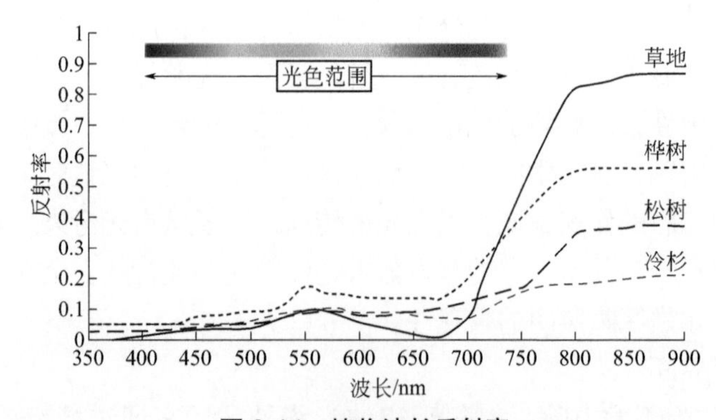

图 2-14　植物波长反射率

（图片来源：*Towards Sky Luminance Based Road Lighting Standards*）

通过上述的理论分析，夜天空亮度的影响因子总结如下。

地理因子：测量点的地理纬度、天顶角、方位角等。

天文因子：自然背景光（月光、星光、太阳反射光等）、季节变换等。

气候因子：天气状况影响的城市表面、云与云、地表与云之间的单次与多重光反射等。

大气因子：城市空气中的水蒸气和悬浮尘埃散射、大气分子散射、气溶胶散射等。

社会因子：城市照明、城市人口、城市经济发展、城市夜间环境建设等。

2.1.2 夜天空亮度监测的技术和方法

美丽的夜空作为城市环境的一部分，也是自然界留下的“宝贵遗产”之一，但是由于光污染和射电干扰的影响，正渐渐地远离我们。如同洁净的空气，原始森林和稀有物种的减少一样，明朗夜空的消失同样会给人类文明带来缺憾。因此各国学者开展了对夜间天空亮度的测量，以建立夜间天空亮度的历史资料，定量判断光污染进程。同时有人建议把持续进行这种观测列入规划，以建立和积累城市光污染及其治理效果的系统评价资料。我们就目前夜天空亮度的测量技术和方法进行了如下总结。

（1）气象卫星拍摄亮度分布图法

由于遥感影像很好地量化了夜空人工照明，国内外学者利用来自传感器的夜间亮度图像在城际、洲际、全球不同的空间尺度上进行了夜间可见光的定量研究。例如全球范围的传感器 DMSP/OLS 或者 NPP-VIIRS（可见光/红外成像辐射仪，Visible Infrared Imaging Radiometer Suite）对夜间光环境进行直接检测，地区尺度的传感器 SAC-C 和 SAC-D 或者宇航员在国际空间站 (ISS) 上拍摄的图片提供了较高分辨率的夜间可见光图像，当地尺度 EROS-B 卫星提供了更高分辨率光学影像。此外，专业航空拍摄到的夜间亮度图像也应用到研究中，为地球选区光环境图像提供了更高的空间分辨率。夜光遥感数据基本参数如表 2-4 所示。

近年来，我国发射了两颗主要的可获取夜光数据的卫星。其中之一是“吉林一号”，它是我国第一颗可获取亚米级分辨率夜光图像的商业卫星。另外还有 2018 年 6 月发射的首颗专业夜光遥感卫星“珞珈一号”，获取数据的理论周期为 15 天。珞珈一号夜光数据的空间分辨率通过机载标定得到了很大的提高。相比于 DMSP/OLS 和 NPP-VIIRS 数据，珞珈一号能够捕捉更细微的夜光空间信息，给更清晰地观察人造光的空间细节提供了机会。

表 2-4　DMSP/OLS、NPP-VIIRS、EROS-B 和珞珈一号夜光遥感数据基本参数

卫星	DMSP/OLS	NPP-VIIRS	EROS-B	珞珈一号
发射时间	1973	2011/10	2006/4	2018/6/2
运营者	美国国防部	NASA/NOAA	以色列 ImageSat	武汉大学
数字数据年份	1992 ～ 2013	2011 至今	2006 至今	2018/6 至今
传感器	OLS	VIIRS	CCD-TDI	CMOS
轨道高度 /km	840	824	500	645
精度 /m	560	400	0.7	130

续表

卫星	DMSP/OLS	NPP-VIIRS	EROS-B	珞珈一号
光谱分辨率 /μm	400 ～ 1100	505 ～ 890	500 ～ 900	480 ～ 800
刈幅宽度 /km	3000	3000	7	260
量化等级 / bit	6	12/14	10	14
数据周期	24h	12h	5d	15d
应用范围	城际、洲际	城际、洲际	城际、洲际	城际、洲际
星载校准	无	有	有	有

（2）ArcGIS 光环境分析法

通过 ArcGIS 软件，利用光色信息实现夜间光环境可视化表达，利用照明信息建立包含空间信息的城市照明空间分布模型；叠加气象信息、地理信息、统计信息，基于软件 ArcGIS 和分析软件 SPSS，进行层次分析、主成分分析等方法分析，可建立不同信息数据间的关系模型。基于 ArcGIS 研究夜间光环境的相关影响因子，数据包含一系列地图信息［图 2-15(a)］，基于 ArcGIS 通过图像预处理、地理配准、空间校正等处理后生成分析数据图层［图 2-15（b）］，将所有影响因素数据进行整合并转为由像元表示数据的栅格文件［图 2-15（c）］，提取来自各层数据像元［图 2-15（d）］的信息，将数据导出到分析软件中进行分析，研究影响因子的影响程度［图 2-15（e）］，或生成光污染分布图［图 2-15（f）］。

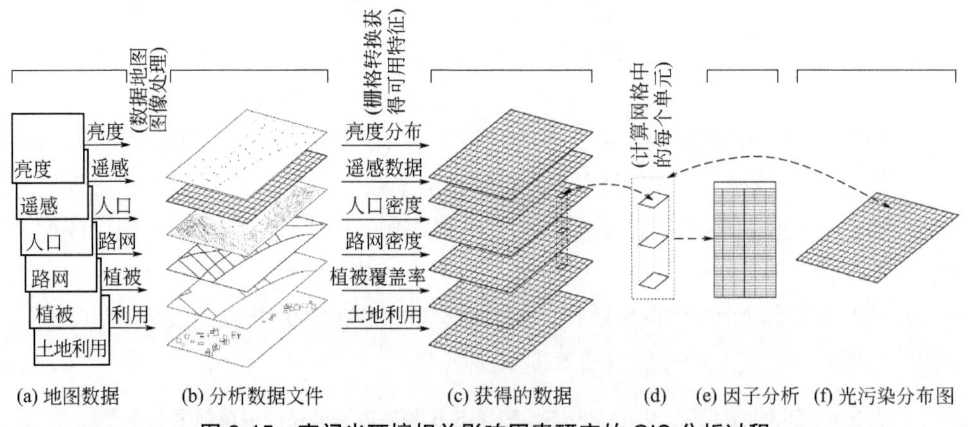

图 2-15　夜间光环境相关影响因素研究的 GIS 分析过程

（3）CCD 测量法

CCD 是电荷耦合器件（Charge Coupled Device）的简称，它是一种特殊的具有光电转换作用的半导体器件，是由美国贝尔实验室的 Boyle 和 Smith 于 1970 年首先提出的。在天文界的应用中，它可替代照相底片的位置，其功能是把光信号转变为电信号，可使天文观测效率显著提高，我国自 20 世纪 80 年代后期就对地面天文望远镜配备了 CCD 系统。

装有高分辨率 CCD 传感器的光学天文台望远镜可检测和拍摄暗弱天体的图像和观测夜间的背景天光，其成像质量非常好。Fabio F. 等人在对天空亮度进行测量时（国际暗天空协会的“CCD 测量夜天空亮度的项目”），其方法主要是利用望远镜、CCD 和标准的 UBVR 滤光片相结合来测量夜天空亮度，图 2-16 所示为获得的大气条件与夜天空亮度的关系图。望远镜接受的图像可通过 CCD 数据处理软件进行科学处理，即图像可以得到改进、分析、测量，同时还可分别评估出所观测天光和星星的 V 和 B 波段星等值。这些处理方式正是利用 CCD 进行天文观测的优势所在。

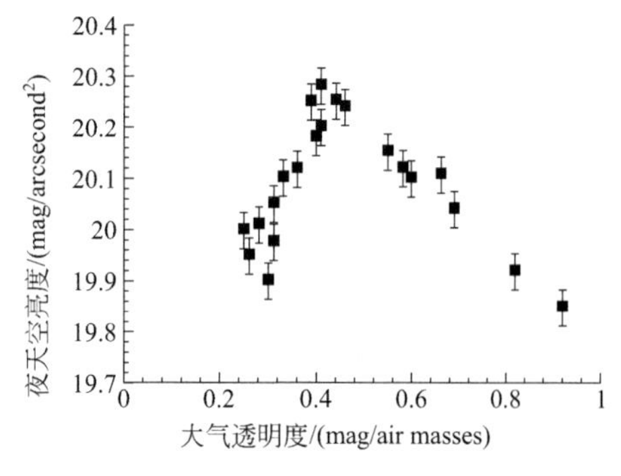

图 2-16　大气的透明度与夜天空亮度的关系

（4）数学模型估算法

常用来估算夜天空发亮的数学估算模型主要有 Walker 的试验模型、Treanor 的模型、Schreuder 对 Walker 试验模型的修正、Díaz Castro′s 模型、Cinzano P 模型，还有 Mark A Yocke 等建立的单次散射和多次散射夜天空亮度模型。在一定程度上，数学模型能够通过对天文台的择址以及对城市光污染分析与控制起到一定的预测作用。但是，由于夜天空亮度与许多因素（如天气条件、材料类型、受照表面的面积，城市的地理位置和文化标准，街区、人行道及建筑的分布，以及经济和社会发展的进程等方面）有关，因此，数学估算模型的使用也有一定的局限性。

（5）亮度计测量法

亮度计测量法是测量夜天空亮度最常用的一种方法，可以对城市夜间背景天空的亮度进行时态测量，测量的单位为 cd/m^2，可通过 $A(mag/arcsecond^2) = 12.41-2.5\lg B(cd/m^2)$ 将其转换到天文中常用来表示天空背景亮度的单位等 / 每平方角秒上。这种测量方法对亮度计的灵敏度要求较高（分辨率应达到 10^{-4} ～ $10^{-6}cd/m^2$），但仪器比较轻便，可操作性强，比较适合进行多角度的定点性或流动性实际测量。

在我国，1994 年谭满清、郝允祥等人对北京的夜天空亮度进行了研究。他们利用自行设计的相对于暗视觉的光电亮度计，直接从测量仪器中读出夜天空亮度，结果显示城市灯光对夜天空亮度的增加在扩展很远的地方仍能表现出来，这一点与 Walker 理论相符。2003 年 6 月倪孟麟等人应用彩色亮度计，对天津城区天空进行了 24h 跟踪检测。发现夜天空亮度最低值为 $4.56\times10^{-2}cd/m^2$，这比自然天空亮度（$2.1\times10^{-2}cd/m^2$）高 2 倍多。因此，利用这种方法测量的结果对分析城市光污染的分布和污染程度，以及对城市照明规划中环境亮度的对比和分区等可提供详尽的理论依据。

2.2 夜天空发亮的理论模型

2.2.1 夜天空发亮的城市参量数值模型

（1）Walker 模型（1970 年，1973 年）

城市灯光所产生的天光能影响到数公里以外的地方，因此根据 Walker 理论，通过建立数值模型可估算出距离城市中心一定范围内的天光增量。观测点（site）处的夜天空亮度的增加程度可由下式进行估算：

$$\Delta I = C r^{-2.5}$$

$$C = 0.01p$$

$$\text{即：}\Delta I = 0.01pr^{-2.5} \qquad (2\text{-}2)$$

式中 ΔI——朝向光源侧，垂直角 45°方向处夜天空亮度的增加百分比；

p——城市人口；

r——光源到观测点的距离，km。

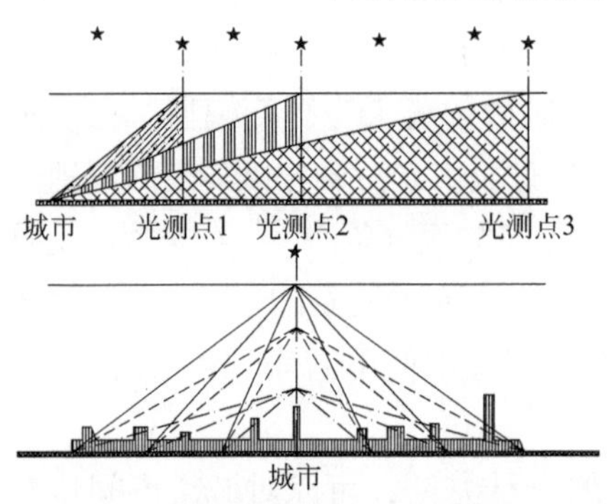

图 2-17 光污染源（城市）与观测点、仰角的关系

这个方程比较适用于人均光通量 500 ～ 1000lm/ 人的城市，超出这个范围的城市，天空光的增值可能会比公式计算的值要大。根据这一公式，如果ΔI的值为 0.2，意味着观测点处的夜天光比自然背景天光增加 20%。例如，一个拥有 400000 人口的城市，在离光源分别为 55km 和 35km 处，夜间天光分别增加了 17.8% 和 55.1%。从 Walker 理论不难看出，观测位置离单独的光污染源（如灯火阑珊的城市）距离越远，其夜天空亮度降低得越快，见表 2-5。也就是发射角小的光线能够引起较远距离处的夜天空发亮，发射角越大的光线引起的夜天空发亮离城市越近；而射向天顶附近的光线则是引起城市中心处夜天空发亮的主要光污染源，见图 2-17。因此城市照明设计中，如果使用截光型灯具或降低地面和其他表面的反射率都能够非常有效地减少观测点处的光污染。

表 2-5 距离与天空光衰减的关系

距离 d /km	10	20	30	40	50	60	80	100
亮度等级	316	56	20	10	6	4	2	1

注：自然条件下夜天空亮度约为 2×10^{-4}cd/m^2，或 21.6mag/arcsecond^2。

对于这种估算方法，虽然在计算结果中未对光源的分配、光源的数量、功率及反射光的数量进行考虑，但对天文台的择址以及对城市光污染分析与控制有一定的预测作用。如位于亚利桑那州 kitt 峰顶上，聚集了非常多的天文台，表 2-6 是天文台周围的城市对该处夜空亮度的影响情况。

表 2-6　周围城市对 kitt 顶峰天文台处天空光的影响

城市	人口	距离	天空增值
Tucson	500000	60km	0.18（18%的增加）
Phoenix	1250000	160km	0.04
Sells	5000	16km	0.05

（2）Treanor 模型（1973 年）

$$P=\frac{L(r)}{L_{\mathrm{N}}}=\left(\frac{A}{r}+\frac{B}{r^2}\right)\mathrm{e}^{-kr} \tag{2-3}$$

式中　P——天顶亮度与自然夜天空亮度的比值；

$L(r)$——天顶亮度；

L_{N}——自然夜天空亮度；

r——城市和观测点之间的距离，km ；

A，B——观测常数（意大利）。

A、B 与城市人口数成正比，分别为

$A=1.80\times10^{-5}p$（p 为城市人口数量）

$B=13.6\times10^{-5}p$

$k=0.026$

（3）Schreuder 对 Walker 试验模型的修正（1987 年）

$$\log P=-4.7-2.5\log r+\log\phi \tag{2-4}$$

$$P=\frac{L'(r)}{L'_{\mathrm{N}}}$$

式中　$L'(r)$——朝光源侧、垂直角 45°方向测量的夜天空亮度；

L'_{N}——相同朝向的自然夜天空亮度；

ϕ——室外照明的总光通量，同样与人口数成比例。

（4）Díaz Castro 模型（1993 年）

$$P_i=(3.5\times10^5)\,r_i^{-1.1}\ \mathrm{e}^{-0.07r_i}\,c_i\,\phi'_i \tag{2-5}$$

$$\phi'_i=6.25\,(\phi_{ui}+\phi_{di}\,R_i)$$

$$P=\frac{L'_i(r)}{L'_{Ni}}$$

式中　$c_i=1$（高压汞蒸汽灯 HPMV）；

$c_i=0.66$（高压钠灯 HPS）；

$c_i = 0.33$（低压钠灯 LPS）；

ϕ_{ui}——平均上射光通量；

ϕ_{di}——平均下射光通量；

R_i——城市表面的平均反射因子。

（5）Cinzano P 模型（1998 ～ 2000 年）

Walker 模型主要是把每一个独立的城市或城镇看作光源，研究它们引起的夜天空发亮随距离的变化情况，未考虑分散式连续的城市（镇）化地区光源总和对光源（城市）以外地区天空亮度的影响。在很多情况下，某一地区是由无数个城市和城镇组成，在空间上形成一个面光源。因此，Cinzano P 针对分散式连续的城市（镇）化地区产生的光污染随距离的变化情况进行了深入研究。Cinzano P 模型的建立也主要是着眼于城市光污染对天文台观测的影响。其模型如下：

$$b_{\mathrm{d}} = \frac{(d_{\mathrm{c}}^{\alpha} + d^{\alpha})^{-0.5/\alpha} - k}{d_{\mathrm{c}}^{-0.5} - k} \approx \left[1 + \left(\frac{d}{d_{\mathrm{c}}}\right)^{\alpha}\right]^{-0.5/\alpha} - kd_{\mathrm{c}}^{0.5} \tag{2-6}$$

式中 b_{d}——天空亮度，归一化处理后，当 $d = 0$ 时，$b = 1$；

d——观测点离光源处的距离；

d_{c}——天空亮度随距离不再变化时的临界距离，也称中心距离，d_{c} 的数值主要取决于光源的分布情况；

α，k——决定曲线形状的参数，典型取值 $\alpha = 3$，$k = 120^{-0.5}$。

Cinzano 进一步考虑到天文台和光源之间山脉的遮光性，从遮光和非遮光情况下发光粒子数的比值来考虑夜天空发亮的情况，具体模型如下：

$$\frac{b_{\mathrm{s}}}{b_{\mathrm{ns}}} \approx \frac{\left[\int_{hq/p}^{\infty} N_{\alpha}(h)\mathrm{d}h\right]\sigma_{\alpha}(\psi) + \left[\int_{hq/p}^{\infty} N_{\mathrm{m}}(h)\mathrm{d}h\right]\sigma_{\mathrm{m}}(\psi)}{\left[\int_{0}^{\infty} N_{\alpha}(h)\mathrm{d}h\right]\sigma_{\alpha}(\psi) + \left[\int_{0}^{\infty} N_{\mathrm{m}}(h)\mathrm{d}h\right]\sigma_{\mathrm{m}}(\psi)} \tag{2-7}$$

$$\theta = \arctan\frac{h}{p}$$

式中 q——观测位置离光源的距离；

h——山脉的高度；

b_{s}，b_{ns}——分别为天文台和光源之间有无山脉的遮光条件下观测点的夜天空亮度；

$N_{\alpha}(h)$，$N_{\mathrm{m}}(h)$，$\sigma_{\alpha}(\psi)$，$\sigma_{\mathrm{m}}(\psi)$——分别为在海拔 h 处和发射角（$\psi = \pi - \theta$）指向区域的大气层气溶胶粒子和分子的数量；

p——山脉与光源的距离。

图 2-18 是在不同模型下 b_{d} 的比较。图中实线是式（2-6）估算的夜天空亮度曲线；虚线是式（2-5）的最佳回归曲线；圆点线是 Walker 模型 $b \propto d^{-2.5}$ 估算曲线；点画线是 $b \propto d^{-0.5}$ 估算曲线。通过 Cinzano P 所建的模型与

Walker 模型比较可以看到，在超过一定距离后，分散式的城市光源引起的天空亮度随着距离衰减的速度要比孤立的城市引起的天空亮度随着距离衰减的速度缓慢。这主要是分散式的城市 / 镇光源扩大了夜天空发亮的面积，使其衰减变缓。

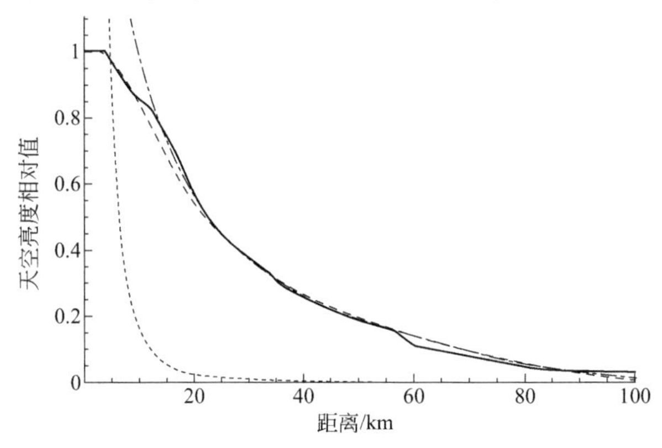

图 2-18　在不同模型下 b_d 的比较

2.2.2　夜天空发亮的散射数值模型

Mark A Yocke 等人从大气中的空气分子和气溶胶对人为天空光散射的角度，建立了单次散射和多次散射条件下的夜天空亮度模型。该夜天空亮度分布模型包括数值互制程序编制的大气层中的辐射迁移方程。假设大气是均匀分布，在观察点 50km 左右的各方向上的地平面是平坦的，没有曲度，该表面符合朗伯定律漫反射要求。根据朗伯定律，漫反射表面的光亮度不随方向而改变，即在法线方向和成角方向的亮度相同，不依赖于入射能量的分布。

（1）单次散射

该模型建立的前提是在观察点所在方位的一定范围内，模型天空主要是受到单一分布或比较集中分布的光源照射，如一座城市被看作独立的光源。如图 2-19 所示，假设观察者站在模型区域的中心处所在位置观测夜天空。

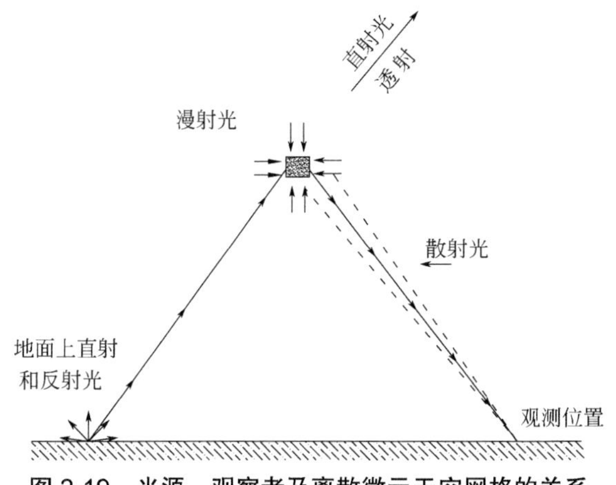

图 2-19　光源、观察者及离散微元天空网格的关系

在观测者视线方向上指定的天空一点的发光强度或光谱辐射强度 $I(\lambda)$ 随距离变化的模型为

$$\frac{dI(\lambda)}{dr} = -b_{ext}(\lambda)I(\lambda) + \frac{P(\lambda,\theta)}{4\pi}b_{scat}(\lambda)F_S(\lambda) \tag{2-8}$$

式中 r——沿观测者视线方向上，从观测目标到观测者的距离；

$P(\theta)$——关于散射角 θ 的散射相函数；

F_S——光源的辐射照度，W/(m² · μm)；

b_{ext}，b_{scat}——散射系数。

b_{scat} 为大气分子引起的瑞利散射系数 b_r 与微粒引起的散射系数 b_{SP} 之和：

$$b_{scat}(\lambda) = b_r(\lambda) + b_{SP}(\lambda) \tag{2-9}$$

b_{ext}——散射系数 b_{scat} 和吸收系数 b_{abs} 之和。

$$b_{ext}(\lambda) = b_{scat}(\lambda) + b_{abs}(\lambda) \tag{2-10}$$

这样方程（2-8）可改为

$$I(\lambda)_{r+\Delta r} = \frac{P(\lambda,\theta)}{4\pi}b_{scat}(\lambda)F_S(\lambda)\Delta r - b_{ext}(\lambda)I(\lambda)\Delta r + I_r \tag{2-11}$$

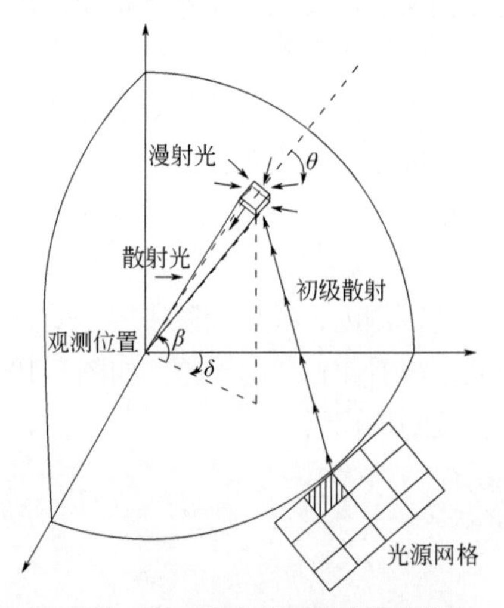

图 2-20　夜天空发亮数值建模结构图

式中 Δr——单元距离。

由上述可知，观察者所在区域的入射光强度可通过对方程（2-11）进行积分求得。此外，进入观测者视线范围内的光线是按 $1/r^2$ 进行衰减，r 为光源与观测者之间的距离。这种衰减可解释为光波随着距离的延伸，见图 2-20。在散射区域，气溶胶的微粒半径与光波长可比拟，散射遵从米氏理论。散射系数 b_{ext} 和散射相函数 $P(\lambda,\theta)$ 可通过如下的积分方程进行求解。

$$\begin{aligned} b_{ext} &= \int_0^{\infty} \pi R^2 (Q_{scat} + Q_{abs})\, n(R)\, dR \\ &= \int_0^{\infty} Q_{ext}\, s(R)\, dR \end{aligned} \tag{2-12}$$

$$s(R) = \pi R^2 n(R)$$

式中 R——粒子半径；

Q_{scat}——基于米氏方程计算求到的散射效率因子；

Q_{abs}——吸收效率因子；

$n(R)$——大气气溶胶粒子数密度谱；

$s(R)$——表面积分布。

光散射相函数 $P(\theta)$ 为

$$P(\theta)=\frac{\lambda^2}{b_{\text{scat}}}\int_0^r \frac{1}{2}[i_{\square}(\theta)+i_{\perp}(\theta)]n(R)\mathrm{d}R \tag{2-13}$$

式中 λ——波长；

$i_{\square}$，$i_{\perp}$——分别为水平分量和垂直分量的散射辐射强度，可基于米氏方程计算求解得出。

基于光谱分布和光源强度可估算光源的光通量。当光源面积较大，光源面可分成无数个小面积，即采用网格法平均分割光源面积，光源强度平均分配到每一个网格。模型将每个微元网格面积看作点光源处理，从而可以将天空网格单元与光源网格单元结合起来利用上面的程序进行计算。

（2）多次散射

在大气中，当单个光子入射到观察者眼中时，很可能就是光线多次散射的结果。如图 2-21 所示，在 P 点的粒子向各个方向只散射一次，这种情况称为单次散射；与此同时，一部分单次散射的光到达在 Q 点的粒子上，在此再次发生向各个方向的散射，这称为二次散射；同样地，随后在 R 点的粒子上发生三次散射。多于一次的散射称为多次散射。

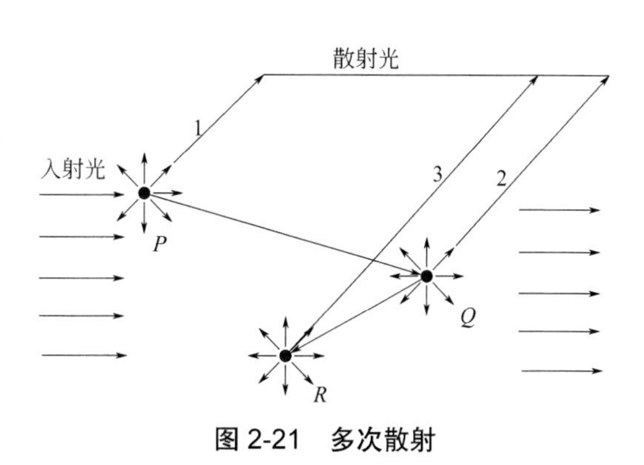

图 2-21 多次散射

在表面反射率越高和气溶胶浓度越高的情况下，多次散射就越严重，在极限的条件下，多次散射可能占全部散射的 40%。原理上，多次散射的处理过程就是上述单次散射过程的简单扩充和延伸。然而，实际上详细的多级散射计算是极端复杂的，需要模拟大量的散射过程。这就决定了对于多次散射精确而详细的计算不可能按照延伸单级散射的思路进行。在单次散射模型研究的基础上，Mark A Yocke 等人简化了多次散射处理模型，建立了夜天空发光模型。

根据大气的光能平衡原理，估计漫射（多次散射）能级。全部能量平衡方程如下：

$$\begin{aligned}&E_{\mathrm{S}}+[E^{MS}_{\downarrow}(0)+E^{PS}_{\downarrow}(0)](R_{\mathrm{L}}-1)=\\&E_{\mathrm{S}}\times \mathrm{e}^{(-\tau_{\infty})}+E^{MS}_{\downarrow}(\infty)+E^{PS}_{\downarrow}(\infty)\end{aligned} \tag{2-14}$$

式中 E_{S}——光源能量；

$E^{MS}_{\downarrow}(0)$——多次散射到达表面时的光能；

$E^{PS}_{\downarrow}(0)$——单次散射到达表面时的光能；

R_L——朗伯反射系数；

τ_∞——大气层的光学厚度；

$E^{MS}{}_{\downarrow}(\infty)$——多次散射到无穷远处（天顶）的光能；

$E^{PS}{}_{\downarrow}(\infty)$——单次散射到无穷远处（天顶）的光能；

其中：

$$E^{MS}{}_{\downarrow}(\infty) = E^{MS}{}_{\downarrow}(0)\,\mathrm{e}^{(-\tau_\infty)} \tag{2-15}$$

$$E^{PS}{}_{\downarrow}(\infty) = E^{PS}{}_{\downarrow}(0)\,\mathrm{e}^{(-\tau_\infty)} \tag{2-16}$$

$E^{MS}{}_{\downarrow}(0) =$ 局部常数 $\times E^{PS}{}_{\downarrow}(0)$

则全部漫辐射能 $E^{T\backslash diff}_{\downarrow}$ 为

$$E^{T\backslash diff}_{\downarrow} = E^{PS}{}_{\downarrow}(0)\times\left[1+\frac{E^{MS}{}_{\downarrow}(0)}{E^{PS}{}_{\downarrow}(0)}\right] = E^{PS}{}_{\downarrow}(0) + E^{MS}{}_{\downarrow}(0) \tag{2-17}$$

由此得到

$$E^{T\backslash diff}_{\downarrow} = E^{PS}{}_{\downarrow}(0)\times\left(\frac{1-\exp(-\tau_\infty)}{P[1-R_L+\exp(-\tau_\infty)]}\right) \tag{2-18}$$

$$P = \frac{\left[\exp\left(-2\frac{\tau_\infty}{\pi}\right)\right][1-\exp(-\tau_\infty)]}{2}$$

这样，全部漫辐射能 $E^{T\backslash diff}_{\downarrow}$与单次散射到达表面时的光能 $E^{PS}{}_{\downarrow}(0)$ 建立了关系。通过单次散射中方程 (2-11) 得到的光谱辐射强度 $I(\lambda)$，可得到 $E^{PS}{}_{\downarrow}(0)$，并通过这一因数进一步计算多次散射的全部漫辐射能。在整个可见光谱范围内，通过每间隔 0.01μm 波长的光强度总和，可以得到光源向指定方向发射的全部辐射能。

在 2.2.1 节中，我们提到了五个模型，它们具有一定的相同点：都是把整个城市或城镇看作一个光源，都可以用来进行夜天空亮度的估算，都可以分析夜天空亮度随着距离变化的关系，对天文台的择址以及对城市光污染的控制有一定的分析与预测作用。

Treanor 和 Walker 的模型都只与天空光的测量角度和城市的人口数量有关，但这两种方法在计算过程中都未对光源的分配、光源的数量、功率及反射光的数量进行考虑。例如两个都拥有 600000 人口的城市，一个在欧洲，另一个在亚洲，尽管它们有着相同的人口数量，但实际上城市夜天空的光污染程度是不同的。Schreuder 对 Walker 公式进行了修正，考虑到了室外照明的总光通量，但还是未分析反射光对夜天空发亮的贡献。相比之下，Díaz Castro's 公式是一个表述最完整的数学模型，在这个模型里就考虑了光源类型，水平线以上的上射光线，也考虑到了表面的反射光线，但是并没有给出相适应的表面类型和反射因子的计算方法。实际上，夜天空亮度和许多因素有关，如材料类型、受照表面的面积，城市的地理位置和文化标准，街区、人行道及建筑的分布，此外，还涉及经济和社会发展的进程等方面，而将这些因素都囊括在一个数学模型中还有待于进一步研究。Cinzano P 针对分散式连续的城市（镇）化地区产生的光污染随着距离的变化情况进行了深入研究，并且进一步将天文台和光源之间山脉的遮光性考虑在该数学模型内。与其他模型不同，Mark A Yocke 从大气中的空气分子和气溶胶散射的角度，扩展了夜天空亮度分布模型的研究，同样该模型对夜天空亮度的估算也主要在于天文观测和天文台择址等天文活动服务。

天文界是最早受到光污染影响的领域，其研究成果也比较显著，这些理论研究成果同样对照明工作者认识城市内部夜天空分布情况和光污染评价有着非常重要的指导和借鉴意义。从城市环境保护和夜景照明领域来讲，对城市内部的夜天空亮度分布情况进行研究，将有利于从根源上解决城市照明的光污染问题，有利于城市夜景照明建设和保持城市夜间环境可持续发展。本工作将侧重于城市内部光污染的研究，并进一步揭示夜天空光分布情况。因此，本章在该方面的理论分析可为进一步研究城市内部夜天空亮度分布提供一定的理论支持和借鉴方法。

2.3　夜天空发亮对观测的影响

2.3.1　夜天空发亮的理论分析

从本质上来讲，人们对目标的观测无论是目视观测、照相观测，还是电子观测，往往是依靠亮度的对比才能够实现。常用亮度对比度 C 来表示亮度对比。它等于视野中的目标亮度与背景亮度的差与背景亮度之比：

$$C=\frac{|L_o-L_b|}{L_b} \tag{2-19}$$

式中　L_o——目标亮度；

L_b——背景亮度。

那么，从城市人工照明中溢散出来的光，在城市上空所形成巨大的“光幕”，会导致视觉屏蔽。这里“光幕”的亮度记为 L_v，此时亮度对比度则变为

$$C'=\frac{(L_o+L_v)-(L_b+L_v)}{(L_b+L_v)}=\frac{L_o-L_b}{L_b+L_v} \tag{2-20}$$

很明显 $C < C'$。可见由于均匀覆盖在背景和目标上的“光幕”提高了观测方向的背景亮度（L_b+L_v），降低了目标的亮度对比度，从而减弱了天文学家和天文爱好者对星星及其他天体的观测能力，见图 2-22。

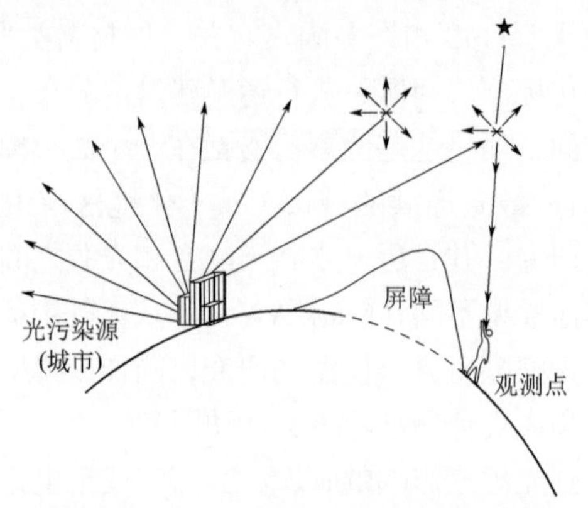

图 2-22 人工光污染对天文观测的影响

由于天空亮度的提高，人们正常目视观测时所能看到最暗的星等（即极限星等）也越低。星等是天文学上对星星明暗程度的一种表示方法，人眼所见的星最暗为 6 星等，目视星等数越小，表示星星的亮度越大。其目视星等 m_1 与对应的亮度 l_1 和 l_2 有下列关系：

$$m_2 - m_1 = 2.5\log(l_1/l_2) \tag{2-21}$$

式中 l_1，l_2——分别为两个对比星体的亮度。

由上述可见，星等数每相差 1，其星的亮度大约相差 2.5 倍。所以通过观测极限星等的变化情况，可评价夜天空发亮对天文观测的影响程度。令 L_{o1} 为在较理想（无光污染）的条件下所能观测到的最暗星体的亮度；L_{o2} 为光污染存在条件下所能观测到的最暗星体的亮度；L_b 为背景亮度；光污染出现后，光幕亮度增加 $L_v=\alpha L_b$。为了对比光污染出现后所观测极限星等的变化情况，应使亮度对比度 C 等于无光污染条件下观测极限星等时的临界对比度 C'，即建立等效的观测条件，则 $C=C'$，根据式（2-19）和式（2-20），于是有

$$C = C' = \frac{L_{o1} - L_b}{L_b} = \frac{L_{o2} - L_b}{L_b + \alpha L_b} \tag{2-22}$$

与 L_{o1} 和 L_{o2} 相比，一般情况下，背景亮度 L_b 较小，分子中的 L_b 可忽略，那么式（2-22）变为

$$(\alpha + 1) = \frac{1}{\dfrac{L_{o1}}{L_{o2}}} \tag{2-23}$$

把 L_{o1} 和 L_{o2} 代入式（2-23），则有

$$\Delta m = -2.5\log(\alpha+1) \tag{2-24}$$

由式（2-24）可知，在光污染存在的条件下，会引起极限星等增亮Δm（星等值降低Δm），其增亮程度是由于“光幕”亮度的作用结果。这样通过Δm和“光

幕”亮度都可以定量地评价天空光污染的程度。因此，本研究对夜天空亮度进行了直接测量，并通过与自然背景天空亮度的比较来考察所测区域的天空的光污染情况。

2.3.2 夜天空发亮对天文观测的影响

夜空亮度的升高还会导致望远镜等天文仪器的观测能力下降。灵敏度极高的天文望远镜可观测到 1000 亿光年外的光域，而一组闪烁于 30km 以外的霓虹灯，就足以干扰或掩盖从遥远天体传来的微弱光线。

表 2-7 是天空发亮对 4m 口径的望远镜观测能力的影响，其中 X 表示天空发亮的等级，1.00 表示自然天空光，1.25 表示由于室外人工照明的影响，夜间天空光比自然天空光增加了 25%。2.00 表示为自然天空光的 2 倍，并意味着 4m 口径的望远镜的等效口径为 2.83m，并且 4m 口径的望远镜的观测效力变为原来的 39%。另外，据国际暗天空协会的资料可知（1996 年），4m 口径的望远镜造价大约为 1000 万美元，而 10m 口径的需要 1.2 亿美元，16m 口径的需要 4.2 亿美元。由此可见，天空发亮不仅使望远镜的观测效力下降，而且使望远镜的使用价值严重贬值，造成了资源的浪费。在光污染严重的地方，甚至还会引起天文台的被迫搬迁，这些经济上的浪费都是巨大的。

表 2-7 天空发亮对 4m 口径的望远镜观测能力的影响

X	等效口径 /m	等效口径（英尺[①]）	等效观测效力 /%
1.00	4.00	157	100
1.10	3.81	150	88
1.25	3.58	141	74
1.50	3.27	129	58
2.00	2.83	111	39
3.00	2.31	91	23
5.00	1.79	70	11

① 1 英尺 =0.3048 米。

2.3.3 夜天空的分类

城市中许多低品质的室外照明所产生的上照光、溢散光、反射光都能够增加城市的夜空亮度，这样就减弱了人们对星星和银河的观察能力，很多城市居民不能够在夜空里看到月亮或星星，这严重损害了天文爱好者及普通市民对城市星空的遥望和观察。在不受光干扰的情况下，原始的夜间天空应该呈现黑色或蓝黑色，然而由于光污染的出现，天空低处的云或悬浮在空中的浮尘会把城市中的光反射回来，夜天空亮度会随着城市照明中的光色和亮度而发生变化，各种颜色夜天空实例见图 2-23。

图 2-23　各种颜色夜天空实例

（1）John Bortle 的黑暗天空分类

John Bortle 根据光污染对天空的影响程度对暗天空进行了分类，表 2-8 所示为 John Bortle 的黑暗天空分类，共分为 1 ～ 9 级，用来衡量夜天空发亮情况。天文学上用星等作为星星可见程度的量化指标。其中人眼可见最暗为 6 星等，且星等值越低，表示实际亮度越高。由于大城市普遍过量使用人工光，使夜天空发亮严重。影响了天文观测、航空发展等，很多天文台因无法观测到星空而被迫停止工作。据天文学统计，在天空不受光污染的情况下，人们夜晚大约可以看到 7000 颗星星。而在人工光源泛滥使用的大城市里，只能看到 20 ～ 60 颗星星。

表 2-8　John Bortle（约翰·波特尔）的黑暗天空分类

天空等级	肉眼极限星等	位置	污染程度	天空颜色
1	7.6 ～ 8.0 等	原始黑暗天空	黄道光、银河星光等都能看到	
2	7.1 ～ 7.5 等	典型真正黑暗天空	沿着地平线气辉微弱可见	

续表

天空等级	肉眼极限星等	位置	污染程度	天空颜色
3	6.6 ～ 7.0 等	农村天空	在地平线附近出现了一些光污染的迹象	
4	6.1 ～ 6.5 等	农村与郊区过渡区天空	在人口聚集区方向光污染可见	
5	5.5 ～ 6.0 等	郊区天空	银河非常的微弱，地平线方向不可见	
6	5.5 等	明亮的郊区天空	即使在最好的夜晚，也无法看到黄道光，仅可看到天顶处的银河	
7	5.0 等	郊区与城市过渡区天空	整个天空背景呈现模糊的灰白色，银河已完全不可见	
8	4.5 等	城市天空	天空发出灰白色或橙红色的光	
9	4.0 等或更小	中心区主城区天空	整个天空被照得通亮	

（2）IDA 的光污染分类

IDA（国际暗天空协会）根据夜晚天空中星星的可见程度将天空等级及污染程度分为 1 ～ 7 级。其中 7 级天空表示最原始的黑暗天空，可观测到的星星数量约为 7000 颗。而 6 级天空下只能看到 7000 颗的 1/3(约 2400 颗)。天空等级越低，光污染程度越高，可见星星数量就越少。IDA 夜天空光污染分级方法见表 2-9。

表 2-9　IDA 夜天空光污染分级方法

天空等级	污染程度	肉眼极限星等	位置
7	原始黑暗天空，云呈黑色	6.76 ～ 6.81 等	离最近城市 100km 外
6	2/3 星星不可见，云可见	6.55 ～ 6.76 等	遥远的农村
5	银河几乎不可见	6.20 ～ 6.55 等	远郊区
4	中度光污染	5.25 ～ 5.75 等	近郊区
3	重度光污染	4.75 ～ 5.25 等	中小城市
2	剧烈光污染	< 4.75 等	大城市
1	恶劣光污染		大城市中心区

（3）CIE 光环境分类

CIE（国际照明委员会）在其出版物《室外照明设施的干扰光影响限制指南》中将夜天空室外环境分为四级，见表 2-10。对夜天空室外光环境的分级是评价夜天空光污染程度最直观的方法。其优点是通过对银河光、星星数量及天空颜色等的目视观察，可以方便天文爱好者选择合适的观星地点，而且相关学者通过目视直接判断区域夜天空承受光污染影响的程度。

表 2-10 CIE 夜天空室外光环境分级

分级	分区	位置
E1	天然暗环境区	国家公园和自然保护区
E2	低亮度环境区	农村的工业或居住区
E3	中等亮度环境区	城郊工业或居住区
E4	高亮度环境区	城市中心和商业区

（4）其他分类

相比于国际上一些公认机构及学者对于夜天空光环境分类方法，我国教授陈亢利等人借鉴了英国对光环境进行分类管理的方式，将夜间光环境划分为四级，如表 2-11 所示。

表 2-11 其他夜间光环境分类

执行光环境标准	分区	适用范围
一级	近无光区	农业种养区、自然保护区、天文观测站周围等
二级	暗视觉区	农业生活区、文教区、城镇居住区、医院住院区等
三级	中视觉区	道路、商业区、工业区（无室外作业）等
四级	明视觉区	工业区（有室外作业）、港口、施工场地等

按照夜间光环境分类，城镇居民区属于暗视觉区，而商业区应属于中视觉区。实际上，商业区附近常常会有居民楼，因此区域划分过程中，常常有交叉情况。由此可知，根据主导功能划定区域的原则进行划分相对较合理。

第 3 章

城市照明中的光溢散

目前，在全球范围内来说，光溢散是引起光污染的最主要、最普遍和最直接的形式。外溢光或杂散光表现得较为宏观，是照明装置发出的光中落在目标区域或边界以外的部分。外溢光或杂散光的产生，既不能对目标建筑进行有效照明，也不能产生很好的艺术效果，反而能导致大量能源浪费，又影响环境，造成城市自然生态的污染和破坏。我们在调查中发现，引起光溢散的主要原因涉及社会、经济、文化等诸多因素，但在设计和技术层面上，归结为两个方面的直接原因：一是照明器（光源、灯罩和电气附件等）是光溢散产生的源头，如城市中的泛光照明有 1/3 的光线溢散到空中，或射入室内；二是城市夜景照明中各种灯光通过建筑物墙面及地面产生的反射光。可见夜景照明设计中光源的选择、灯具的选择布置、照度和亮度的确定、城市表面的反光特性等都与光溢散干扰的产生有密切关系。

本章将主要对城市照明中溢散型光污染的现状和溢散形式进行分析，从光源、映照方式及城市环境影响等一体化思维角度出发，探讨灯具形式、城市表面反射特性与城市光溢散程度的关系，阐述一些合理选择和布置灯具的方法，并采用正交试验的方法安排探照灯对天空发亮影响的试验，研究探照灯的出射角度、光源亮度、出射光束截面积对天顶亮度影响的规律和程度。

3.1 城市照明中光溢散的特点

3.1.1 城市光溢散现状

光溢散是光污染形成的根源。在我国，光污染已经渗入建筑泛光、道路照明、景观照明、环境照明等领域，不再是某一环境中的孤立现象。由于我国的城市夜景照明还没有统一的规范进行约束，城市照明中溢散型光污染的表现形式多、影响范围广、各地区效仿速度比较快。

从图 3-1 东亚地区天空亮度分布图上可以明显地看到我国城市夜间光溢散的分布情况。我国从东北部到东南沿海有一条亮带，这里集中了大部分人口和工业。我国最发达的地区集中在东部地区，特别是京津地区、长江三角洲和珠江三角洲地区。此外，我国东北黑、吉、辽三省的省会和重要的大城市都很明亮。山东省沿胶济铁路一带和山西、安徽等地一些城市也比较明亮。我国台湾东部则因为高山阻隔基本上是黑暗的，而西部沿海一带特别明亮。总体来看，我国的城市光溢散情况不

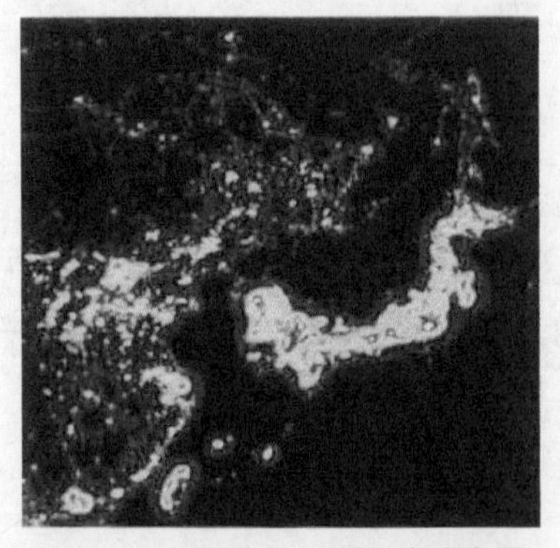

图 3-1 东亚地区天空亮度分布图

容乐观，可以说在全国许多城市中，只要实施了夜景建设项目，或多或少都存在光溢散现象。

如图 3-2（a）所示用大功率泛光灯照射行道树和草坪的做法，在几年前还只是个别城市的孤立现象，而如今在许多城市都会看到。这种广场地灯或草坪地埋灯直接向空中射光，不仅对水平照度无用，对垂直照度的贡献也不大。而主要的光能量射向了天空，造成了严重的光溢散现象。

在夜景建设中，把单纯的“亮”作为衡量光环境质量的主要标准之一。建筑的立面被上千瓦的泛光灯打得通亮，在环境中显得过于孤立，如图 3-2（b）所示。

还有相当一部分光溢散是来自道路照明，如图 3-2（c）所示。如有些高压钠灯在水平及上射方向上产生较大的光量，在高压钠灯斜上方俯视，高压钠灯有可观的亮度，说明其上射光线占全部出射光量的百分比没有受到应有的限制；有些庭院灯上射光线根本未加抑制，从而使真正用于路面照明的有效光量只占总光量的较少部分。道路照明是城市交通的安全保障，但是大量高压钠灯造成的泄漏光是现阶段夜天空发亮的主要原因，应从灯具上予以改进。其他还有体育场照明、工业照明、商业照明等都是易引起光溢散污染的地方、见图 3-2（d）。虽然建筑照明设计师在进行夜景照明设计时，实际上都自觉考虑了光溢散污染的问题，但是由于技术上、结构上的限制以及业主或市容部门的要求，在建成的夜景照明工程中，还是不能很好地控制灯光向外的溢散，这在一定程度上给城市造成了光溢散污染。

(a) 植物照明　(b) 建筑照明　(c) 道路照明　(d) 体育场照明

图 3-2　溢散型光污染

上述各种现象在国内许多城市都能够看见，由于许多地方开展夜景照明时并无经验，常常直接效仿其他城市的效果，因而易使错误做法当作经验传播开来。在国际上，发达的大都市（如纽约、东京、巴黎等城市），光溢散污染也尤为严重。这样的光污染不仅在全球范围内造成了巨大的能源浪费，破坏了城市的自然生态环境，而且对城市空间建筑美学也造成了一定程度的破坏。

3.1.2 城市光溢散形式

光溢散形式主要有直接溢散、反射溢散、入侵溢散、多次溢散、室内透射。

① 直接溢散。光线直接散出目标建筑，如图 3-3（a）所示。如动感射灯、立面泛光灯逸出、立面聚光灯逸出。控制建议：设计方法、观念控制；采用逸出反射板、逸出反射罩。

② 反射溢散。光线照射到目标建筑后，被目标建筑表面反射向无用空间。如玻璃幕墙反射、金属立面反射、高反射比涂料反射、水面反射。控制建议：降低材料反射比；采用内透照明模式；控制反射方向。

③ 入侵溢散。光线照射到目标建筑后，从目标建筑门窗进入室内而产生干扰的光。如小角度泛光入侵、路灯满窗入侵、动感射灯等脉动入侵。控制建议：控制光源方向；利用构造特性。

④ 多次溢散。被目标建筑反射到其他物体上后，再次向无用空间反射的光，反射次数多于二次溢散到无用空间的形式就称为多次溢散，如图 3-3（b）所示。如道路二次反射、建筑二次反射、水面多次反射、云雾多次反射。控制建议：降低材料反射比。

⑤ 室内透射。室内照明引起的溢散光，比较容易让人忽略。由于夜间室内的光线会有一小部分通过窗户溢散出来，或者扩散向天空，或者投射到邻近建筑物表面后再反射向天空，如图 3-3（c）所示。这部分引起的光溢散的量主要与室内家具材质表面的反射特性和建筑的玻璃外窗（幕墙）面积有关，室内家具材质表面的反射率和外窗（幕墙）面积越大，室内光溢散越多，溢散的光线能占全部出射光线的 1% ～ 10%。

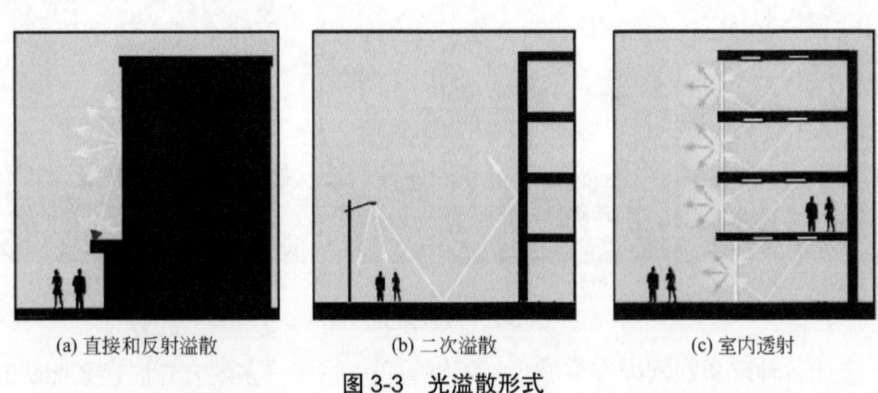

(a) 直接和反射溢散　　(b) 二次溢散　　(c) 室内透射

图 3-3　光溢散形式

3.1.3 城市人工光源溢散特征

光的传播特性使城市地表光源可以辐射至城市上空，城市上空的光通过大气中的水分、灰尘颗粒以及云团的散射和反射再次射向地面，城市照明给城市上空不同层次带来的问题很复杂。在城市地表层次的光环境多半是与人们生活紧密相关联的街道照明、广场照明、商业照明等，此范围内的光环境问题会直接影响人们的日常夜间生活；城市中空层次的光环境所涉及的问题在于宏观的城市照明规划问题，对于一座城市的俯瞰夜景规划和设计有着重大的意义。在城市上空层次的光环境中，更多的是对自然环境产生的影响（如夜空颜色和亮度的变化），从而影响天文观测。

从图 3-4 的 360° 全景照片中观察发现，在城市夜间环境自然背景光逐渐向人工光过渡变化的过程中，城市边界线在光的影响下，其颜色发生了变化，从图 3-4（c）能明显看到城市夜空已经被人工光笼罩。在夜间人工光环境下，不同城市区域上空的光环境情况有所不同，主要来自城市溢散的光向天空散发的光晕大小、光晕颜色和动态光等。因为光的相互渗透和叠加特性，人眼所看到的城市上空的光色正是对应区域中城市地表溢散光色的叠加与融和，并且再经过大气的反射、散射的结果。

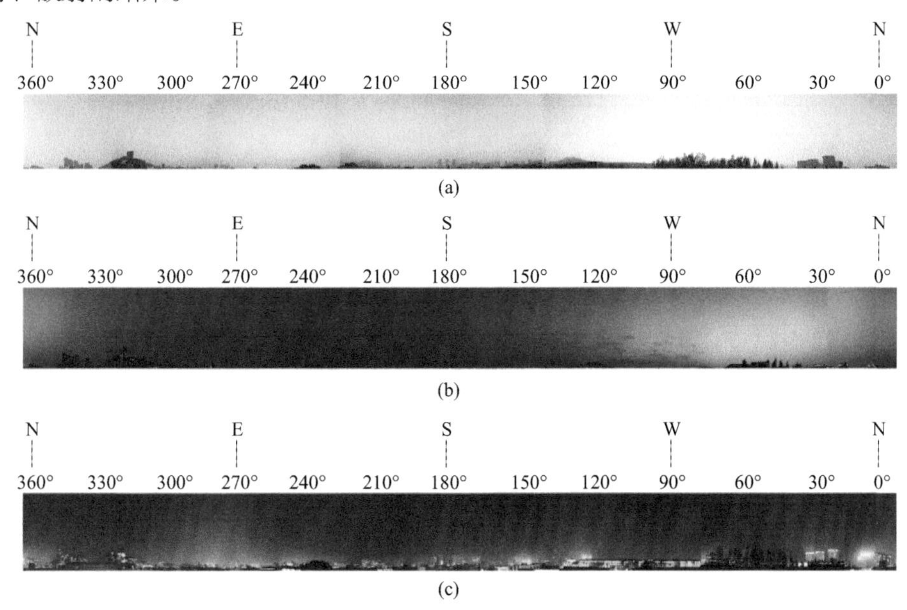

图 3-4　城市光源辐射随着时间发生的变化

图 3-5 是城市溢散光谱随着时间的变化曲线。测量方向是以水平正东方向以及垂直方向为与地面夹角 45°进行观测，观测其随着时间变化光谱和色温产生的相应变化，整个过程是城市光环境由明到暗的过程。6 个时间点依次为 16: 30、17: 30、18: 30、19: 30、20: 30、21: 30。从图 3-5 可以看出，16: 30 测得的数据的光谱中峰值主要集中在蓝色区域，此时城市天空的光环境以自然天光为主。17: 30 测得的数据的光谱中开始出现多个峰值，覆盖了光谱大部分范围，光谱峰值由上一个测试点集中于短波蓝色光区域开始向长波红光区域移动。18: 30 测得的数据的光谱中峰值集中于蓝色和红色两个区域，此时城市上空的光

环境已不再是单纯的自然天光，而是融入了人工光的微妙影响。从 19：30 开始至 21：30 的 3 组数据的光谱和色温情况发生明显的变化，光谱峰值非常显著地集中于橙黄色区域，与前三个时间点测得的数据大范围覆盖光谱的情况不同，反映出此时城市上空的光环境受到自然天光的影响已经变小，而受到来自城市地表（如广场、建筑、道路等）人工光溢散的影响较多，人工光主要以暖橙黄色为主。

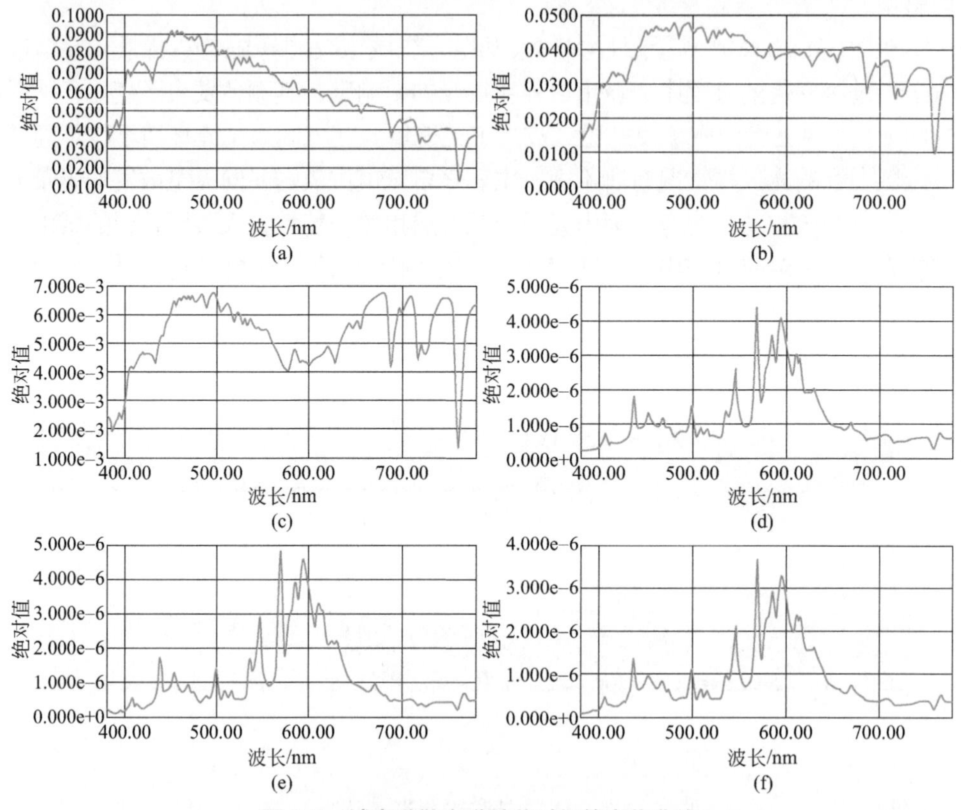

图 3-5 城市溢散光谱随着时间的变化曲线

在原始的自然夜空下，月亮作为自然光源，通过大气层中水分子、微尘颗粒的散射和折射形成了天然的夜天空照明，这种光环境呈现出低亮度（$2.1\times10^{-4}cd/m^2$）和高色温（冷色调）的特点。但是随着城市的不断发展和人们夜间户外活动的丰富，户外照明开始快速发展，其中非聚光灯灯具、非截光型灯具、顶端开口路灯和面向上方的灯（户外广告牌下侧）如图 3-6 所示，这些没有截光措施的灯具所发射出的光线在照亮城市的同时，大量的光被散射到天空形成溢散光。上射光被大气层散射回地面，在城市上空形成一层橘色、红色的“光幕”，不仅影响夜空的亮度，更改变了夜空的

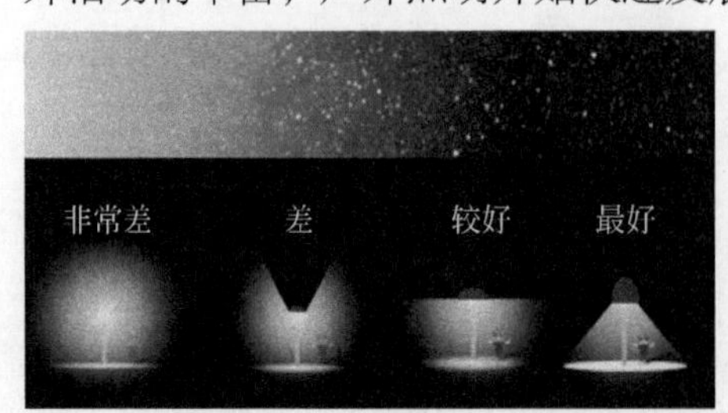

图 3-6 灯具的截光设计

颜色。图 3-7 所示为不同类型的人工照明引起夜天空颜色变化的模拟图，可以明显看出非截光型灯具引起夜天空发亮的程度最强，影响区域最大；截光型灯具引起夜天空发亮的程度最弱，影响区域最小。夜天空颜色随着光源的颜色而变化，高/低压钠灯引起夜天空颜色偏黄色，白光照明光源引起夜天空颜色偏蓝白色。

这些结果对于自然生态产生了负面的影响，包括人类的昼夜节律，进而影响到我们的生理状况和日常生活作息规律。对于夜间出行觅食的动物和昆虫来说，也有明显的消极影响。另外，过于明亮的夜空使繁星无处可寻，使我们失去了美丽的星空，对天文观测也有很消极的影响。

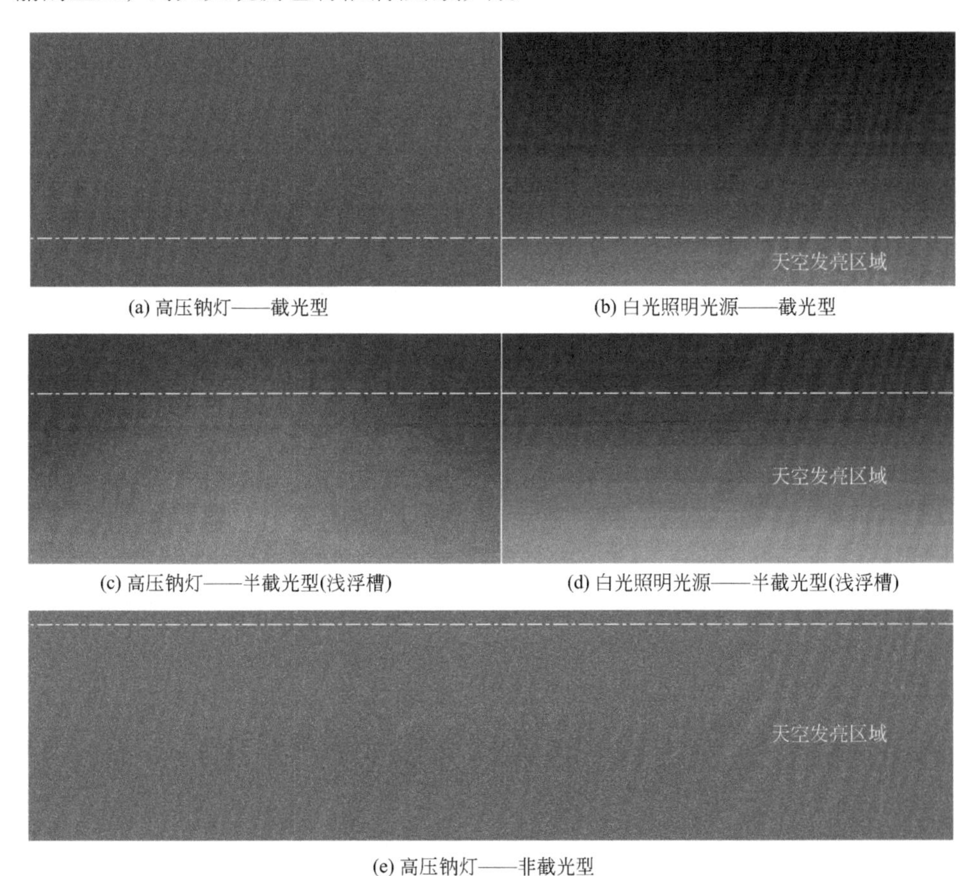

(a) 高压钠灯——截光型

(b) 白光照明光源——截光型

(c) 高压钠灯——半截光型(浅浮槽)

(d) 白光照明光源——半截光型(浅浮槽)

(e) 高压钠灯——非截光型

图 3-7　不同类型的人工照明引起夜天空颜色变化的模拟图

3.2　灯具对光溢散防治的影响

3.2.1　灯具形式与光溢散防治

增加灯具照射的有效性，减少无用光线的比例，提高灯具的利用效率是防治光污染、合理选择灯具的基本原则。其中灯具投光方向和安装的位置，是有效防治光污染的重要因素。不同的灯具因为所用材料和内部构造不同，会有不同的光通分布。灯具向不同方向出射的光线，有的直接照射到被照面上，这一部分光线对营造舒适的照明环境是有效的，但是另外一部分光线则无法对被照面产生作用，形成灯具的溢出光。这些光是上射直到 90°以上的无用光和在 75°～ 80°区域发射的光的总和。后者的作用非同小可，该区域的光分布是眩光、光入侵和天空发亮的主要原因。图 3-8 所示为灯具出射光的分布示意图和相应的实例，对于室外照明灯具，其出射方向为向上的光线基本都属于无用的溢出光。本节详细对比分析了典型光源与灯具产生上射光的情况。上射光线无法形成有效照明，一方面浪费了电能，另一方面由于受到大气和悬浮尘埃的反射，使夜空亮度增加，形成光污染。因此，控制室外照明灯具的上射光线是非常重要的。

图 3-8（a）所示为带有棱形花纹玻璃灯罩的圆筒状灯具，能发射向上和向下的光，从图中可以看到棱形纹玻璃扩大了光线的出射角度，对光线的拦截和出射方向的改变作用很小。图中圆筒状光源照亮了道路之外的环境，功能照明的作用很弱，容易形成上射光。该灯具的利用效率低。

图 3-8（b）所示为装有起肋玻璃灯罩和大尺寸光源的低压钠灯，光的射入角度最大能达到 120°（$\gamma_{max}=120°$）。从图中的实例可以看到，在雾中低压钠灯的光线可以散射到各个方向。

图 3-8（c）所示为配有盒状灯罩的截光型灯具，光源为低压钠灯。虽然该灯具减少了光污染，但盒内反射的光线都被截在灯罩中，降低了光的向下输出比率和灯具的利用效率。

图 3-8（d）中小尺寸光源放置在灯罩中圆锥形反射镜的焦点处，并用浅碗状玻璃罩罩住。可以看到，光线从玻璃罩中以较宽的角度折射出，射程较远。图中道路交口处的高压钠灯照亮了环境中的各个方面，包括住宅外立面、玻璃窗甚至烟囱。

深碗状的反射镜容易引起二次反射和眩光，图 3-8（e）中实例是深碗状的截光型灯具。尽管光源被凹进灯罩中，但是由于深碗对光源的反射和散射，溢散出许多无用光。另外，由于裸露的玻璃罩比较容易脏，这样就进一步增加了光的各方向的散射，因此该形式的灯具并不是一定意义上的完全截光型灯具。

图 3-8（f）中大尺寸光源放置在灯罩中圆锥形反射镜的焦点处，采用平面玻璃罩。可以看到，光线射向反射镜并从各个方向以较大的角度射出，这样的光可能会引起光干扰和附近物体表面的光反射。

图 3-8（g）中小尺寸光源放置在灯罩的圆锥形反射镜焦点处，采用平面玻璃罩。可以看到，射出的光线形成一个较窄的圆锥形，一些边缘的光线被射回反射镜。从实例图中可以看到高速公路上采用该形式的灯具，光溢散被有效地控制，其天顶天空与图面左侧天边泛起橙红色的天空形成明显对比。

图 3-8（h）中清洁的球形灯的上射光通百分比为 40% ～ 60%，而如果灯具是脏的，则向上照射的光能增大到 80%，并且从图 3-8（h）中可以看到球形灯下灯杆周围的亮度非常弱，几乎是漆黑一片，这样造成的环境亮度对比非常明显，亮度均匀性也非常差。

图 3-8（i）中装有百叶窗板的灯具能够使光源光线直射、散射甚至多重反射。这样就使溢散光的比例增加，同球形灯具一样，灯杆下的亮度也非常微弱，光线基本上射向了围绕光源的周围空间。

图 3-8（j）中对于装有角型反射镜的灯具，其光源光线更容易向下、向上直射和反射引起眩光、上照光和光干扰等。实例图中的光源引起耀眼的眩光能够直射入驾驶员、行人的眼睛，能射入建筑的室内形成光干扰，能上射到天空等。

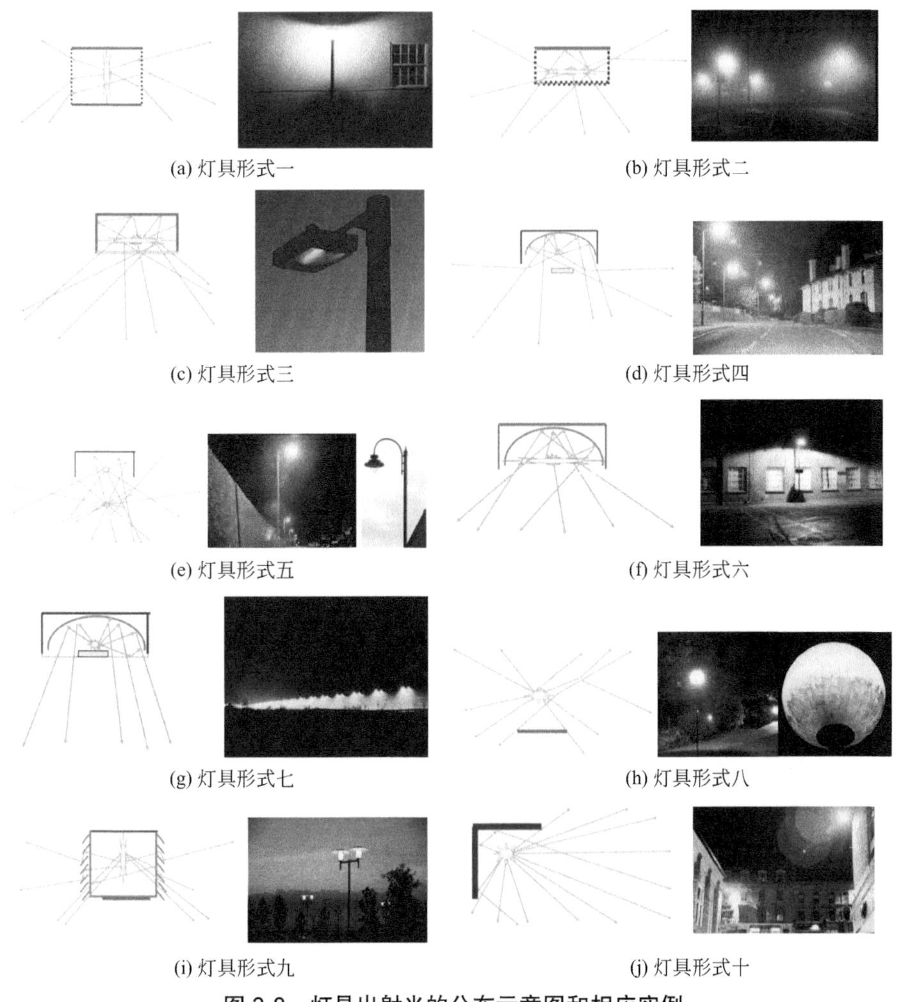

(a) 灯具形式一　(b) 灯具形式二

(c) 灯具形式三　(d) 灯具形式四

(e) 灯具形式五　(f) 灯具形式六

(g) 灯具形式七　(h) 灯具形式八

(i) 灯具形式九　(j) 灯具形式十

图 3-8　灯具出射光的分布示意图和相应实例

图 3-8 分别对十种灯具形式及光源光线分布进行了对比分析。其中灯具形式

七防治光污染效果较好；没有采取截光、遮光等措施的灯具形式二、四、八、十光污染、光干扰较严重，灯具形式六次之；灯具形式一、三、五、九的效果较差。通过分析可知，虽然景观灯具的外观装饰性很重要，但还是要尽量避免其产生的光污染和光干扰，因为这些会造成视觉上的不舒适感。由于不少景观灯具在光源上直接安装了透明或磨砂的灯罩，上射光通过时容易造成光污染，所以可以通过增加折光隔栅进行改善。此外，还可以在灯罩外侧设有反光板，如图 3-9 所示，使光线尽量全部落到有用区域内，制止向上和向外漏光、溢光。由于反光板的截光、聚光作用，光线不再四处扩散，加大真正用于路面照明的光量占光源总量的有效百分比，使路面更明亮。这样，不仅可以减少这方面的光泛滥造成的夜天空发亮，还可以节约能源。

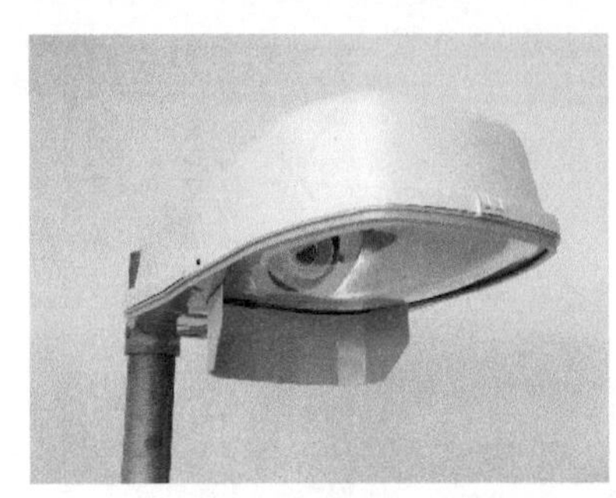

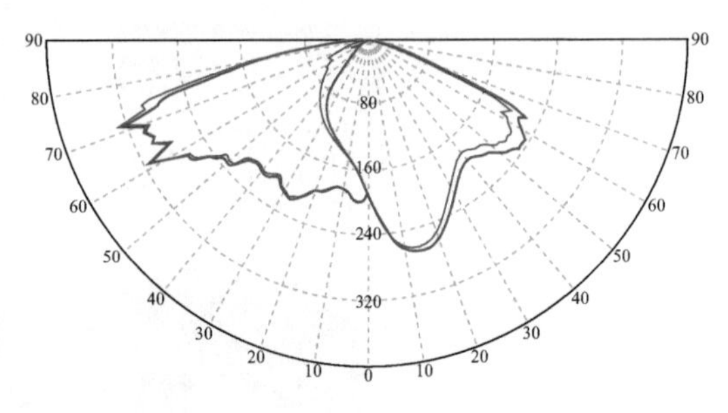

图 3-9　在灯罩外侧设置反光板的灯具的配光曲线

3.2.2　灯具安装与光溢散防治

（1）安装高度

灯具的安装高度对控制光溢散起着重要的作用，因为投光的分布可以是不同的。灯具安装高度高，溢散光少，易于遮光，灯具本身的眩光较少，但白天灯具明显；安装高度低，则情况相反，但对于完全遮光的投光照明，优缺点则与此不同。灯具的安装高度取决于照明设计要求和相应的设计标准或对垂直照度设计的要求。安装高度低的灯具，可以采用较小的光源、较宽的光束、更大的投光入射角度。

（2）投射距离

投射距离是由灯具的配光特性决定的，另外，需要考虑人的安全和消除障碍物对视线的遮挡。投射距离远，溢散光多，易于遮光，使用宽光束对近和远的建筑物投光较为合适。

（3）光通量

光通量大，效率高，但存在有较大光溢散的可能。调节的办法是提高安装高度和增加投光距离。当然由此可以减少灯具使用的数量，减少控制部分的费用。光通量小，情况则与之相反。

（4）光束角

如果光束角宽窄能够严格按照设计要求，就可以有效控制光溢散，减少对遮光装置的需要。光束角窄，均匀照亮同样大小的区域，需要灯具数量就多；光束角宽，遮光效果则难以达到理想状态。

（5）与附近房屋的距离

照明装置距房屋的距离越远，房屋受到的光溢散影响就会弱一些。对灯具本身来讲，遮光装置简单，对于光线的控制也会容易一些。但是照明装置距房屋很近时，要顾及光线对居民或房间使用者的不良干扰。遮光装置要经过仔细地推敲和设计，以取得最佳的控制效果。

（6）垂直投光角

垂直投光角的大小直接关系到能否将光线有效投射到被照目标上。一般来讲，垂直投光较高，容易产生光溢散，遮光效果不好，但可获得较高的垂直照度。

3.3 城市表面对光污染的影响分析

3.3.1 城市表面的反射特性研究

被照表面对人工光的反射和散射是引起上照光的主要原因。城市中主要的反射、散射表面有道路表面（如交通干道、住宅区道路、步行道等）、建筑立面、植物（如草、树叶）。

反射率是物体表面所能反射的光通量和它所接受的光通量之比，用 ρ 来表示。

$$\rho = \frac{\phi_{\rho}}{\phi_{o}} \tag{3-1}$$

式中　ϕ_{ρ}——入射光通量；

ϕ_{o}——反射光通量。

σ 为散射系数，描述了光的反射或透射。σ 由下式决定

$$\sigma = \frac{L_{20} + L_{70}}{2L_{5}} \tag{3-2}$$

式中　L_{20}，L_{70}，L_{5}——分别为物体表面某一观察角度的亮度。

为了说明物体表面的反射特性，引入了亮度系数概念，其定义是

$$L = q\,E \tag{3-3}$$

q 取决于观察者的位置和物体表面上所考虑的点相对于光源的位置。也就是取决于表面的反射率和散射系数。如果表面为全漫反射模式，则亮度只取决于反射系数。即 $\sigma = 1$。

$$则\ L=\frac{\rho}{\pi}E \tag{3-4}$$

对被照表面，亮度为

$$L_m = q_m E_m$$

反射率和亮度系数的关系为

$$\rho = \pi \sigma q_m \tag{3-5}$$

表3-1是不同颜色的铺路砖的散射系数和亮度系数，从表中可知，颜色越深的路面，散射系数越高，亮度系数却越小。

表3-1　不同颜色的铺路砖的散射系数和亮度系数

参数	白色	灰色	黄褐色	赭色	黑色	暗青灰色
散射系数	0.65	0.78	0.74	0.79	0.57	0.85
亮度系数	0.151	0.076	0.076	0.064	0.06	0.039
反射率 /%	30.8	18.6	17.6	15.8	10.7	10.4

根据式（3-5）计算得到高压钠灯环境下校园内道路、白蜡树树叶的平均反射率见表3-2，从以上的结果可以看出，不同季节里路面、树叶等物体表面的反射效果与材料表面颜色、清洁程度、空气中灰尘、雾气及水蒸气的含量等条件有关，说明反射率与表面状态有关。

图3-10是几种材料的反射率与光入射角度的关系。从图中可以看到，除白色表面外，其他材料的反射程度（率）与光的入射角大小成正比。以水面为例，当光线入射角小时（几乎垂直水面），入射光线大部分进入水中，只有很小部分被反射，并不形成任何光幕，使水中看起来很清楚。而当入射角超过70°时反射率将迅速增加，见图3-11所示水表面的反射效应，水面将岸边的灯光又反射到天空、建筑的墙面和结构上。

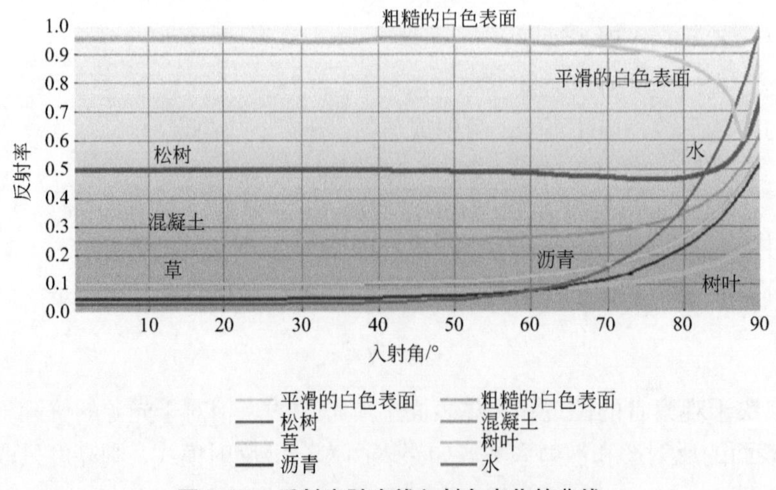

图3-10　反射率随光线入射角变化的曲线

表 3-2　校园内道路、白蜡树树叶的平均反射率 ρ　（%）

季节	校园主干道（沥青路面）	步行道（红色铺地砖）	白蜡树树叶（落叶乔木）
夏季	10.13	15.35	13.31
秋季	9.84	14.84	15.97
深秋	10.73	16.21	20.65
冬季	12.41	16.39	

表 3-3 是典型材料的反射率，有些漫反射性能比较差的材料，如大理石和光滑的涂层，反射光束中会包含镜面反射成分，这会带来麻烦，因此必须采取措施阻止这部分光射向观察者。从比较还可以看出，灰砖、沥青、花岗岩、深色混凝土大部分光被吸收，这几种材料反射光就少；白色涂料、白色大理石和白砖可得到较高的反射光。为获得给定的亮度，反射率 ρ 越小，所需要的照度就越高，这样溢散出的无用光也可能增多。相同的照度照射到不同反射率的壁面上产生的亮度不同。为保护室外照明环境，文献给出了不同反射条件下照度推荐值，见表 3-4。

图 3-11　水表面的反射效应

表 3-3　典型材料的反射率

材料	状态	反射率
白色大理石	尚整洁	0.60 ～ 0.65
花岗岩	尚整洁	0.10 ～ 0.15
浅色混凝土（或石头）	尚整洁	0.40 ～ 0.50
沥青	尚整洁	0.10
灰砖	清洁	0.23
深色混凝土（或石头）	尚整洁	0.25
	很脏	0.05 ～ 0.10
仿混凝土涂料白砖	清洁	0.50
	清洁	0.80
黄砖	新的	0.35
红砖	新的	0.25
砖头	脏的	0.05
白色涂料	清洁	0.70 ～ 0.80
水泥	清洁	0.40 ～ 0.50
沙土	清洁	25 ～ 45

续表

材料	状态	反射率
雪	清洁	0.80 ～ 0.95
	脏的	0.50 ～ 0.60
云	厚云	0.79 ～ 0.80
	薄云	0.20 ～ 0.30
农作物		0.10 ～ 0.25
落叶林		0.15 ～ 0.20
针叶林		0.10 ～ 0.15

表 3-4　不同反射条件下照度推荐值

参考面	材料反射率	非常亮	亮	中度亮	暗
		0.60	0.30	0.15	0.075
立面	E_t/lx	1	2	4	8
水平环境	E_h/lx		1	2	4

通过上面的测量与典型材料的反射率分析可见，城市表面的平均反射率为10% ～ 25%。

3.3.2　被照面的表面颜色与光谱反射特性

（1）物体的颜色

物体能够显现出各种各样的颜色主要是由物体表面对光具有选择吸收的特性决定的。光源的光线照射在物体上，物体可选择吸收某种波长范围的光，而将其余波长的光反射出去，反映到人脑中，就得到这种物体显示什么颜色。任何物体的颜色只有在光线存在时，才显示出颜色。有色物质对各种光波的吸收不同，因而反射或透射的光波成分不同，于是产生各种颜色。物体的颜色因为它们对不同波长的光波，具有不同的吸收特征，它们所表现出的颜色，就是被吸收光的补色。

（2）物体表面的光谱反射率

在光谱中，一种颜色向另一种颜色转变是逐渐过渡的，在光谱上看到的颜色叫光谱色，不能分解的光谱色称为单光，由两种以上单色混合而成的色叫复色。光射到物体表面上时，部分光被反射，反射的辐射量与入射辐射量之比称为反射比 ρ，如为单色光，则称为光谱反射比 $\rho(\lambda)$。反射光遵守反射定律，从镜面反射方向射出，这部分光叫正反射或镜面反射光，正反射辐射量与入射辐射量之比称为正反射比。还有部分光是通过漫反射反射出去，这部分光叫漫反射。实际的物体既不是理想的镜面，也不是完全反射镜面，而是正反射和漫反射同时存在。

反射表面的颜色特性可由它的光谱反射特性计算出来，即物体表面颜色由其表面光谱反射率决定。一般光谱反射率大的表面呈浅色，光谱反射率小的表面呈深色。黄色、淡灰色物体光谱反射率较大。一般在0.1左右，对于589nm的波长，泥土的反射率为0.1，草坪的为0.08，树叶的为0.06，沥青的为0.04～0.08，混凝土的为0.25。从图3-12几种常见植物表面的光谱反射率中也可以看到，植物表面对可见光的反射率较低；因为表面热损耗（红外线易于传递热量），物体表面对近红外线的反射率明显提高。红色、深色物体光谱反射率较小，一般为0.8左右。

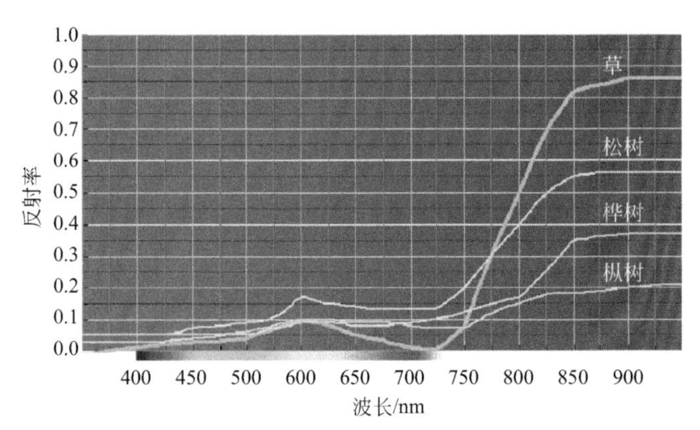

图 3-12 常见植物表面的光谱反射率

物体的光谱反射率决定了物体的所有颜色特征，在色度学上具有十分重要的意义。1974年，CIE正式推荐在国际上采用评价光源显色性方法，简称“测验色”法，在这种方法中，CIE给出了计算光源显色指数用的14块孟塞尔验色样品，这些颜色样品包括孟塞尔颜色系统中各种有代表性的色调，它们具有中等彩度，有大约相同的中等明度，涵盖了建筑材料中的大部分颜色，14块CIE推荐的标准色板如表3-5所示，这些色板的光谱反射率如图3-13所示。

表 3-5 14块CIE推荐的标准色板

号数	近似的孟塞尔标号	在昼光下的颜色外貌
1	7.5R6/4	带浅灰的红色（淡灰红色）
2	5Y6/4	带暗灰的黄色（暗灰黄色）
3	5GY6/8	深黄绿色（饱和黄绿色）
4	2.5G6/6	适中的黄绿色（中等黄绿色）
5	10BG6/4	带浅蓝的绿色（淡蓝绿色）
6	5PB6/8	浅蓝色（淡蓝色）
7	2.5P6/8	浅紫罗兰色（淡紫蓝色）
8	10P6/8	带浅红的紫色（淡红紫色）

续表

号数	近似的孟塞尔标号	在昼光下的颜色外貌
9	4.5R4/13	深红色（饱和红色）
10	5Y8/10	深黄色（饱和黄色）
11	4.5G5/8	深绿色（饱和绿色）
12	3PB3/11	深蓝色（饱和蓝色）
13	5YR8/4	带浅黄的粉色（人的肤色）
14	5GY4/4	适中的青果绿色（树叶绿）

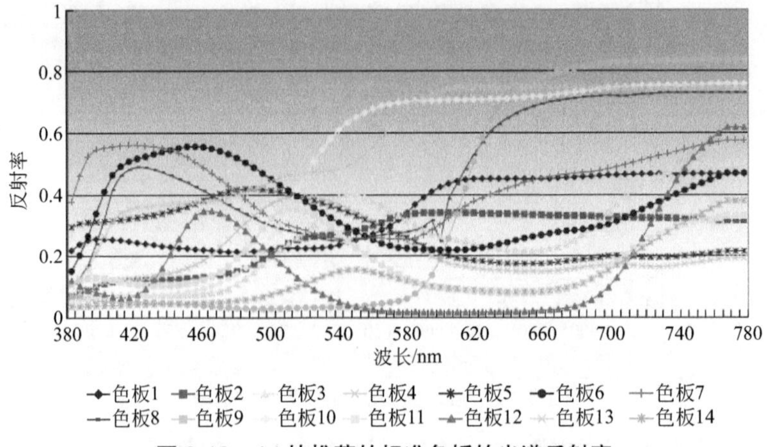

图 3-13　14 块推荐的标准色板的光谱反射率

通过上述分析可以看出，城市上射光主要包括灯具的天向溢散光和城市表面的反射光。那么，灯具向天空直射和道路向天空反射的总比例可表示为

$$\mathrm{UWLR}(\%)=\frac{\mathrm{ULOR}(\%)+\mathrm{DLOR}(\%)\times C_{\mathrm{r}}(\%)}{\mathrm{ULOR}(\%)+\mathrm{DLOR}(\%)}=\frac{F_{上}(\%)+F_{下}\times C_{\mathrm{r}}(\%)}{F_{上}(\%)+F_{下}(\%)} \tag{3-6}$$

式中　UWLR——天向溢散光比例，是向上浪费的光线比，是灯具引起的射向天空的光线（包括灯具上照光线和道路表面反射光线）占全部出射光线的百分比，该值越大，电能浪费越多；

ULOR——上射光输出比例；

DLOR——下射光输出比例；

C_{r}——路面反射率；

$F_{上}$——灯具上射光通百分比；

$F_{下}$——灯具下射光通百分比。

表 3-6 所示为上射光比例分布情况，可以看出，在全部上射光中地面反射光占了绝大部分。

表 3-6　上射光比例分布　（%）

实例	光源类型	上射光比例	地面反射光比例	全部上射光比例
	低压钠灯	3.71	5.6	9.3
	半截光型 高压钠灯	0.16	5.6	5.8
	截光型 高压钠灯	0.02	5.7	5.7

总之，城市表面的反射光是溢散光中的主要组成部分，其反射程度还与城市表面的反射特性直接有关。研究城市表面的反射特性不仅可以根据材质特性选取适合的照明灯具。例如：在建筑物的泛光照明中，为满足立面照度的需求，要根据表面材料的反射比和色彩吸收情况，适当选择宽光谱辐射的光源；为减少路面的反射光，应使用单一光谱的低压钠灯作为道路照明光源；在物体表面反射率高的区域可以适当减少灯具的布置等。而且可以根据表面反射率的多少和灯具上照光比例来定量化地评价城市溢散光。这些对于有效地控制城市溢散光和节约能源具有重要的意义。

第4章

遥感在光环境监测中的应用

遥感是一种非接触式的探测技术，通过搭载在航天器上的高灵敏度传感器，能够快速准确客观地获取地球表层信息。夜光遥感，顾名思义是卫星遥感在夜间成像，主要是捕捉夜间地表发出的微弱的亮光，如城市灯光、渔船照明、火点甚至极光等发光信息，其中，城市灯光是夜光遥感捕捉的主要信息，这些城市灯光信息主要是城市照明设施在夜间发出的光亮。当城市照明设施发出的光过亮且没有有效控制，造成的光污染会对人类和动植物可持续发展造成严重影响，这种影响已经受到广泛关注。因此，利用夜光遥感技术对城市人工夜光监测十分必要，本章首先总结了目前国内外主要的夜光遥感卫星数据源，并对广泛应用的长时序DMSP-OLS 夜间灯光数据预处理进行了介绍，基于 DMSP-OLS 夜光遥感数据分析了我国人工夜光的时空变化特征，最后介绍了国产珞珈一号夜光遥感卫星在开展人工夜光调查方面的应用潜力。

4.1 夜光遥感卫星介绍

自 20 世纪 70 年代美国国防气象卫星计划（Defense Meteorological Satellite Program，DMSP) 搭载的 OLS(Operational Linescan System，OLS）传感器发射以来，由于该传感器具有极强的光电放大能力，使其不仅具有云层监测能力，同时可在夜间获取城市灯光、渔火和火灾等信息。1978 年，Croft 首次提出了 DMSP/OLS 利用夜光数据开展城市研究（Croft，1973 年），40 多年来，随着夜光遥感数据的不断丰富，夜光数据已经在城市扩展、人口分布、经济发展、能源碳排放等方面进行广泛的研究。近年来，夜间灯光遥感数据被环境学家和生态学家广泛用来研究城市人工夜光对人类健康和生态安全的影响。

目前公开共享的夜间灯光遥感卫星数据源有 DMSP/OLS、NPP-VIIRS 和珞珈一号，以及少量的宇航员拍摄的国际空间站夜光数据。高分辨率夜光遥感卫星数据有吉林一号、EROS-B 和国际空间站夜光数据。本章主要介绍 DMSP/OLS、NPP-VIIRS 和珞珈一号三种夜间灯光遥感数据，各卫星的参数如表 4-1 所示。

表 4-1　夜光遥感卫星载荷参数

卫星参数 / 名称	DMSP/OLS	NPP-VIIRS	珞珈一号
发射单位	美国国防部	NASA/NOAA	武汉大学
数据年份	1992 ～ 2013	2011 至今	2018/6 至今
波谱范围 /nm	400 ～ 1100	505 ～ 890	480 ～ 800
在轨高度 /km	830	830	645
轨道类型	极轨卫星	极轨卫星	极轨卫星
空间分辨率 /m	2700	742	130
幅宽 /km	3000	3000	260

续表

卫星参数 / 名称	DMSP/OLS	NPP-VIIRS	珞珈一号
重返周期	12h	12h	15d
像元饱和	饱和	无饱和	无饱和
在轨校正	否	是	是

DMSP/OLS 是目前全球最长时间序列、使用最广泛、应用最多的夜间灯光遥感数据，目前该数据由美国国家海洋和大气管理局（NOAA）下属的国家地理数据中心（NESDIS）负责发布，DMSP/OLS 最初设计的目的是监测夜间云量，却发现在无云层遮挡时可以监测到城镇夜间发出的灯光，由此开启了夜间灯光遥感的广泛研究和应用。目前由 NESDIS 发布的 DMSP/OLS 夜光数据为第四版 1992 ～ 2013 年产品数据，其中各卫星获取影像年份对照表如表 4-2 所示，该时序遥感数据共由 6 个卫星传感器获取，并且在部分年份存在不同传感器获取同一年份夜间灯光遥感数据的现象。根据发布的产品类型，分为无云观测频数产品、平均夜间灯光产品和稳定夜间灯光产品，其中平均夜间灯光产品和稳定夜间灯光产品的最大区别是后者消除了火点及背景噪声等信息，其像元亮度值主要代表稳定夜间灯光。DMSP/OLS 夜间灯光影像纬度范围为从 65° S 到 75° N，经度为从 180E 到 180W，影像空间分辨率约为 2.7km，像元灰度（DN）值范围为 0 ～ 63，如图 4-1 所示。

表 4-2　DMSP/OLS 卫星年份对照表

卫星年份 / 年	F10	F12	F14	F15	F16	F18
1992	F101992					
1993	F101993					
1994	F101994	F121994				
1995		F121995				
1996		F121996				
1997		F121997	F141997			
1998		F121998	F141998			
1999		F121999	F141999			
2000			F142000	F152000		
2001			F142001	F152001		
2002			F142002	F152002		
2003			F142003	F152003		
2004				F152004	F162004	
2005				F152005	F162005	
2006				F152006	F162006	
2007				F152007	F162007	

续表

卫星年份 / 年	F10	F12	F14	F15	F16	F18
2008					F162008	
2009					F162009	
2010						F182010
2011						F182011
2012						F182012
2013						F182013

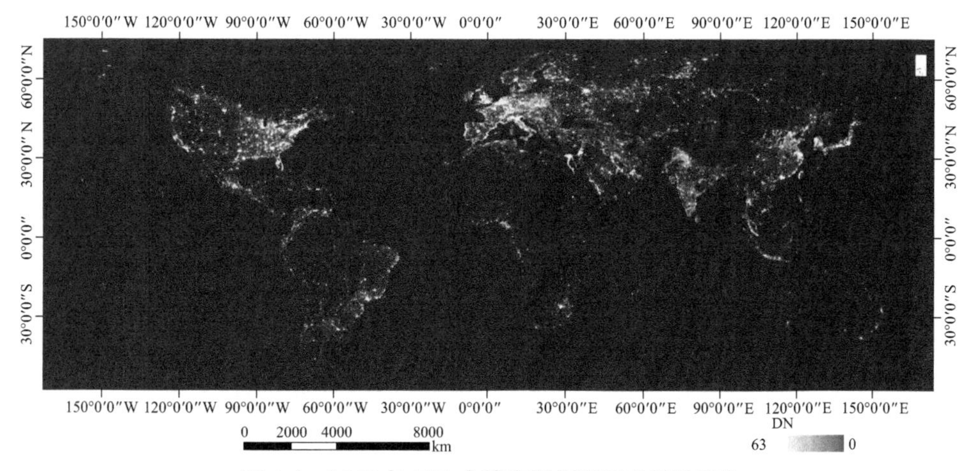

图 4-1　2012 年 F18 全球夜间灯光遥感卫星影像

利用 F101992、F142002 和 F182012 三期 DMSP/OLS 夜间灯光数据合成全球夜间灯光假彩色图，如图 4-2 所示。其中白色代表稳定夜间灯光区域，红色表示近 10 年夜间灯光扩展区域。该图可以直接反映全球夜间灯光照明区域，并与世界经济发展程度和人口空间分布格局密切关联。

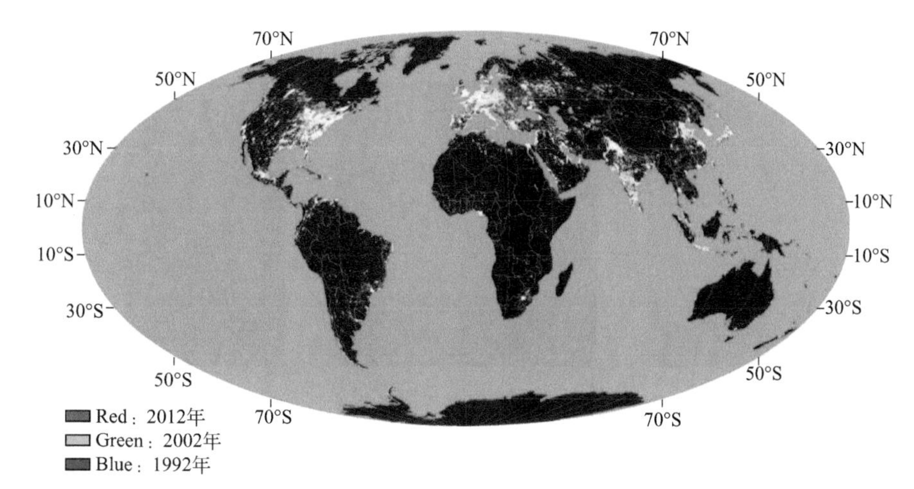

图 4-2　全球夜间灯光遥感卫星影像合成图（海洋区域用浅蓝色表示）

为延续DMSP/OLS夜间灯光时序卫星遥感数据，美国国家航天航空局在2011年成功发射了Suomi-NPP卫星，该卫星搭载了VIIRS载荷，可以获取夜间灯光遥感影像。NPP-VIIRS夜光数据与DMSP/OLS载荷参数对比如表4-1所示。从表4-1中可以看出，NPP-VIIRS空间分辨率较DMSP/OLS高，像元的饱和效应较DMSP/OLS减轻显著，如图4-3对比所示，可以看出，在长三角和珠三角地区，DMSP/OLS在城市中心区域饱和现象较明显，基本都呈高亮度区域，而NPP-VIIRS数据从城市中心到城郊区域有较好的过渡。这种差异一方面与影像分辨率有关，另一方面是NPP-VIIRS影像位深较DMSP/OLS高，能够有效区分极亮和极暗的夜光信号。

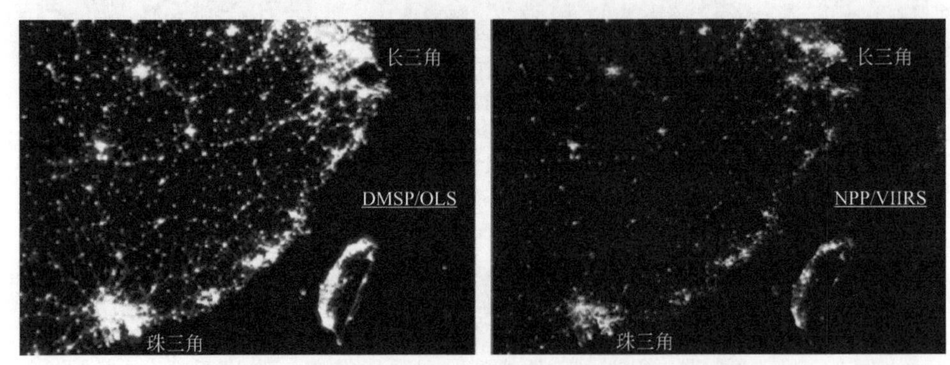

图4-3　DMSP/OLS夜光数据和NPP-VIIRS夜光数据

2018年6月，武汉大学研制的珞珈一号卫星发射成功，该卫星是专业夜间灯光遥感卫星，与NPP-VIIRS和DMSP/OLS载荷参数相比（表4-1），珞珈一号夜光卫星空间分辨率提升到130m，对于夜光信息空间细节信息获取能力如图4-4所示，可以看出DMSP/OLS对于城区夜光信息有严重的饱和效应，而NPP-VIIRS能够较好地消除这种影响，珞珈一号在空间细节信息上又有较好的提升，对于城市道路、交通和商业区夜光亮度信息有较好区分。以图4-5北京地区珞珈一号夜

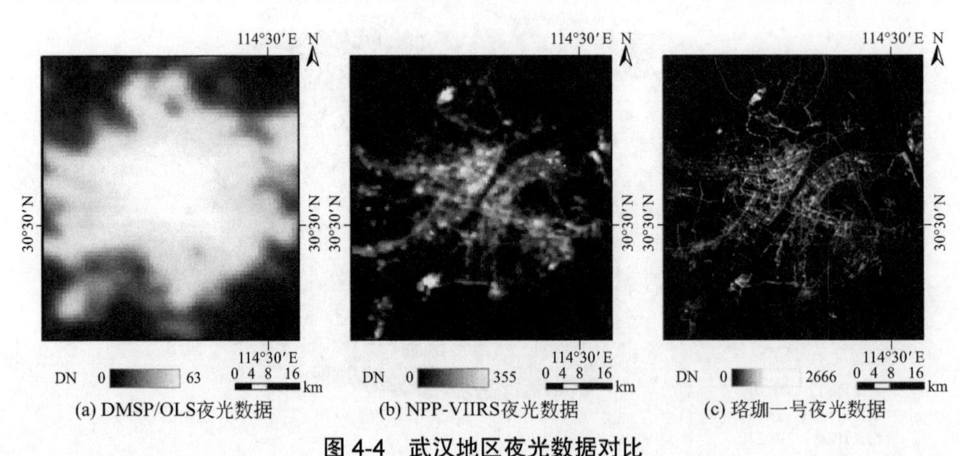

(a) DMSP/OLS夜光数据　(b) NPP-VIIRS夜光数据　(c) 珞珈一号夜光数据

图4-4　武汉地区夜光数据对比

间灯光卫星图片为例，可以清晰地看出城市交通道路，并且在中心城区和非中心城区夜光亮度有明显差异，对于机场、车站等交通枢纽，夜间灯光照明强度也较高。需要指出的是，珞珈一号虽然具有较好的夜间灯光探测能力，但该数据重返周期较长，对于大区域覆盖时间频率较低，对于同一区域积累多期数据较少，限制了时序的分析应用，目前所获取的数据在我国区域较丰富，未形成覆盖全球区域夜间灯光数据。

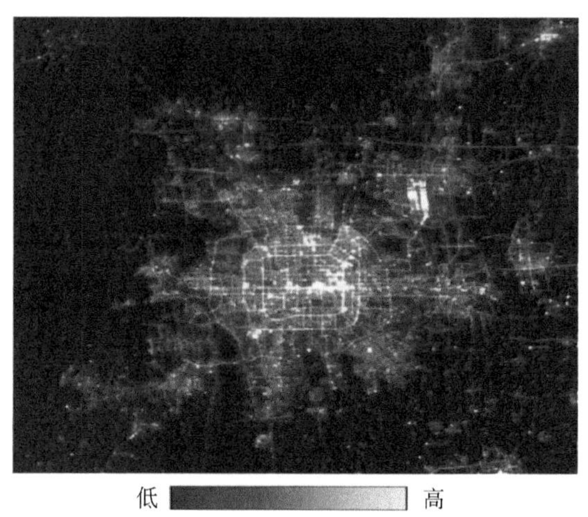

图 4-5　北京地区珞珈一号夜光数据

4.2　长时序 DMSP/OLS 夜光遥感卫星数据校正方法

1992 ～ 2013 年，DMSP/OLS 夜间灯光数据由 6 个传感器获取，存在同一年份两种传感器获取的影像，由于传感器自身性能不尽一致，导致两种传感器获取影像在同一位置 DN 值不尽相同。此外，由于传感器运行时间较长（如 F15 传感器运行了 8 年），传感器自身也存在性能退化问题，导致传感器获取影像在同一位置 DN 值存在差异。为了利用 1992 ～ 2012 年 DMSP/OLS 夜间灯光遥感影像开展时序研究，需要对影像进行预处理，降低影像自身存在的不确定性。

图 4-6 是 DMSP/OLS 夜光数据标准化处理流程，主要分为模型建立、影像校正和影像后处理三个部分。模型建立主要根据参考影像，确定不变目标区域，构建影像多项式回归模型得到每景影像校正系数。影像校正中，相互校正主要消除影像之间成像误差，年份一致性校正是消除同一年获取影像之间误差，序列校正是消除影像时序误差。

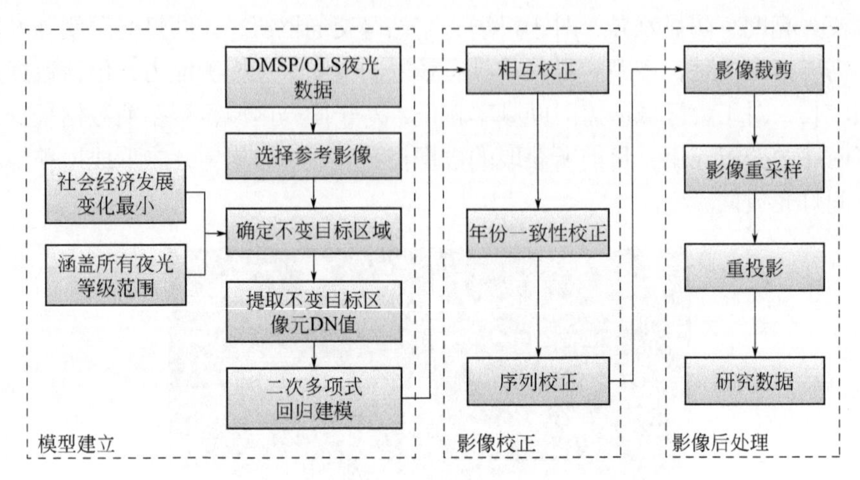

图 4-6　DMSP/OLS 夜光数据标准化处理流程

4.2.1　模型建立

由于原始 DMSP/OLS 传感器的设计不足，其影像灰度级只能用 0 ～ 63 表示，使其灯光强度高的区域出现影像过饱和现象，即在城区部分像元 DN 值都达到 63。为保证不同影像具有时间可对比性，假设某一地区在一定的时间段内社会经济发展较缓慢，夜间灯光基本可认为是不变的，影像记录的像元 DN 值变化主要是由传感器性能差异造成的，因此，可以通过选用不变亮区的像元 DN 值来构建多项式模型，校正由传感器性能差异导致影像不可对比性。根据以上假设，不变亮区选择要符合两个条件：①区域内经济发展缓慢，波动较小；②涵盖夜间灯光像元灰度等级全部范围，保证建立模型的通用性。

由于我国近 20 年社会经济发展速度快，各地区城市得到了快速扩展，选择符合以上要求的不变亮区较困难，考虑到校正模型的全球适用性，本节引用地中海西西里岛作为不变亮区的校正模型和系数，使校正数据在全球范围内都具有可比性。

Elvidge C D 校正方法是以 F121999 作为参考影像，分别提取参考影像区西西里岛不变亮区像元 DN 值和待校正影像对应区域像元 DN 值，然后采用二次多项式模型进行校正：

$$DN_{correct} = C_0 + C_1 \times DN + C_2 \times DN^2 \tag{4-1}$$

式中　DN——待校正影像的像元 DN 值；

$DN_{correct}$——校正后像元的 DN 值；

C_0，C_1，C_2——模型的系数。

4.2.2 影像校正

（1）相互校正

在模型建立部分，将由二次多项式回归得到的模型系数，采用波段运算对每一期影像进行校正，然后将影像中 DN 值小于 0 的赋值为 0，大于 63 的赋值为 63，影像灰度级范围调整到 0 ～ 63，得到我国区域 33 期相互校正的影像。为对比验证相互校正的效果，以我国陆地范围作为掩膜区，统计该区域夜光总值参量，如图 4-7（b）所示。对比结果发现，校正前，我国区域夜间灯光总值在相同年份存在较大差异，而校正后这种差异得到有效消除，总体上各传感器获取相同年份夜间灯光影像较一致，夜间灯光之间的波动变化整体上呈现上升趋势，与现实情况一致，说明夜间灯光影像相互校正较好地消除了传感器之间的观测误差。

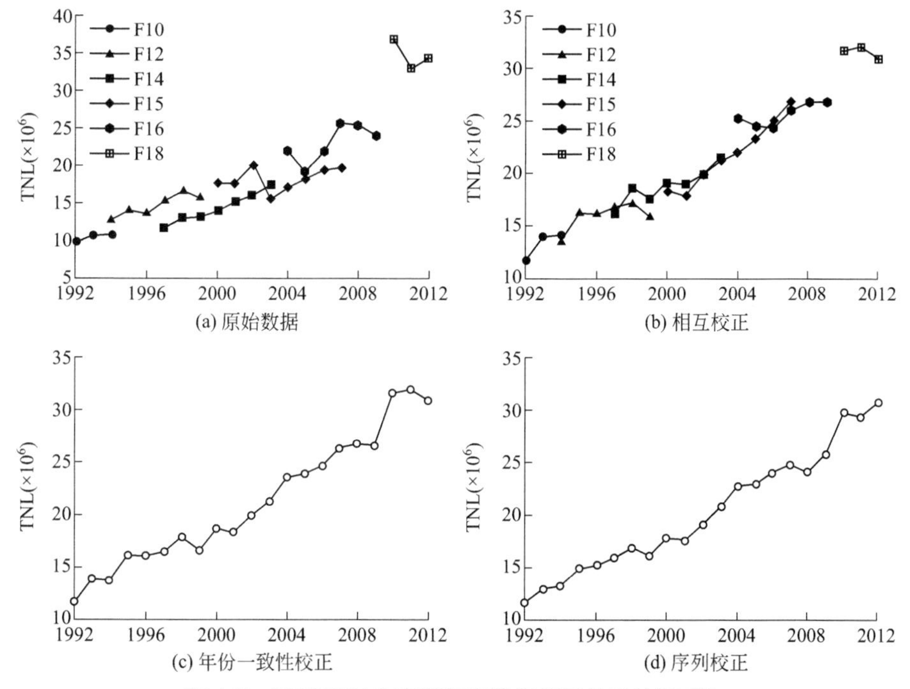

图 4-7 DMSP/OLS 夜间灯光数据相互校正结果对比

（2）年份一致性校正

虽然同一年份由两种传感器获取夜间灯光误差得到有效消除，但它们之间仍然存在误差，因此在充分利用多个传感器获取影像的基础上，减少传感器之间的观测误差，需要对同一年份两种传感器影像采用年份一致性校正，进一步降低影像误差。校正公式如下：

$$\mathrm{DN}_{(n,t)}=\begin{cases}0 & \mathrm{DN}_{(n,t)}^{a}=0 \text{ 且 } \mathrm{DN}_{(n,t)}^{b}=0 \\ (\mathrm{DN}_{(n,t)}^{a}+\mathrm{DN}_{(n,t)}^{b})/2 & \text{其他}\end{cases} \tag{4-2}$$

（n=1994，1997，1998，…，2007）

式中　$DN^{a}_{(n,t)}$ 和 $DN^{b}_{(n,t)}$——分别为第 n 年相互校正后 2 个传感器获取夜光影像中 t 像元的 DN 值；

$DN_{(n,t)}$——年份一致性校正后第 n 年影像中 t 像元的 DN 值。

图 4-7（c）是年份一致性校正后的夜间灯光总值参量统计结果。从图中可以发现完成校正后影像的夜间灯光总值呈现上升趋势。

（3）序列校正

由于夜间灯光直接关联着城市夜间灯光基础设施，根据我国社会发展现实情况，夜间照明设施处于持续扩建的过程中，对应来说，夜间灯光总值和均值总体呈上升趋势，因此，假设前一年夜间灯光影像像元中为亮值像元，后一年影像同一位置像元应保持亮值像元，且后一年亮度值不低于前一年亮度像元。基于假设，需要对影像进行序列校正，其校正依据分为以下三种情况：①当后一年影像像元值为 0 时，前一年同一位置影像像元值也为 0；②当后一年影像像元值大于 0 时，前一年同一位置影像像元值应该大于后一年影像像元值；③其他情况下，后一年影像像元值保持不变。综合以上假设，得出以下序列校正公式：

$$DN_{(n,i)}=\begin{cases}0 & DN_{(n+1,i)}=0\\ DN_{(n-1,i)} & DN_{(n+1,i)}>0\ \text{且}\ DN_{(n-1,i)}>DN_{(n,i)}\\ DN_{(n,i)} & \text{其他}\end{cases}\qquad(4\text{-}3)$$

（n = 1992，1993，…，2012）

式中　$DN_{(n-1,i)}$，$DN_{(n,i)}$，$DN_{(n+1,i)}$——分别为第 n−1 年、第 n 年和第 n+1 年经过相互校正和年份一致性校正夜光影像的 i 像元的 DN 值。

序列校正结果如图 4-7（d）所示。与年份一致性校正结果相比，序列一致性校正结果上升变化更为平稳，其中 2010 ～ 2012 年夜间灯光总值校正效果显著，符合夜光增加的现实情况，说明序列校正取得了较好效果。

4.3　我国城市人工夜光长时序遥感分析

自 20 世纪 90 年代以来，我国快速的城镇化发展和电力能源消耗快速增长，形成大量“不夜城”，因此，掌握过去我国夜间灯光污染时空变化情况，对于保护生态环境，提高城市人口生活质量，维持社会经济可持续发展具有重要意义。利用 1992 ～ 2012 年预处理后的 DMSP/OLS 夜间灯光卫星遥感数据，通过线性趋势回归和构建夜间灯光指标方法，在全国尺度、分区尺度和省级尺度分析我国夜间灯光污染时空变化特征，并探讨了其变化成因，以期为我国夜间灯光污染治理和法规制定提供决策依据。

4.3.1　线性趋势分析方法和夜间灯光指标构建

一元线性回归分析是对每个栅格时间序列的 DN 值进行拟合，消除异常因素对 DN 值的影响，反映各栅格像元 DN 值变化趋势，用来揭示一定时间序列区域时空演变特征。针对影像每个像元位置，采用该方法计算其变化趋势 R 值。其中 R 值为正，表明该像元夜间灯光在 21 年内是增加趋势，值越大正向趋势越明显；R 值为负，表明该像元夜间灯光在 21 年内是降低趋势，值越小负向趋势越明显。计算公式如下：

$$R=\frac{n\times\sum_{i=1}^{n}i\times \mathrm{DN}_i-\sum_{i=1}^{n}i\sum_{i=1}^{n}\mathrm{DN}_i}{n\times\sum_{i=1}^{n}i^2-\left(\sum_{i=1}^{n}i\right)^2} \tag{4-4}$$

式中　R——夜光像元 DN 值回归方程的斜率；

DN_i——第 i 年的 DN 的值；

n——研究的时间跨度，此处为 21。

综上所述，通过分析全国七大分区和分省夜间灯光污染时空变化特征，构建了夜间灯光总值（TNL）、夜间灯光均值（MNL）、夜间灯光标准差（SDNL）和分区夜间灯光比例（PTC）4 个夜间灯光指标，各指标的表达式和含义见表 4-3。

表 4-3　夜间灯光评估指标

指标名称	公式	含义
夜间灯光总值（TNL）	$\mathrm{TNL}=\sum_{i=1}^{63}C_i\times \mathrm{DN}_i$	代表统计区内夜间灯光污染总量情况，DN_i 为第 i 等级像元灰度级，C_i 为第 i 等级像元数量
夜间灯光均值（MNL）	$\mathrm{MNL}=\frac{\sum_{i=1}^{63}C_i\times \mathrm{DN}_i}{\sum_{i=1}^{63}C_i}$	代表统计区内夜间灯光污染平均状况，DN_i 为第 i 等级像元灰度级，C_i 为第 i 等级像元数量
夜间灯光标准差（SDNL）	$\mathrm{SDNL}=\sqrt{\frac{1}{N}\sum_{i=1}^{N}(\mathrm{DN}_i-\mathrm{MNL})^2}$	代表统计区内夜间灯光污染分异性，MNL 为夜间灯光均值，N 为统计区内像元总数
分区夜间灯光比例（PTC）	$\mathrm{PTC}=\frac{\mathrm{TNL}}{\mathrm{TNL}_{\mathrm{all}}}$	代表统计区夜间灯光污染在全区中所占比重，TNL 为统计区夜间灯光总值，$\mathrm{TNL}_{\mathrm{all}}$ 为全区夜间灯光总值

4.3.2　我国夜间灯光污染总体变化特征

我们利用线性趋势回归法分析了我国夜间灯光污染的变化特征，我国夜间灯光污染总体呈现加剧趋势，主要围绕直辖市和省会城市进行扩张，仅有局部地区夜间灯光污染呈下降趋势，夜间灯光污染不变区有两种情况：一种是位于城市核心城区，所占面积比例较少，因为该区域夜间灯光饱和，所以夜间灯光污染没有变化；另一种是非夜间灯光区，该区域大部分为非居民居住区，缺乏夜间灯光基础设施，因此基本不存在夜间灯光污染。

利用1992年、2002年和2012年三期夜间灯光合成我国三大城市群（长三角、珠三角和京津冀）夜间灯光污染遥感影像图，如图4-8所示，其中白色表示1992～2012年稳定夜光，红色表示2002～2012年夜光扩展区域，蓝色和绿色表示夜光减少区域。相比珠三角和京津冀城市群，以上海为中心形成的长三角夜间灯光污染范围最大，沿着长江北岸和太湖东北部形成了约160km带状绵延区，珠三角夜间灯光污染主要以白色亮光为主，说明1992～2012年夜间灯光持续稳定，由广州、东莞、深圳、香港、澳门、珠海、佛山等城市组成，与长三角不同的是，珠三角人工夜光主要是围绕珠江入海口形成面状扩展格局，另外，值得注意的是，香港的夜间灯光污染存在减轻趋势，这与近年来香港夜光污染管控有关。京津冀夜间灯光污染主要以北京、天津、石家庄、保定、唐山等城市组成，与长三角和珠三角相比，京津冀夜间灯光污染主要形成北京和天津的绵延区，但空间连接性不如以上两个城市群。

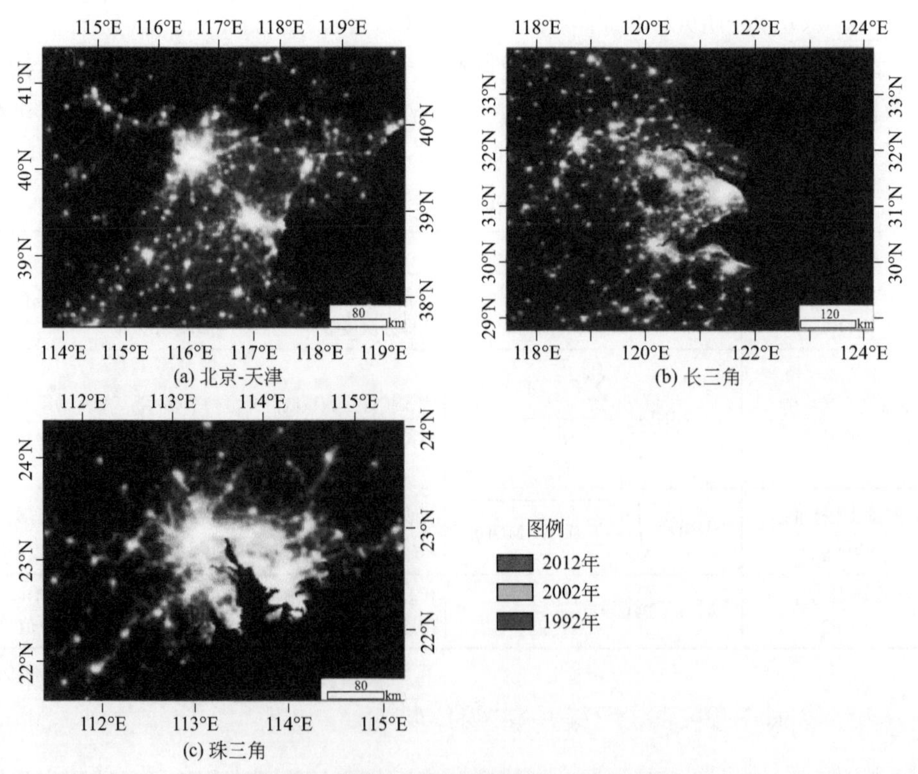

图4-8　我国三大城市群夜间灯光合成影像

尽管过去21年我国夜间灯光污染整体呈扩张趋势，但局部地区夜间灯光存在下降现象。为分析夜间灯光下降的原因，选取夜间灯光污染下降区域高分辨率卫星影像，如图 4-9 所示，其中图 4-9（a）、（b）为石油开采枯竭点，图 4-9（c）～（f）为煤矿开采枯竭区，图 4-9（g）、（h）为水利建设工程。可以发现，过去我国夜间灯光为下降趋势的主要原因是资源开采枯竭和工程建设竣工。由于石油在开采过程中会产生废气燃烧，产生高亮温，在影像上显示为与核心城区灰度值亮度接近，当石油资源开采枯竭后，由于不会产生废气燃烧，影像上对应像元灰度值下降显著，因此在趋势回归分析中呈下降趋势。值得说明是，油气开采下降并不代表夜间灯光污染降低，仅代表油气开采强度信息。与石油资源开采不同是，位于山西、陕西和内蒙古地区的夜间灯光下降主要原因是煤炭资源开采强度减弱甚至枯竭，导致矿区附件建成区和工厂照明设施夜间灯光使用降低，说明该地区夜间灯光污染状况存在减轻趋势。云南区域夜间灯光下降的原因是水利工程建设，在建设工程中，需要有大功率探照灯照明，高于城市建筑和街道夜光，当工程竣工后，水利工程照明与城市照明设施一致，光量强度降低，因此该区域夜间灯光污染呈下降趋势。

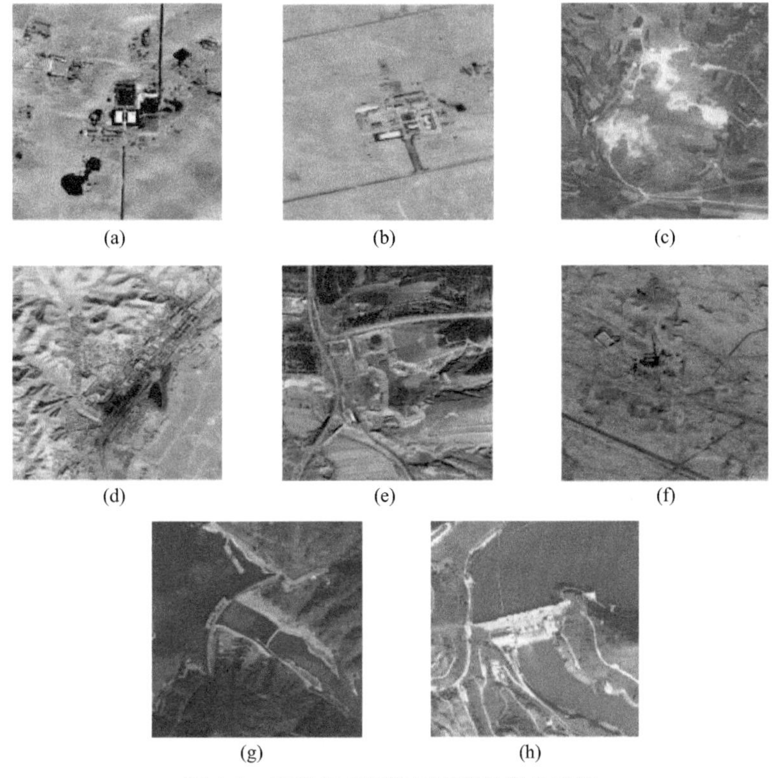

图 4-9　夜间灯光下降区域高分影像验证

4.3.3　我国夜间灯光污染分区变化特征

为揭示全国七个分区夜间灯光污染变化特征，统计了各分区 1992 ～ 2012 年夜间灯光总值和分区夜间灯光比例，结果如图 4-10 所示。1992 ～ 2012 年，我国各分区夜间灯光总值总体呈上升趋势，上升幅度和波动存在差异，不同时段上升速率也存在差异，由于夜间灯光反映了人类城市活动规律，夜间灯光污染时空差异与城镇化发展差异性存在一定的关联。夜间灯光总值增幅最大的是华东区，其次是华北区，最小为华南区。华东区包含了我国东部沿海 5 省 1 市，经济水平在全国省份中均较高；华北区主要是我国人口和工业聚集区，两分区是我国夜间灯光污染的集中区；夜间灯光总值增幅最小的是华南区，虽然该区域中广东省经济水平较高，但所占国土面积较小，因此整体夜间灯光总值增幅较小。西南区夜间灯光总值增长速率最快，增长了 3.4 倍；西北区夜间灯光总值增长了 2.9 倍，增长速率高于华东和华北区，主要是由于西部大开发战略实施以来西部城市快速的发展，同时初始年份夜间灯光总值也较低，增长速率较快（比其他分区大），表明西部地区在快速城镇化过程中夜间灯光污染程度正在加剧。

图 4-10 中的分区夜间灯光比例说明了夜间灯光污染的全国分区差异。统计结果显示：华东区夜间灯光总值比例最高，占全国 30% 左右；其次是华北区，占 20% 左右；华南区占 10% 左右；最低为西南区，占 6% 左右。夜间灯光污染各分区存在较大空间的不均衡性，华东区和华北区夜间灯光污染总和占全国一半。根据各分区夜间灯光比例年际变化趋势，可分为三种变化类型：上升型（西北区和西南区）、下降型（华北区和华南区）、稳定型（华东区、华中区和东北区）。上升型说明夜间灯光污染处于扩展加速过程。西北区夜间灯光比例保持在 7.1% ～ 10.7%；而西南区保持在 4.5% ～ 7.8%，该区域夜间灯光总值的增速高于全国增长水平，表明该区域夜间灯光污染处于快速扩张阶段。下降型说明夜间灯光污染扩展处于减速状态，但仍在扩张。华北区随着产业结构调整，尤其是钢铁产业影响，该区域经济增速减缓，夜间灯光污染随之减速；在华南区中，广东省经济发展水平较高，但该分区中包括两省（广西和海南）经济增速缓慢，因此夜间灯光比例也处于下降趋势。稳定型说明夜间灯光污染处于稳定扩展过程中，夜间灯光污染扩展速度较稳定，年际之间存在波动。华东区分区夜间灯光比例年际波动较平稳；华中区分区夜间灯光比例是先上升再下降；东北区分区夜间灯光比例先下降再上升。

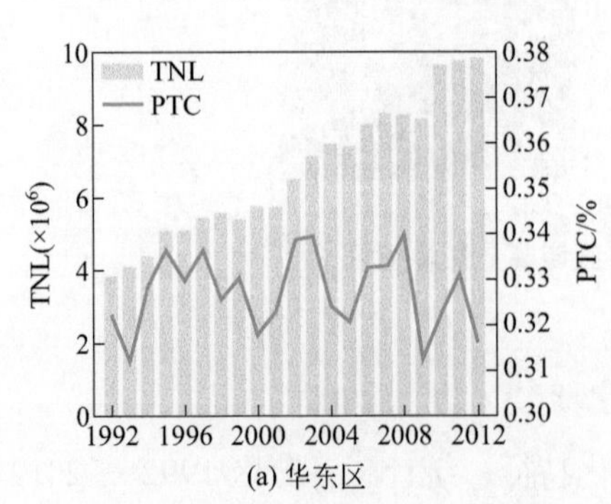

(a) 华东区

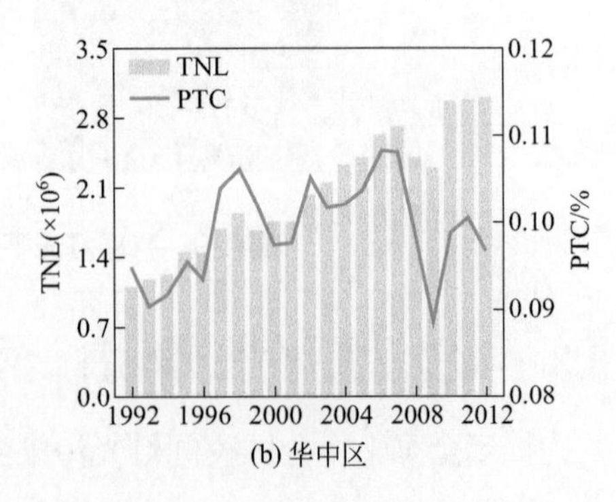

(b) 华中区

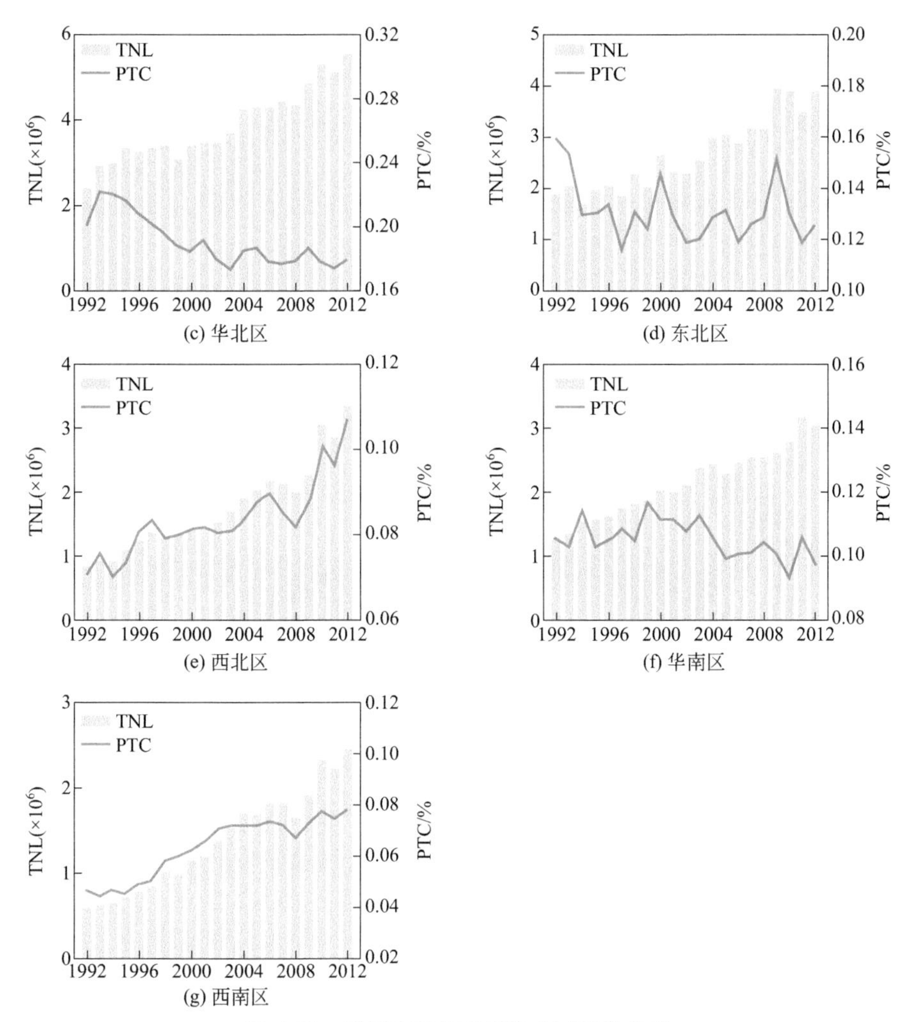

图 4-10　我国夜间灯光污染分区变化特征

注：TNL 代表分区中夜间灯光总值；PTC 代表分区夜间灯光比例，即分区中夜间灯光总值占全国夜间灯光总值的比例。

4.3.4　我国夜间灯光污染分省变化特征

采用夜间灯光总值（TNL）、夜间灯光均值（MNL）、夜间灯光标准差（SDNL）3 个指标分析我国 34 个省级行政区（包含港澳台）夜间灯光污染特征，图 4-11 是我国各省夜间灯光总值统计结果，从图 4-11 可以看出：

① 夜间灯光总值排名前三位的分别是山东、广东、河北，最低三位分别是香港、西藏和澳门，说明夜间灯光总值不仅与经济发展水平有关，还与统计行政区面积大小有关，夜间灯光污染总量最大是山东、广东和河北等经济发展水平相对较高且面积较大省份。

② 从 1992 ～ 2012 年，香港夜间灯光总值下降 11.1%，这与香港近年来采取人工夜光防控措施有关；其余省份夜间灯光总值都呈上升趋势，说明夜间灯光污染呈加剧趋势，其中增长最快的是西藏，增长了 7.68 倍，海南省增长了 4.62 倍，北京和上海分别增长了 0.68 和 0.71，说明夜间灯光污染增长较快主要集中在经济欠发达地区（如西藏），因为西藏在 1992 年夜间灯光总值低，且保持较快的发展速度，而经济发达地区，夜间灯光污染增速较慢。

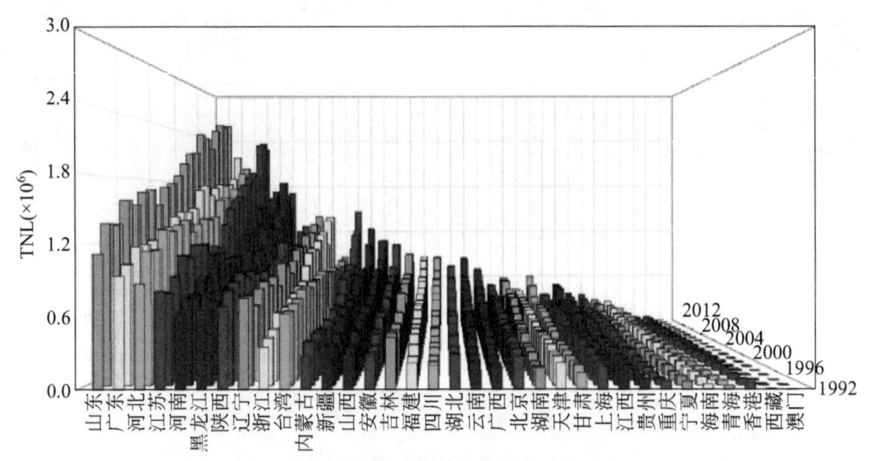

图 4-11　我国各省夜间灯光总值比较

与夜间灯光总值指标相比，夜间灯光均值能够消除行政区面积因素，反映区域平均夜间灯光污染水平。我国各省夜间灯光均值统计结果如图 4-12 所示，从图 4-12 中可以看出：

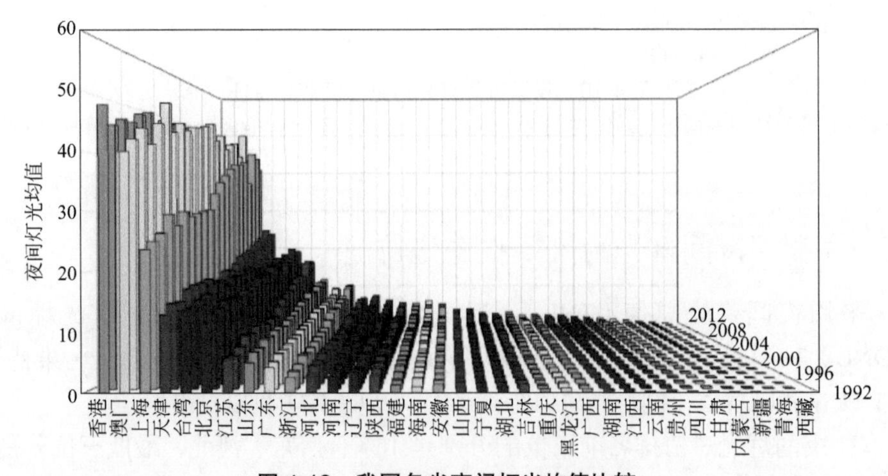

图 4-12　我国各省夜间灯光均值比较

① 夜间灯光均值排名前三位的分别是香港、澳门和上海，夜间灯光均值后三位分别是新疆、青海和西藏，说明夜间灯光污染程度与经济发展水平相关。香

港、澳门和上海常以“不夜城”著称，夜间灯光均值范围为 20 ～ 50；经济水平较低地区，大部分区域属于无夜光，夜间灯光污染程度较低。

② 1992 ～ 2012 年，夜间灯光均值增长速率最快的是西藏，其次是海南；而经济较发达城市增长速率较低，其中香港为负增长，与夜间灯光总值变化规律一致。夜间灯光增幅较大的是上海、天津和江苏，增幅超过 10%，香港、澳门增幅较小。因为香港和澳门占地面积小，城市化水平高，夜间灯光污染严重；而上海、天津和江苏由于长期的经济发展带来的夜间灯光污染日趋严重，且整体污染水平较高。

夜间灯光标准差能够反映区域内夜间灯光的分异性，我国各省夜间灯光标准差如图 4-13 所示。从图 4-13 可以看出：

① 台湾、北京和上海夜间灯光标准差较高，而新疆、青海和西藏夜间灯光标准差相对较低，说明夜间灯光污染在经济发达地区内具有较大分异性。因为发达省份夜间灯光均值较高，而夜间灯光灰度值为 0 的城郊所占面积大，导致区域内夜间灯光分异性较大；经济欠发达省份，大部分区域无夜间灯光，夜间灯光均值低，因此夜间灯光污染空间分异性较小。

② 1992 ～ 2012 年，夜间灯光标准差除了澳门下降 10.3%，在全国其他省区都是增长的，增长最快的是西藏（为 2.19 倍），其次是云南（为 1.56 倍），说明夜间灯光污染分异性在全国大部分省份是增加的，西南区更为显著，主要是由于该地区夜间灯光均值快速增长造成的。

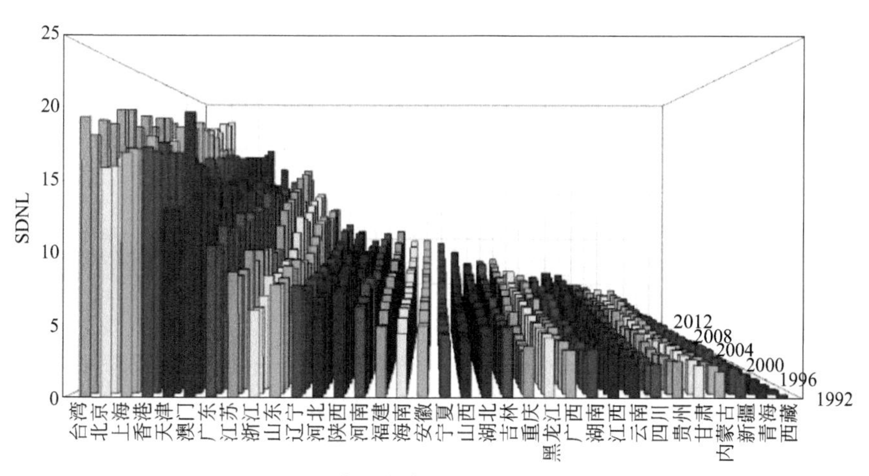

图 4-13　我国各省夜间灯光标准差比较

4.3.5　全国重点城市光环境现状

本小节以校正后的 2019 年 VIIRS 夜间灯光数据为基础，统计我国 36 个省会级、副省级城市的夜间灯光像素总值、每平方千米夜间灯光像素值、万人均夜间灯光像素值。通过各个城市夜间光环境参数的比较，研究2019年全国重点城市的夜间光环境现状，明确大连市在全国夜间光环境中的总体定位。

（1）基础数据统计

使用经过降噪、地理纠偏预处理后的VIIRS我国区影像数据，结合36个重点城市的人口、面积、夜间灯光数据，计算各城市的夜间灯光像素总值、每平方千米夜间灯光像素值、万人均夜间灯光像素值，表4-4所示为36个城市的计算结果。

表4-4 36个城市基础数据及光环境参数计算值

城市	北京	上海	天津	重庆	哈尔滨	长春
夜光图像						
人口/万人	1375.8	1462.38	1081.63	3403.64	951.54	751.29
面积/km^2	16410.54	6340.5	11966.45	82400	53100	24662
总值/DN	1.34×10^6	1.21×10^6	1.25×10^6	1.30×10^6	9.05×10^5	7.91×10^5
均值/（DN/km^2）	20.51	47.67	26.31	4.21	4.46	8.22
人均/（DN/万人）	624.85	498.02	806.49	444.42	881.03	1076.63
城市	沈阳	呼和浩特	石家庄	乌鲁木齐	兰州	西宁
夜光图像						
人口/万人	745.99	245.85	981.6	222.26	328.48	207.38
面积/km^2	12948	17224	14464	14216.3	13100	7660
总值/DN	6.26×10^5	4.08×10^5	6.69×10^5	3.33×10^5	3.43×10^5	1.69×10^5
均值/（DN/km^2）	12.23	6.14	11.81	6.18	6.87	5.71
人均/（DN/万人）	761.74	1349.55	657.85	990.81	1085.86	733.54

续表

城市	西安	银川	合肥	郑州	济南	太原
夜光图像						
人口 / 万人	986.87	193.42	757.96	863.9	655.9	376.72
面积 /km^2	10752	9025.38	11445.1	7446	10244	6909
总值 /DN	5.33×10^5	4.91×10^5	4.69×10^5	6.68×10^5	6.56×10^5	3.76×10^5
均值 /（DN/ km^2）	12.75	13.89	10.67	22.71	16.27	13.89
人均 /（DN/ 万人）	537.59	2187.35	596.53	653.64	836.99	860.87
城市	长沙	武汉	南京	成都	厦门	贵阳
夜光图像						
人口 / 万人	728.86	883.73	696.94	1476.5	242.53	418.45
面积 /km^2	11819	8569.15	6587	14335	1700.61	8034
总值 /DN	4.14×10^5	5.64×10^5	6.09×10^5	8.66×10^5	2.46×10^5	2.46×10^5
均值 /（DN/ km^2）	9.20	16.73	24.01	16.14	36.49	8.36
人均 /（DN/ 万人）	518.29	632.83	891.53	586.70	950.73	540.65
城市	昆明	南宁	拉萨	杭州	南昌	广州
夜光图像						
人口 / 万人	571.67	770.82	55.44	774.1	531.88	927.69
面积 /km^2	21473	22112	29518	16853.57	7402	7434
总值 /DN	6.35×10^5	4.50×10^5	1.72×10^5	8.07×10^5	2.93×10^5	9.33×10^5
均值 /（DN/ km^2）	7.61	5.34	1.69	12.28	10.32	31.76
人均 /（DN/ 万人）	941.64	643.66	3572.94	1041.19	545.72	990.34

续表

城市	福州	海口	深圳	大连	青岛	宁波
夜光图像						
人口 / 万人	702.66	177.61	454.7	595.21	817.79	602.96
面积 /km^2	11968	3145.93	1997.47	12573.85	11293	9816
总值 /DN	4.73×10^5	1.67×10^5	4.56×10^5	4.86×10^5	7.57×10^5	7.94×10^5
均值 /（DN/ km^2）	10.14	13.53	57.50	9.81	17.12	20.62
人均 /（DN/ 万人）	622.69	731.60	928.66	824.14	814.39	1330.83

（2）夜间光环境现状分析

以 2019 年全国 36 个重点城市的夜间灯光像素总值数据绘制成散点图［图 4-14（a）］，可以看出，北京、上海、天津、重庆夜间灯光像素总值远高于其他城市。其中北京市夜间灯光像素总值高达 1335569 DN。拉萨市的夜间灯光像素总值最低，仅为北京的 12%。该现象的成因是北京、上海、天津、重庆的城市活力度较高且城市内夜间亮化基础设施的建设较为完善，而拉萨等城市在城市活力度、城市亮化基础建设方面都远低于头部城市。

大连市的夜间灯光像素总值为 486075DN，低于重点城市夜间灯光像素总值的平均值，在 36 个重点城市中位居第 22 位。说明大连市夜间灯光总体亮度在全国 36 个重点城市中处于中下游位置。

以 2019 年全国 36 个重点城市的每平方千米夜间灯光像素值数据绘制成散点图［图 4-14（b）］，可以看出，深圳、上海、厦门的每平方千米夜间灯光像素值远高于其他城市，其中深圳市每平方千米夜间灯光像素值最高（57.06 DN），拉萨市的每平方千米夜间灯光像素值最低（1.45DN），仅为深圳的 2.5%。两个城市对应的数值大小与各城市卫星图像所反映的空间布局特征一致。

2019 年全国 36 个重点城市每平方千米夜间灯光像素值的均值为 15.21DN，大连市的夜间灯光像素总值为 9.67DN，远低于平均水平。在 36 个重点城市的每平方千米夜间灯光像素值的排名中大连市位居第 24 位。说明大连市夜间灯光的密集程度在全国 36 个重点城市中同样处于中下游位置。

以 2019 年全国 36 个重点城市的万人均夜间灯光像素值绘制成散点图［图 4-14（c）］来评估各城市居民受夜间灯光的影响程度，以 2018 年年底各城市户籍人口来计。深圳、北京虽然夜间灯光像素总值、灯光辐射平均值排名靠前，但是万人均夜间灯光像素值排名靠后，是由于城市中大量高密度住宅楼、办公楼使城市单位面积内可以容纳更多的人口，进而导致城市的万人均夜间灯光像素值的下降。

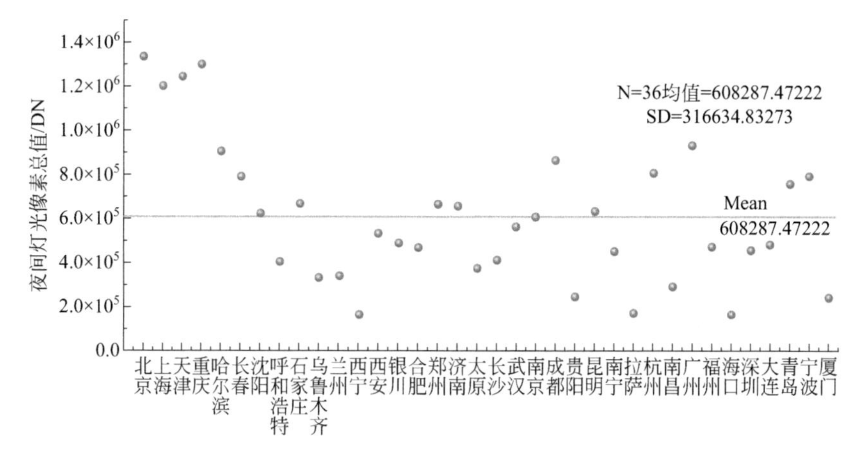

(a) 夜间灯光像素总值

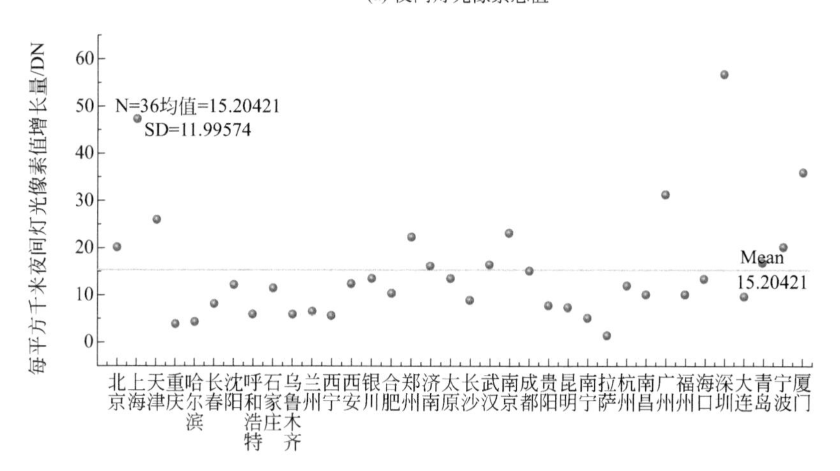

(b) 每平方千米夜间灯光像素值

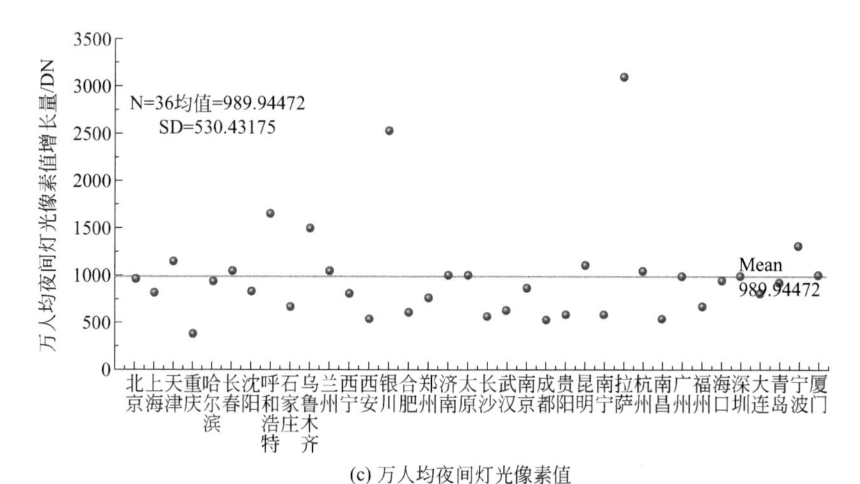

(c) 万人均夜间灯光像素值

图 4-14　2019 年全国各重点城市夜间灯光参数

整体来看，银川、拉萨的万人均夜间灯光像素值远高于其他城市，其中拉萨市万人均夜间灯光像素值最高（3106.31DN），重庆市万人均夜间灯光像素值最低（382.2DN），仅为拉萨市的12%。大连市的万人均夜间灯光像素值为816.65 DN，在36个重点城市中排名17名。说明大连市的城市居民受夜间灯光的影响程度在36个重点城市中处于中等水平。

4.4 珞珈一号夜光遥感卫星在城市人工夜光调查中的应用

作为首颗国产夜光遥感专业卫星，具有130m的空间分辨率，比DMSP/OLS和NPP-VIIRS卫星数据空间分辨率有显著的提升，本节主要分析评估珞珈一号卫星遥感数据在城市人工夜光调查中的应用潜力，主要分为数据源和影像预处理、珞珈一号探测城市人工夜光的能力评估和珞珈一号识别城市人工夜光源三个部分。

4.4.1 珞珈一号夜间灯光数据源和影像预处理

珞珈一号夜光遥感数据来源于湖北省高分卫星中心，选择数据主要从云覆盖、月相、城市规模、油气火点、建筑类型等方面考虑，全球共选择8景珞珈一号夜间灯光遥感数据，其空间分布如图4-15所示，各景影像的详细信息如表4-5所示。

表4-5 实验选取的珞珈一号夜间灯光影像信息

研究区	文件名	获取日期	云覆盖	覆盖城市
(a)	LuoJia1-01_LR201806145301_20180613144138_HDR_0024_gec	2018年6月13日	无云	武汉
(b)	LuoJia1-01_LR201806175049_20180616141538_HDR_0016_gec	2018年6月16日	少量云	杭州和上海
(c)	LuoJia1-01_LR201806193121_20180618132805_HDR_0011_gec	2018年6月18日	无云	首尔
(d)	LuoJia1-01_LR201806158490_20180614132921_HDR_0002_gec	2018年6月14日	少量云	釜山
(e)	LuoJia1-01_LR201806057936_20180604191551_HDR_0019_gec	2018年6月4日	无云	巴格达
(f)	LuoJia1-01_LR201806273072_20180622195500_0013_gec	2018年6月22日	无云	海法
(g)	LuoJia1-01_LR201806304569_20180629211025_HDR_0058_8bit	2018年6月29日	少量云	阿姆斯特丹
(h)	LuoJia1-01_LR201806057936_20180605045718_HDR_0000_gec	2018年6月5日	少量云	墨西哥城

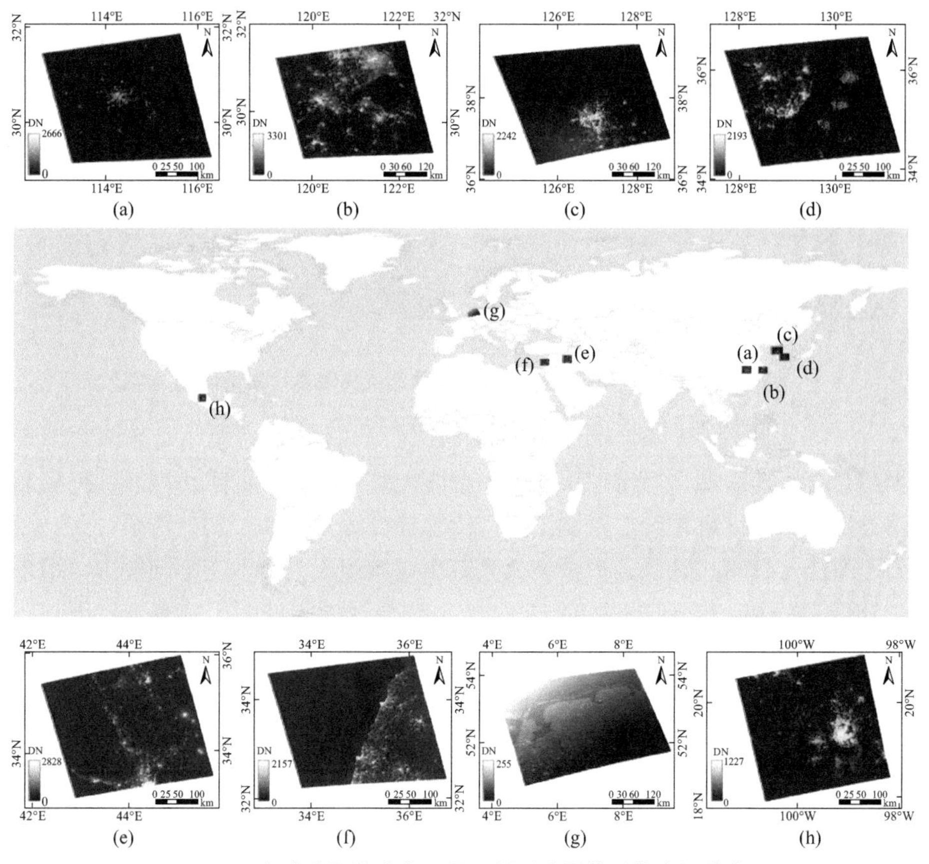

图 4-15　实验选取的珞珈一号卫星遥感影像及其空间分布图

根据发布的珞珈一号报告，该卫星遥感数据系统校正精度范围为 0.49 ～ 0.93km，定位精度较低，在使用该数据之前需要对其进行几何精校正。由于道路在珞珈一号卫星上清晰可见，在道路的交叉点手动选取控制点去估算有理函数系数，然后利用数字高程模型（DEM）和控制点资料实现影像高精度校正。武汉地区夜光影像校正前后效果对比如图 4-16 所示，可以看出，校正前夜光遥感影像在桥梁部分有明显错位，而校正后影像精度明显提高，在桥梁部分连接较好，通过几何精校正，影像几何定位误差明显减少。

4.4.2　珞珈一号探测室外夜光的能力评估

为了利用珞珈一号影像调查室外夜光，首先需要就珞珈一号夜光数据对于夜光探测能力进行评估，选择了武汉、杭州、首尔、釜山、海法和墨西哥城等城市的珞珈一号和 NPP-VIIRS 夜光遥感数据，各城市区域的夜光遥感数据影像亮度值动态变化范围如表 4-6 所示，从表 4-6 中可以看出，珞珈一号影像的亮度值动态变化范围较 NPP-VIIRS 大。进一步地，通过对珞珈一号重采样到 NPP-VIIRS

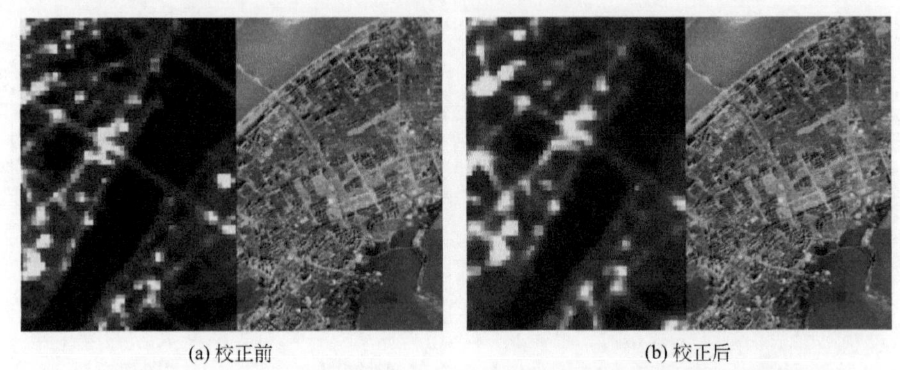

图 4-16　珞珈一号卫星拍摄的武汉地区夜光影像校正前后效果对比

影像分辨率，两种数据在不同城市像素值回归图如图 4-17 所示，从回归相关系数来看，首尔和墨西哥城两种夜光数据空间一致性较高，而杭州地区两种夜光数据相关性较低，这种相关性差别主要与传感器成像光谱和空间分辨率有关。选择釜山、海法、首尔和武汉分析两种夜光数据对城市夜光细节的刻画能力，结果如图 4-18 所示，两种影像亮度值均是从城市核心区域向外围区域减少，珞珈一号影像在城市核心区域的波动特征比较明显，而 NPP-VIIRS 影像在城市区域变化较平滑，这表明珞珈一号卫星数据能够获取到更多夜间灯光细节信息。

表 4-6　珞珈一号和 NPP-VIIRS 在城市区域影像亮度值动态变化范围

研究区	珞珈一号影像亮度值动态变化范围	NPP-VIIRS 影像亮度值动态变化范围 / [nW/(cm^2 · sr)]
釜山	162 ～ 3952	0.39 ～ 243.66
海法	172 ～ 2745	0.23 ～ 266.52
杭州	156 ～ 3887	0.71 ～ 207.11
墨西哥城	160 ～ 2580	0.54 ～ 150.64
首尔	141 ～ 2894	0 ～ 528.57
武汉	163 ～ 1972	0.16 ～ 355

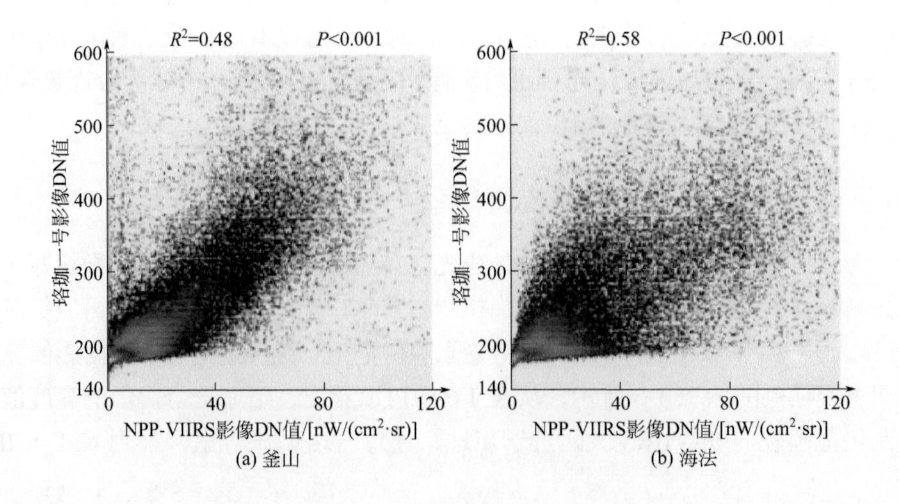

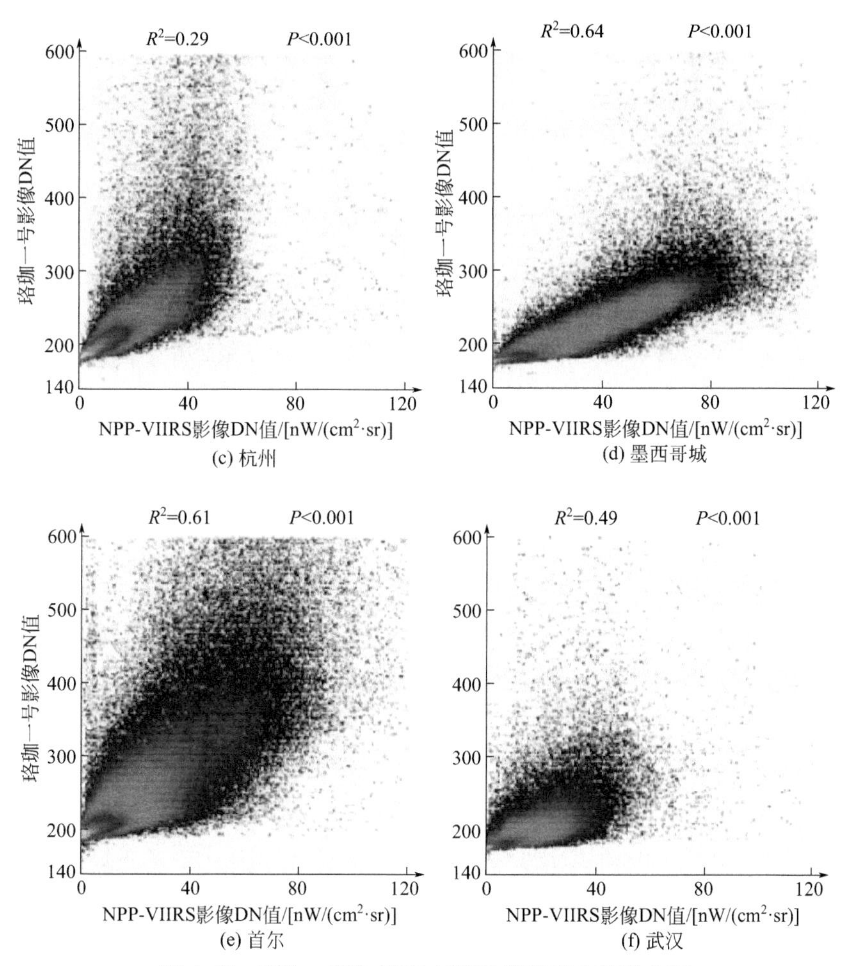

图 4-17　珞珈一号和 NPP-VIIRS 影像亮度值散点图

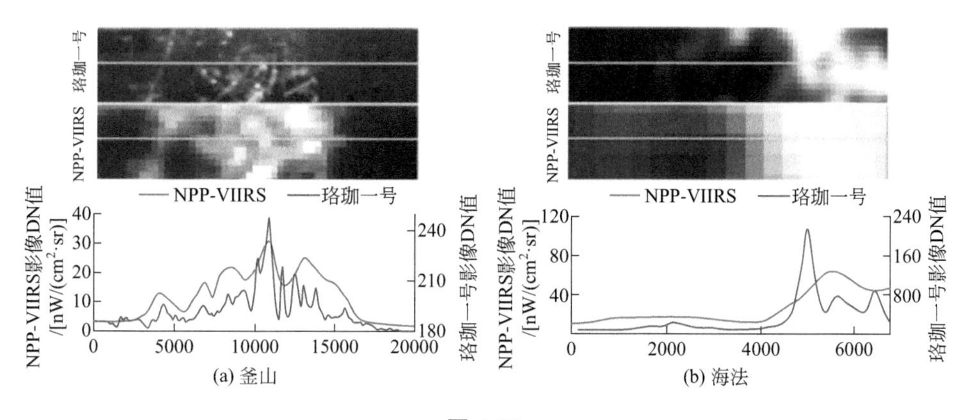

图 4-18

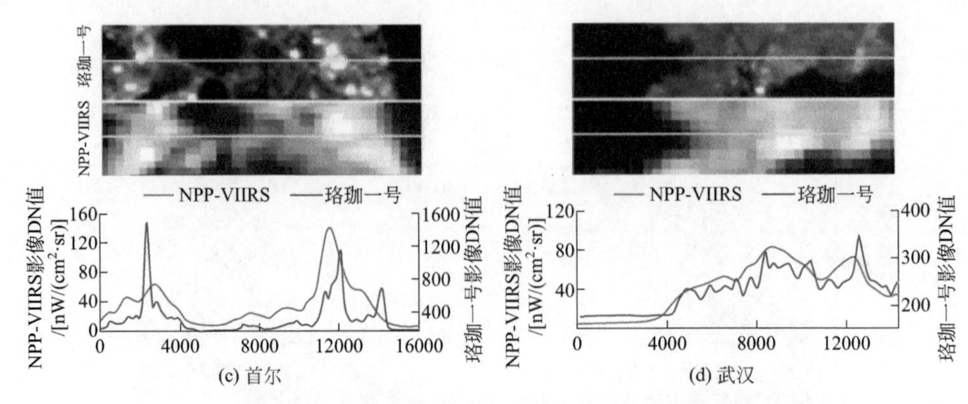

图 4-18　珞珈一号和 NPP-VIIRS 影像城市截面图

4.4.3　珞珈一号用于城市人工夜光源识别

相比于 NPP-VIIRS，珞珈一号能够获取更宽的影像亮度范围和更细的夜间灯光信号信息，因此，可以利用珞珈一号识别不同人工夜光源。首先，调查了不同地表覆盖类型夜光亮度，包括农田、河流、水库、制造区、乡村居民点、公共服务设施、城市居民点、铁路、工业区、机场、主干道、商业服务区，并统计了每种土地覆盖类型中夜光亮度平均值，如图 4-19 所示，可以发现，不同地物类型中夜光亮度存在差异，其中工业区、机场、主干道、商业服务区夜光亮度平均值较高，而农田、河流、水库等地物夜光强度较低，在各类地物中，公共服务设施、工业区和机场夜光变化幅度较大。进一步，结合谷歌高分辨率卫星遥感影像，分析机场、港口、工业区、建筑区，如图 4-20 所示，可以发现机场高亮度夜光主要集中在机场的航站楼区域，机场的跑道区域夜光较暗，而港口夜光较亮区域主要集中在沿岸码头上，港口存货区域相对较暗，工业基地和建筑

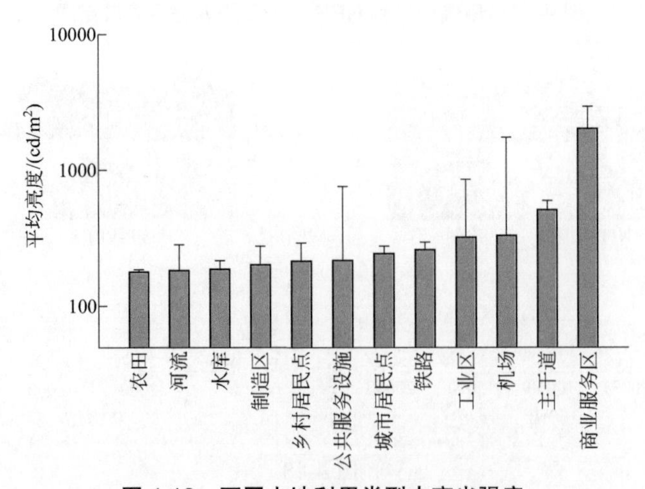

图 4-19　不同土地利用类型中夜光强度

区高亮度夜光分布在局部较亮，部分区域较暗。与此同时，选择了海上捕鱼区域夜光影像，从影像上可以发现高亮度夜光呈点状分布，表明珞珈一号夜光数据还可以用来监测海洋渔业捕捞活动，并分析海洋渔业捕捞对海洋生态环境的影响。

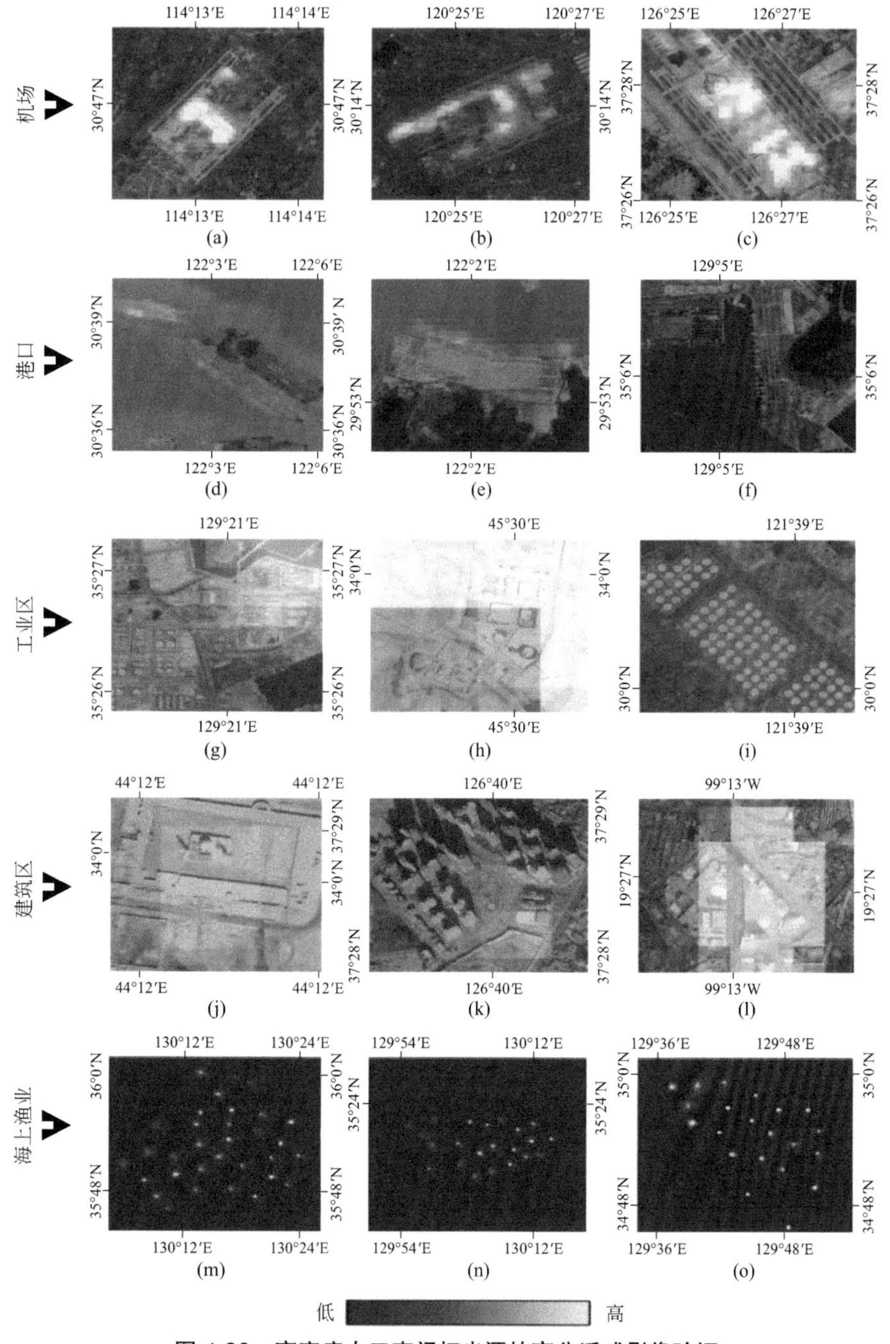

图 4-20 高亮度人工夜间灯光源的高分遥感影像验证

在不同的土地利用类型中，道路是城市人工夜光的主要来源，高分辨率珞珈一号卫星影像能够准确地识别道路，如图 4-21 所示，道路沿线夜光亮度较高，但也有部分高速公路上亮度较低，选择武汉和宁波区域两条道路分析道路夜光亮度，以道路为中心，通过设置不同的缓冲区，分析缓冲区中夜光平均亮度，如图 4-22 所示，可以直观地发现，随着缓冲区扩大，道路的亮度显著下降，尤其是在 0 ～ 600m 缓冲区中下降最快，主要是因为道路周围一般为农田，夜间灯光亮度比较低。

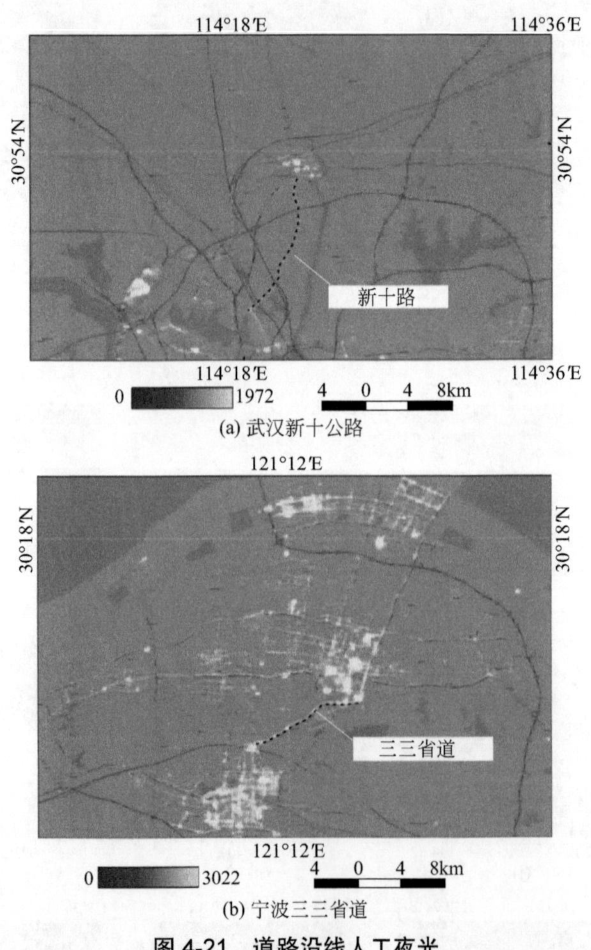

图 4-21　道路沿线人工夜光

珞珈一号卫星在探测城市人工夜光上具有较好的优势，但该影像数据的质量会受到云和月光的影响，如图 4-23 所示。从图 4-23（a）中可以发现，在薄云覆盖下，城市夜光散射到云层里，会导致夜光影像虚化，若在满月期间成像，如图 4-23（b）所示，则会由于月光带来噪声，夜光传感器获得亮度信息与城市夜间灯光会有较大混合。因此，根据以上结果，针对城市人工夜光开展调查研究，选择影像应该尽量避免云覆盖和成像时间为满月。

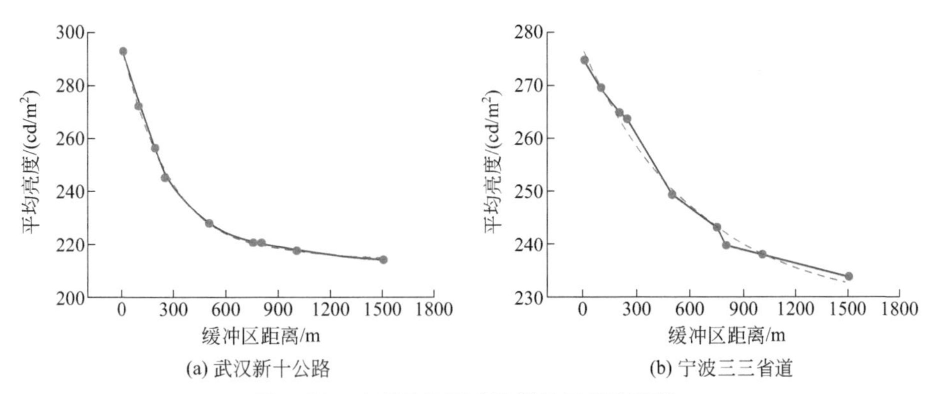

图 4-22　夜光平均亮度随缓冲区距离变化

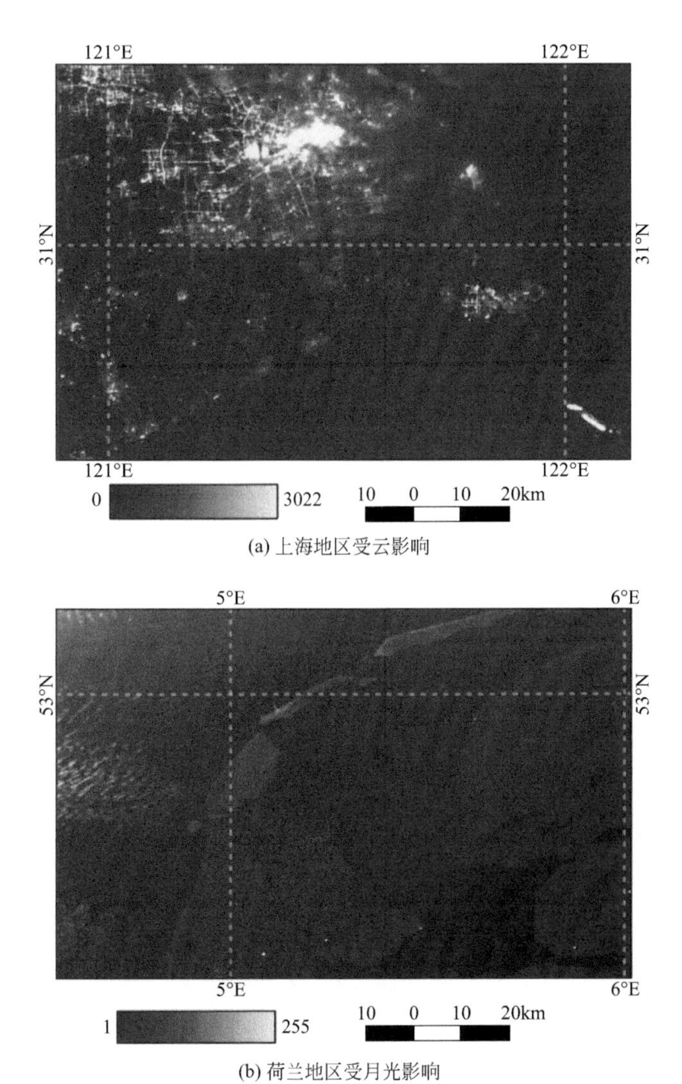

图 4-23　珞珈一号夜光遥感影像质量

4.4.4 珞珈一号用于大连市光环境分析

本节以大连市夜光遥感分析为例。参照大连市2019年的统计年鉴，对大连市各个区的建成区面积、人口总量进行统计。选取大连市内建成区面积、人口总量较为靠前的六个区（中山区、西岗区、沙河口区、旅顺口区、甘井子区、金州区）作为本次的主要研究区域。其中西岗区、中山区、沙河口区、甘井子区为大连市的主城区。

（1）城市尺度

以预处理后的Luojia遥感影像为数据源，在ArcGIS中对大连市六个主城区的夜光遥感数据进行分区统计，并计算各区的夜间灯光辐射总值、每平方千米夜间灯光辐射值，夜间灯光辐射万人均值，得到大连市六个区对应的夜间灯光参数分布图（图4-24）。

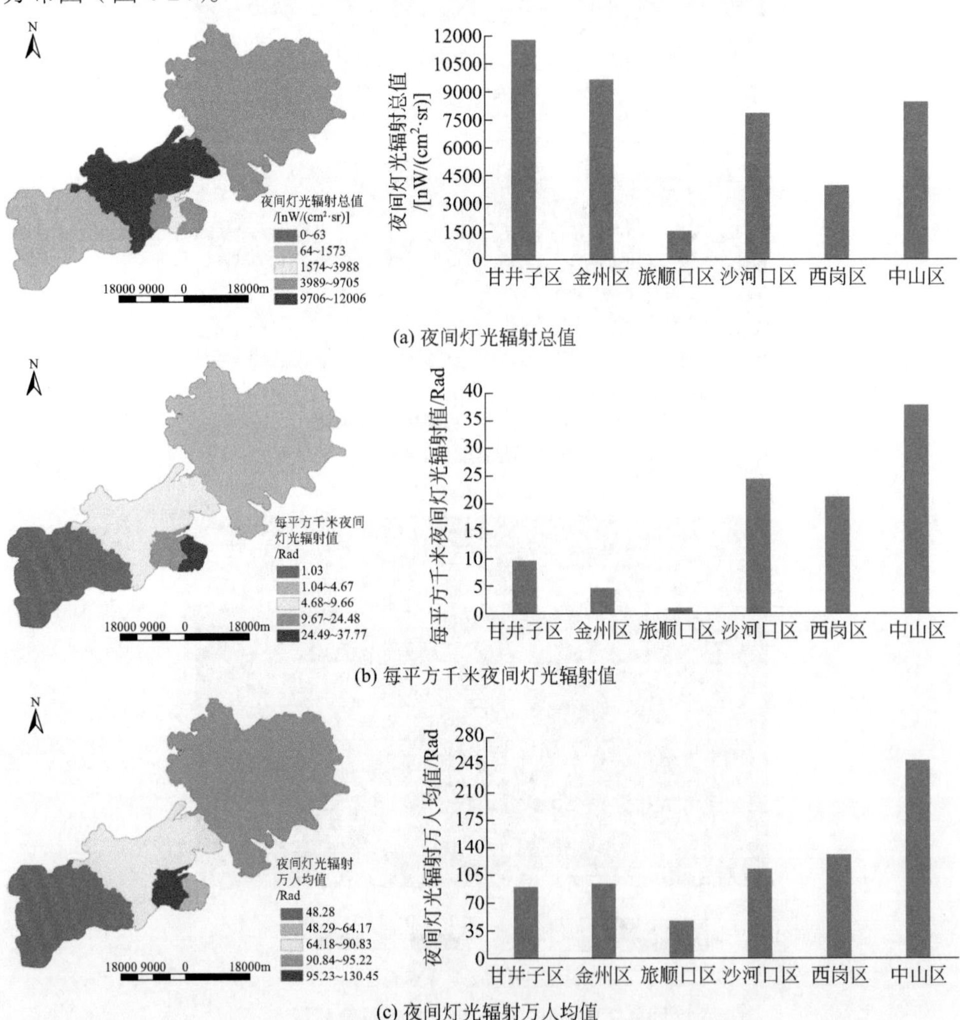

图4-24 大连市主城区六个区域夜间灯光参数分布图

从夜间灯光辐射总值来看，甘井子区为11197nW/（cm^2·sr），在六个区中排名第一，对大连市夜间光环境的总体贡献值最大。旅顺口区辐射总值为1763nW/（cm^2·sr），在六个区中排名最低，仅为甘井子区的1/6。对比旅顺口区与甘井子区的城市基础数据，旅顺口区较低的夜间灯光辐射总值是由于区域的建成区面积、人口密度等城市活力指标数值远低于大连市其他城区所导致。

从每平方千米夜间灯光辐射值来看，中山区为37.1Rad，远高于其他五个区。且中山区、沙河口区、西岗区作为大连市人口密度、建成区占比最高的区域，三个区域形成了大连城市每平方千米夜间灯光辐射值最高的片区。而甘井子区、金州区由于地域面积过大、城市建成区所占区域整体面积的比例较小，每平方千米夜间灯光辐射值在六个区中处于靠后的位置。

从夜间灯光辐射万人均值来看，中山区内居住人口单位时间内接收到的灯光辐射量最高，夜间灯光辐射万人均均值为249.3Rad。旅顺口区最低，仅为48.3Rad。

为进一步了解六个区的夜间灯光环境现状，对六个区的灯光的密集度进行分析，如图4-25所示。可以看到中山区、沙河口区、西岗区灯光的密集度较高，低照度区域占了整体面积的65%左右。金州区、旅顺口区、甘井子区灯光的密集度低，低照度区域占了整体面积的80%左右。因此，中山区、沙河口区虽然在夜间灯光辐射总值方面整体的排名较为靠后，但是灯光密集度较高，区域内大部分接近一半的面积都被人工照明所覆盖。而金州区夜间灯光总值较高，但灯光的密集度较低，区域内大部分面积处于无人工照明的状态。

后续将研究重点划定在灯光密集度较高且人均辐射值、单位面积辐射值较高的沙河口区、中山区、西岗区、甘井子区。同时，将研究尺度继续下潜，以街道尺度去探究大连市的夜间光环境的整体分布情况。

（2）街道尺度

在GIS中以Luojia校正后的大连市夜间灯光数据为数据源，对大连市72个街道的夜间灯光数据值进行提取，分别计算各街道夜间灯光辐射总值、夜间灯光辐射万人均值、每平方千米夜间灯光辐射值并绘制相关图表。

对大连市主城区各街道夜间灯光辐射总值分布图（图4-26）以及四个重点研究区域内各街道的夜间灯光辐射总值统计图（图4-27）进行分析，四个重点研究区域内，凌水、星海湾、海军广场、青泥洼桥街道的数值较高，分别为3835.2nW/（cm^2·sr）、3438.9nW/（cm^2·sr）、3377.6nW/（cm^2·sr）、1911nW/（cm^2·sr）；并且以上四个街道的夜间灯光辐射总值占其所属行政分区夜间灯光辐射总值的37%～42%，可认为以上四个街道对于所在地区的夜间城市光环境贡献作用较大。马栏、黑石礁、春柳街道夜间灯光辐射总值较低，分别为213.1nW/（cm^2·sr）、240.7nW/（cm^2·sr）、265.4nW/（cm^2·sr）。以上三个街道的夜间灯光辐射总值占其所属区域夜间灯光辐射总值的4%～7%。可认为以上三个街道对于所在地区的夜间城市光环境贡献作用较低。

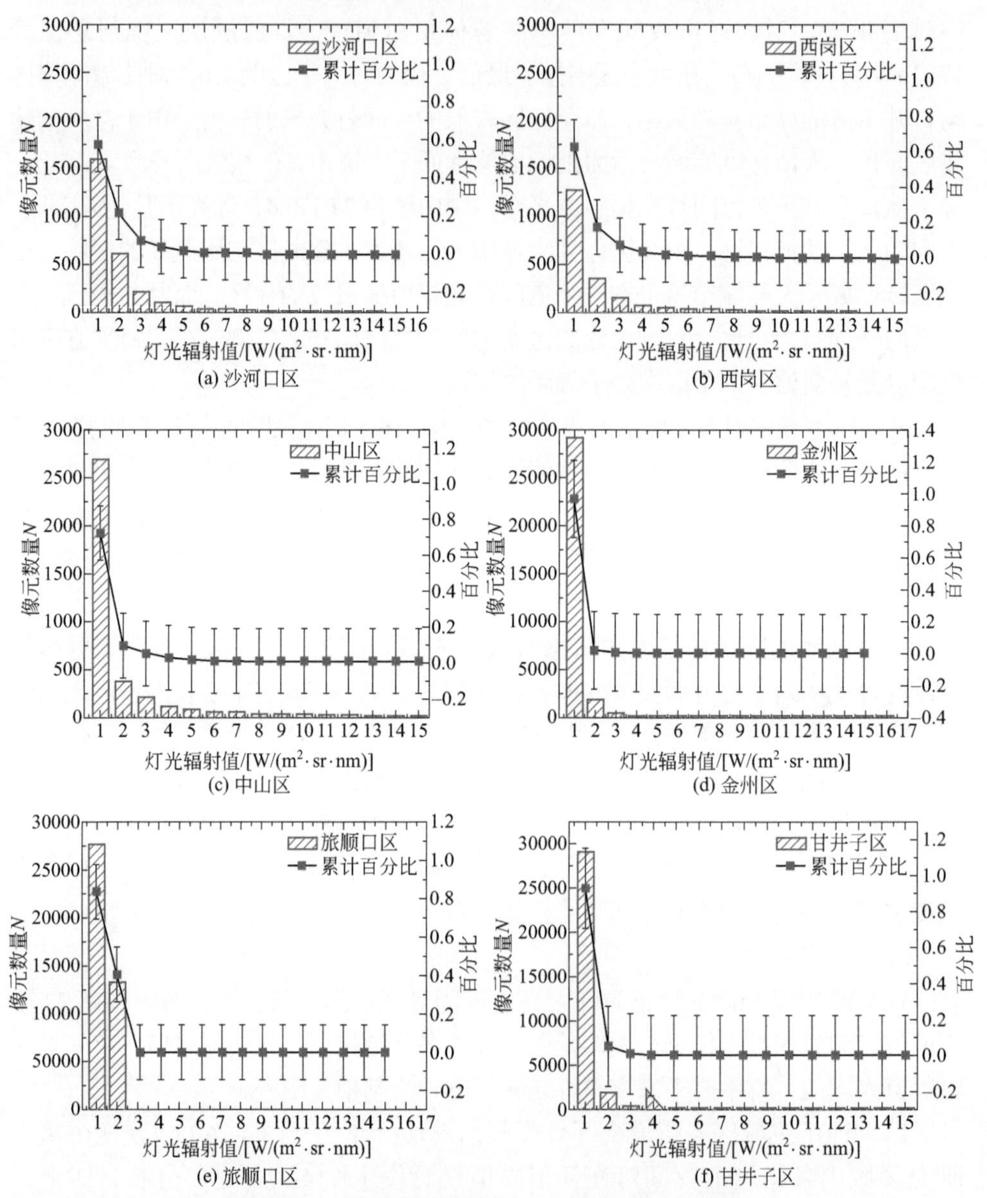

图 4-25 大连市主城区六个区域夜间灯光密度图

对大连市主城区各街道夜间灯光辐射万人均值分布图（图 4-28）以及四个重点研究区域内各街道的夜间灯光辐射万人均值统计图（图 4-29）进行分析，高数值街道集中分布在城市中心区域，如中山区、西岗区、沙河口区。在这些地区内，青泥洼桥、星海湾、海军广场街道的数值较高，分别为 120.4Rad、59.8Rad、53.4Rad。低数值区域分布在非城市中心区域，其中黑石礁、春柳红旗街道万人均辐射量较低，分别为 2.5Rad、2.9Rad、3.2Rad。

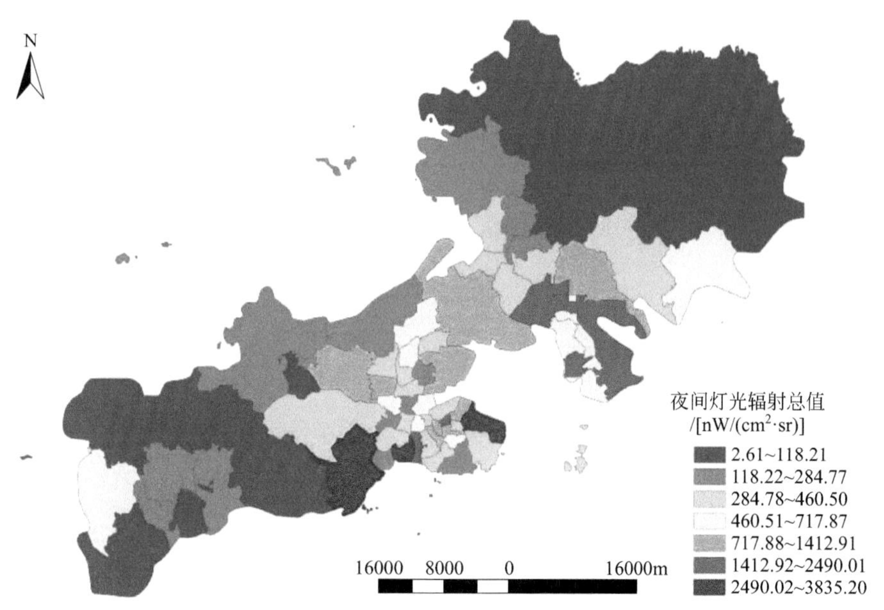

图 4-26　大连市主城区各街道夜间灯光辐射总值分布图

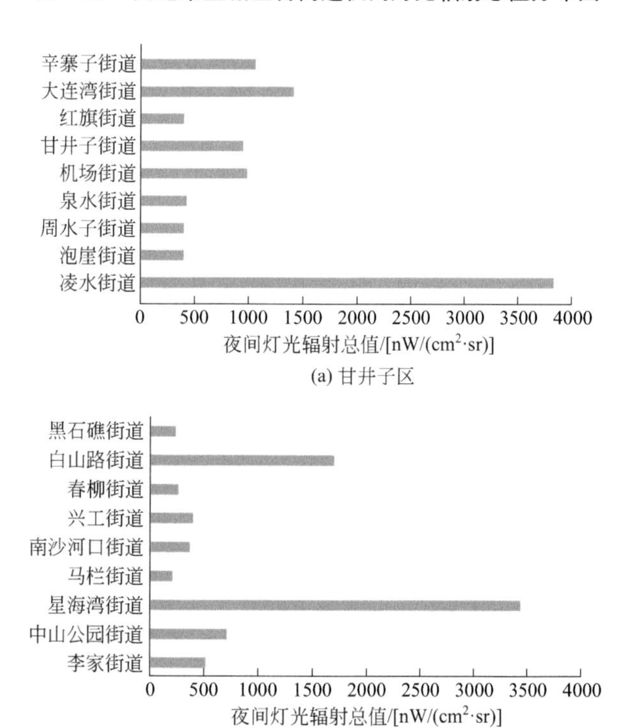

(a) 甘井子区

(b) 沙河口区

图 4-27

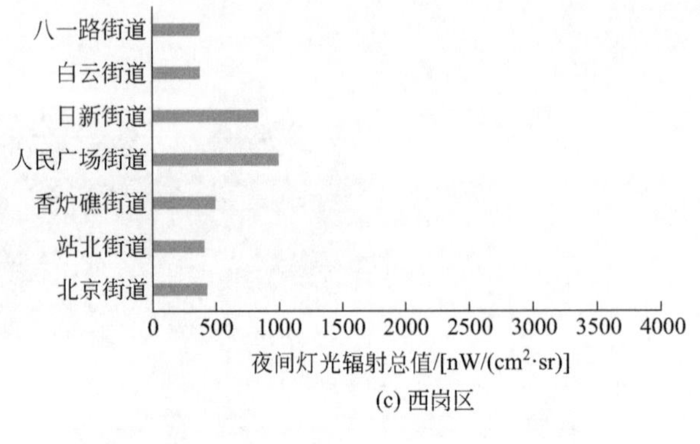

(c) 西岗区

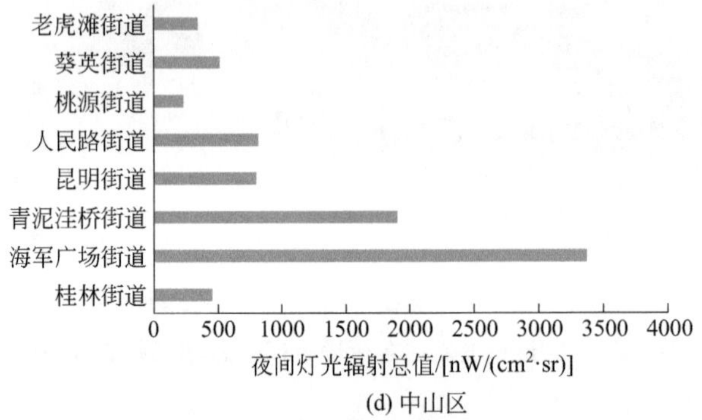

(d) 中山区

图 4-27 重点研究区域内各街道夜间灯光辐射总值统计图

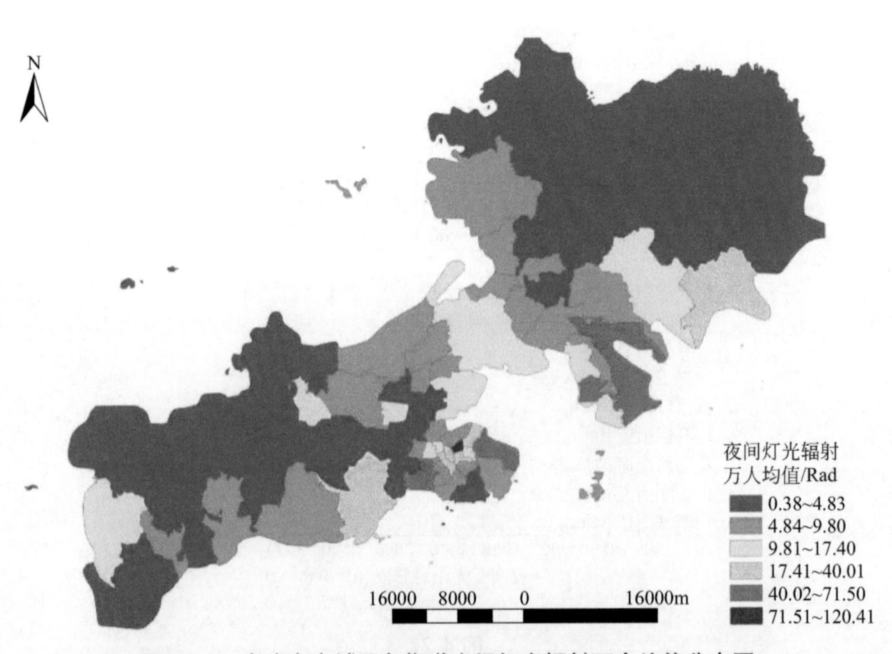

图 4-28 大连市主城区各街道夜间灯光辐射万人均值分布图

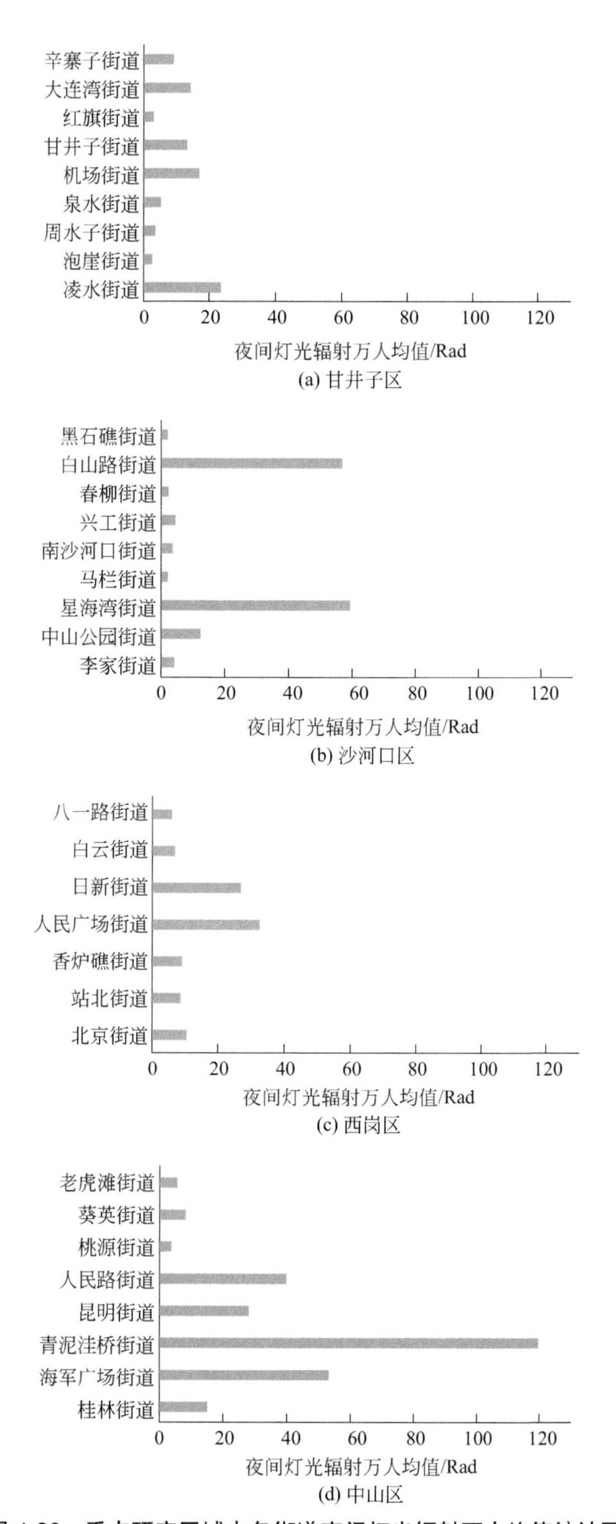

图 4-29 重点研究区域内各街道夜间灯光辐射万人均值统计图

对大连市主城区各街道每平方千米夜间灯光辐射值分布图（图 4-30）以及四个重点研究区域内各街道的每平方千米夜间灯光辐射值统计图（图 4-31）进行分析，高数值区域同样集中在沙河口区、中山区、西岗区。区域内青泥洼桥、星海湾、日新街道数值较高，分别为 19.3Rad、8.2Rad、6.9Rad；桃源、黑石礁、马栏街道数值较低，分别为 0.29Rad、0.64Rad、0.71Rad；且高数值街道的每平方千米夜间灯光辐射值远大于 72 个街道的平均值，因此认为排名靠前的三个街道存在一定的夜间灯光过饱和现象。而排名靠后的三个街道远低于平均值，因此认为后三个街道存在一定的夜间光照不足的现象。

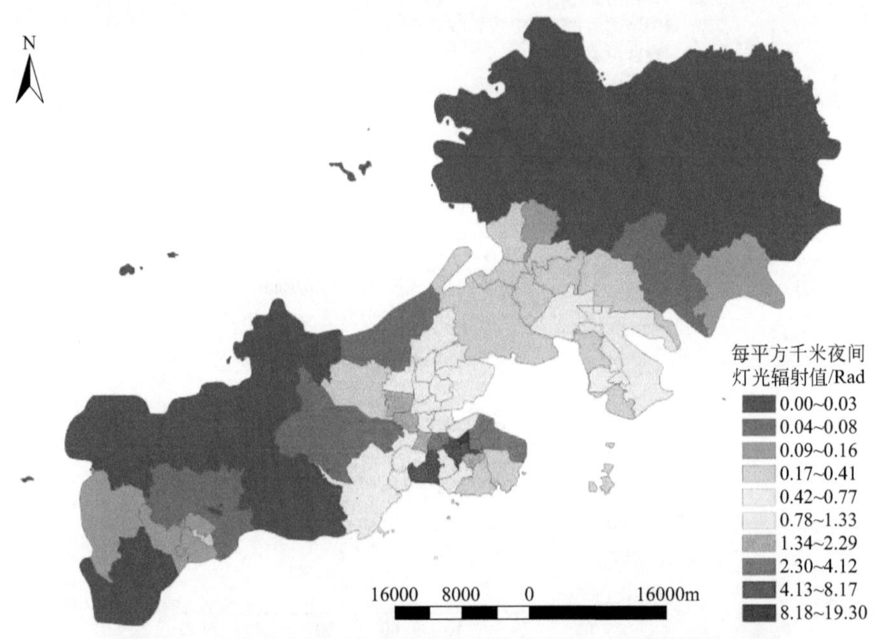

图 4-30　大连市主城区各街道每平方千米夜间灯光辐射值分布图

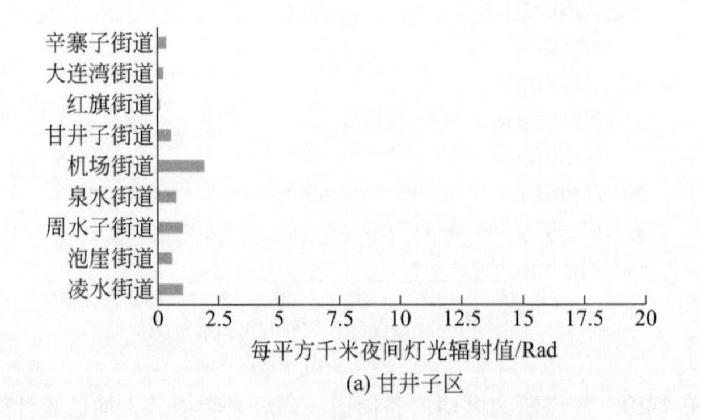

(a) 甘井子区

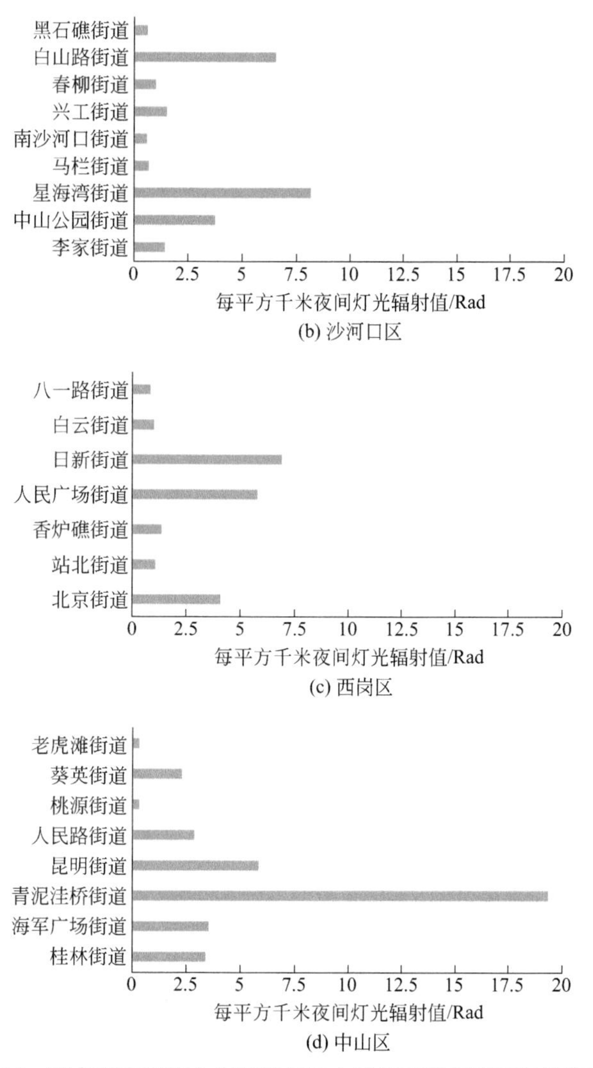

图 4-31　重点研究区域内各街道每平方千米夜间灯光辐射值统计图

为选取大连市夜间光环境的代表性街道，利用自然间断法，将各个夜间灯光参数从小到大分为 1 ～ 6 级，其中第 1 级为城市的低数值区域，第 6 级为城市的高数值区域，每个数值等级内各街道对应的灯光参数如表 4-7 所示。在各个等级内对三个灯光参数取交集，星海湾、青泥洼桥街道在三个灯光参数中都属于高数值街道。而黑石礁、马栏、春柳、椒金山、桃源、兴华街道在三个参数中都属于低数值街道。

表 4-7　大连市各灯光参数高、低数值区域包含的街道及对应的数值

灯光参数	夜间灯光辐射总值		夜间灯光辐射万人均值		每平方千米夜间灯光辐射值	
单位	街道	nW/(cm^2 · sr)	街道名称	Rad	街道名称	Rad
高数值区域（6级）	青泥洼桥	1911.06	海军广场	53.43	白山路	6.54
	海军广场	3377.61	白山路	57.13	日新	6.89
	星海湾	3438.88	星海湾	59.79	星海湾	8.16
	凌水	3835.21	青泥洼桥	120.41	青泥洼桥	19.3
低数值区域（1级）	马栏	213.12	马栏	2.31	大连湾	0.22
	营城子	231.71	黑石礁	2.48	老虎滩	0.27
	黑石礁	240.77	泡崖	2.89	桃源	0.29
	桃源	242.97	春柳	2.91	辛寨子	0.37
	椒金山	259.45	红旗	3.18	南关岭	0.46
	春柳	265.42	椒金山	3.59	甘井子	0.54
	革镇堡	284.76	桃源	3.88	泡崖	0.57
	兴华	305.75	周水子	3.93	椒金山	0.58
	—	—	兴华	3.96	南沙河口街	0.64
	—	—	营城子	4.21	黑石礁	0.64
	—	—	南沙河口	4.26	马栏	0.71
					八一路	0.84
					兴华	0.94
					白云	1.01
					春柳	1.03

在取交集后的高数值街道、低数值街道中，结合大连市各街道的人口总量、人口密度数据（表 4-8），在高、低数值街道的列表中，分别选取了人口总量排名靠前的两个街道作为大连市夜间灯光照明的代表性街道。两个高亮度街道的代表街道为星海湾街道、青泥洼桥街道；两个低亮度街道的代表性街道为黑石礁街道、春柳街道。各街道的地理位置如图 4-32 所示，通过对代表性区域的确立，为后续研究中的实地测量部分提供了选址基础。

表 4-8　大连市高、低数值各个街道的人口数据

街道名称	人口总量 / 万人	人口密度 /（人/km^2）	街道等级	街道名称	人口总量 / 万人	人口密度 /（人/km^2）	街道等级
星海湾	57.51	9.38	高数值	马栏	92.63	9.34	低数值
青泥洼桥	15.87	11.48	高数值	椒金山	72.15	10.06	低数值
黑石礁	96.92	21.22	低数值	桃源	62.51	5.26	低数值
春柳	91.06	24.78	低数值	兴华	77.14	16.11	低数值

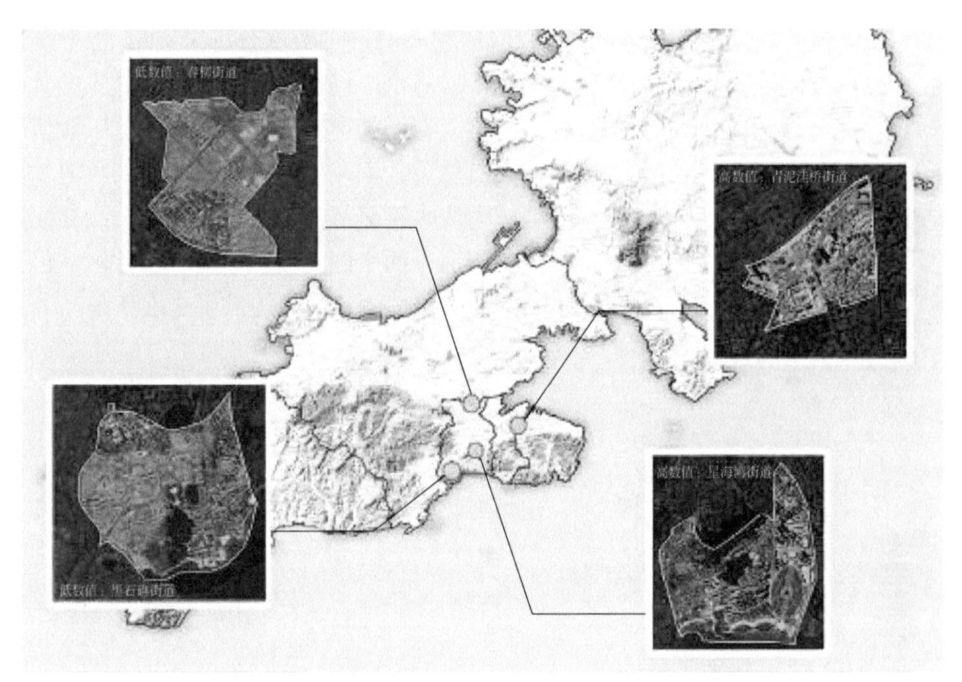

图 4-32　大连市高数值、低数值区域的代表性街道

4.5　本章小结

夜光遥感为城市人工夜光调查提供了新的手段，当前形成的多源夜间灯光遥感数据为开展长时序地表夜光监测奠定了基础，然而，由于不同夜光卫星获取的传感器性能存在差异，获取的地面夜光信息也存在差异，因此，在利用夜光遥感数据开展人工夜光调查时必须对夜光遥感数据进行预处理，本章介绍了长时序 DMSP/OLS 夜光遥感卫星数据的校正方法，通过相互校正、年份一致性校正和序列校正等步骤校正，能够较好地实现该数据时序一致性校正。基于校正后的 DMSP/OLS 夜间灯光遥感数据，对我国区域过去 21 年城市人工夜光进行详细分析，总体来说，我国的人工夜光呈显著扩展趋势，尤其是我国东部城市，其中长三角、珠三角和京津冀三大城市群已经初步形成了夜光绵延区。通过对 1992 ～ 2019 年长时间序列夜间灯光数据的分析，我国的夜间灯光辐射已经由快速增长阶段进入了平稳增长阶段，1992 ～ 2010 年 36 个重点城市均保持着较快的增长速率，2010 ～ 2019 年只有重庆市仍然在快速地增长，其余都保持在稳定的状态。

另外，相比 NPP-VIIRS 夜光遥感数据，珞珈一号具有更高的空间分辨率，能够探测更细的城市夜光信息，并且能够有效识别大连市六个主城区夜光数据的分析，中山区、沙河口区、西岗区的单位面积平均辐射值、人均夜间灯光辐射值在六个区域中均处于前三位的位置。以珞珈一号遥感数据分析大连市 72 个街道的夜间灯光环境现状，星海湾、青泥洼桥、海军广场街道在三个夜间灯光参数中都属于数值较高的区域。而黑石礁、马栏、春柳街道在三个参数中都属于数值较低的街道。并结合大连市各个街道的人口总量数据及建成区面积，在高数值、低数值中选取了人口数量排名靠前的区域为代表性区域。其中大连市两个高亮区域的代表区域包括星海湾街道、青泥洼桥街道；两个低亮度区域的代表性区域包括黑石礁街道、春柳街道。为在后续的研究中实地测量部分提供了选址基础。

第5章

城市夜间光污染立体监测

根据影响城市夜间光环境的光源的特性、光在空间的传播以及测试位置和测量角度等，可以将城市空间上的光环境从地表到天穹分为三个层次，分别为城市地表层、城市冠顶层和城市夜空层（图5-1）。其中，城市地表层中，光环境主要是与人们生活紧密相关的街道照明、广场照明、商业照明等人工照明；城市冠顶层（中空）是城市内建筑物的屋顶平均高度的区域，光环境主要是由地标光源、建筑顶部照明等人工照明，通过大气中水分、气溶胶等散射光和来自天空的自然背景照明组成，城市冠顶层的光环境涉及了城市照明规划的问题；城市夜空层（天顶）的光环境主要是受到了自然背景光和地面照射到天空的人工光的影响，从而影响了天文观测，造成天顶发亮。

由于城市夜空层的光环境是受到地面光源整体作用和自然背景光影响下产生的结果，其变化情况较为稳定，并且能够反映出较大区域内的光环境变化情况。因此，目前对城市夜间光污染的研究主要以城市天顶亮度变化的情况作为目标，通过城市天空亮度、色彩变化等指标来衡量城市夜间光污染的情况。虽然人工照明会有节日性等变化，但从长远时间看，城市内的人工照明量维持在平稳的状态。

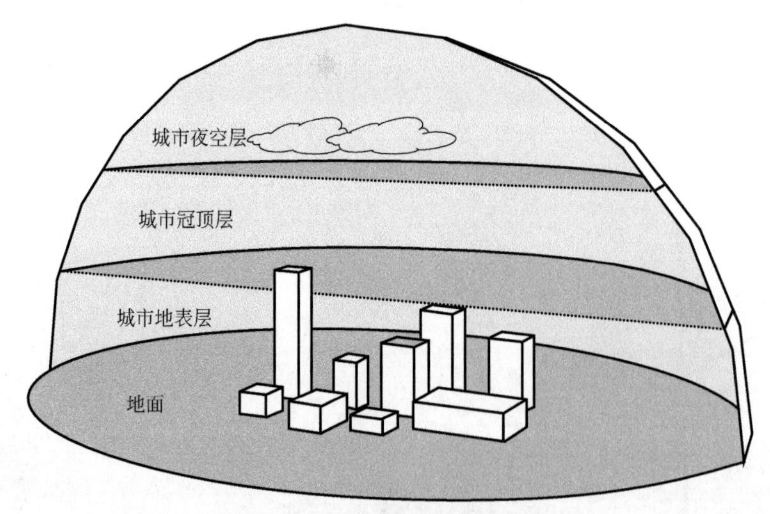

图5-1 城市夜间光环境层次分类

5.1 夜空层监测方案

5.1.1 夜空层监测背景

随着城市的经济发展，人们对夜间照明的需求正在逐步增加，光污染问题也越来越突显。现有研究发现城市光污染问题已经严重影响天文观测、人体身心健康和自然界生态平衡，同时还会造成城市资源的大量浪费，加重城市经济负担。

此外，商业区照明常使用过量的彩色光和动态光，其中过渡叠加光色和广告牌投射发出的高亮度、高频率灯光闪烁效果，对周围区域都有严重的光辐射影响，进一步加重了城市光污染。

5.1.2 夜空层监测方法

在进行夜间光环境监测时，由于光波的辐射距离长，反射、折射、散射现象复杂和重叠的特性，通常无法清晰地断定人眼所观测到的区域内光亮的发射源点。因此，在监测时，可以通过分析城市地理样貌、城市建设情况及城市功能区域划分等因素进行分析与推测。

为了避免道路照明和建筑阴影对仪器监测的影响，可以选择屋顶平台作为监测地点，使用 SQM 仪器对天顶亮度每隔 5min 测量一次，获得天顶亮度的连续变化值。此外，使用数码相机对监测区域全天空光环境实际情况进行拍摄，获取图像数据，利用气象相关网站等获取城市实时天气状况和空气质量数据，研究分析夜间天空亮度随时间、气象等的变化规律。该仪器拥有 10°的半角度敏感度，即主要测量垂直方向上 20°范围内的亮度，显示结果为该观测区域内平均亮度，单位为 $mag/arcsecond^2$，可以通过式（5-1）和亮度单位 cd/m^2 进行换算：

$$L(cd/m^2) = 10.8\times10^4\times10^{-0.4}M(mag/arcsecond^2) \quad (5\text{-}1)$$

5.2 夜空层亮度变化特征

对夜间光环境的监测结果进行分析，可以从以下三个方面来展开。

① 夜间天空的亮度在典型夜晚中随时间的变化。

② 夜间天空的亮度在典型夜晚中随月亮周期的变化。

③ 夜间天空的亮度在典型夜晚中随天气状况进行的变化。

本节以大连市的夜天空监测结果为例进行分析。对大连市天顶夜间亮度进行了为期 4 个月的连续测量，测量时间段内天顶的亮度实时变化情况和天气状况如图 5-2 所示，图 5-2 中表示了 5 月、6 月、7 月和 8 月中每个夜间监测区域的天顶星等值的连续变化情况，其中数值越大，表示单位时间内天空中的星等级越高，天空的亮度越暗。图中折线下降的区域表示天空随凌晨到清晨时间的变化情况，是监测区域天空逐渐变亮的过程，折线上升区域表示天空随黄昏到夜晚时间的变化情况，是监测区逐渐变暗的过程。从图 5-2 中可以明显看出，城市的夜间天顶光环境亮度是呈现周期性变化的，在较为稳定的阶段中，夜间天顶的亮度为 16 ～ 19$mag/arcsecond^2$，转换成亮度则为 2.7×10^{-3} ～ $4.3\times10^{-2}cd/m^2$，比自然黑暗天空亮度（$2.1\times10^{-4}cd/m^2$）高出 13 ～ 204 倍。

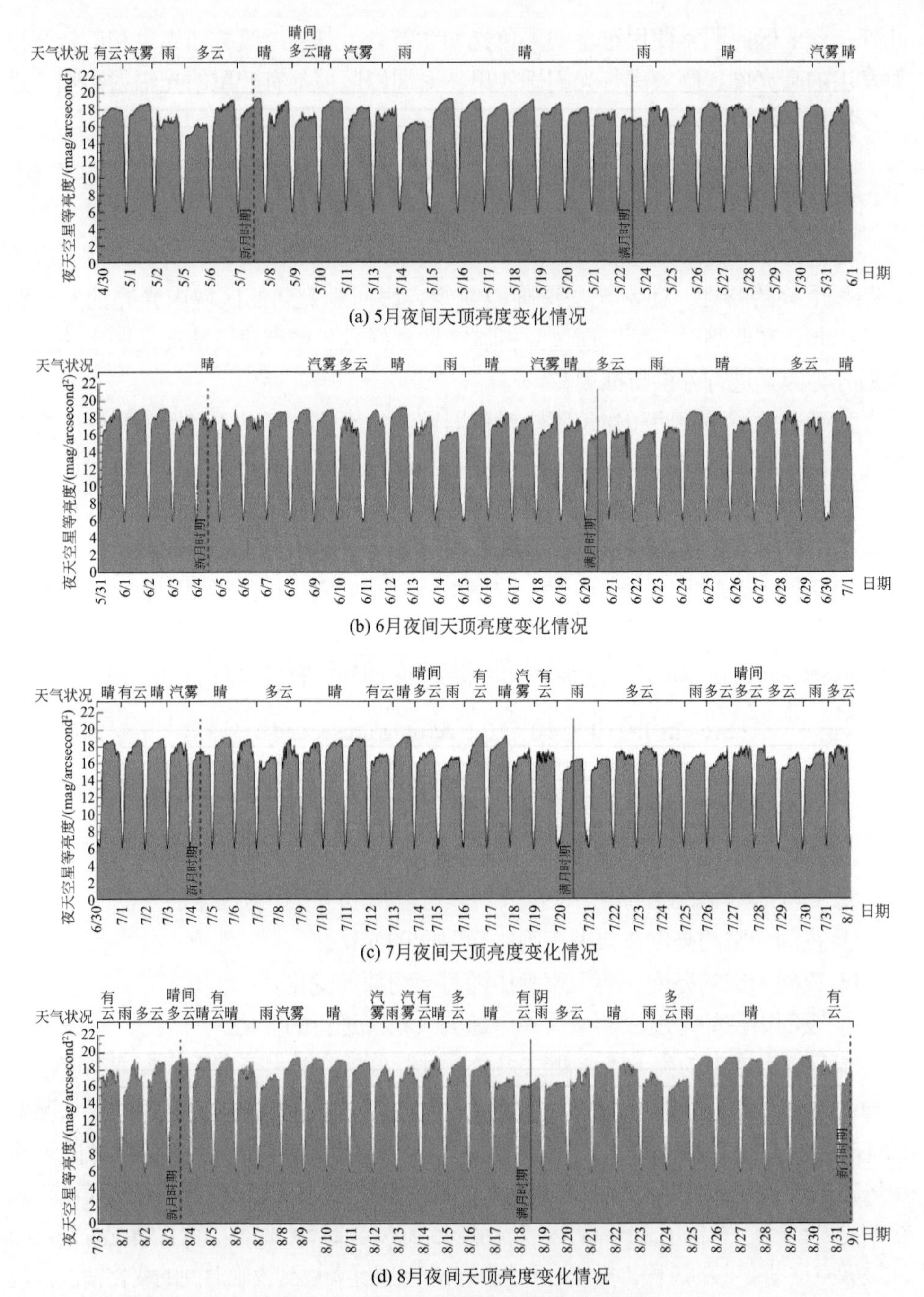

图 5-2　城市天顶亮度随时间的变化情况

5.2.1　典型晴朗夜天空光环境

从图 5-3 中可以看出，城市夜间天空亮度不仅随着月相呈周期性变化，一个夜晚中也会随时间呈规律性变化。为尽量排除其他因素的影响，本案例选取了2016年5月7日～5月8日、6月7日～6月8日、7月5日～7月6日、8月4日～8月5日和12月27日～12月28日共五个夜晚作为典型夜间天空分析对象，选取18：00至次日5：30作为主要研究，包含黄昏—傍晚—夜晚—午夜—凌晨—清晨五个时间段，即从太阳落山到太阳升起的整个时间段。天气状况均为晴朗，能见度高，靠近新月。研究对象的详细信息如表5-1所示。

根据仪器监测数据，将选取时间段内的夜天空亮度变化情况绘制成折线图，如图5-3所示。其中由于冬季夜晚整体时间较其他季节时间长，在研究时间段内，12月27日～12月28日的天顶亮度变化只显示了部分阶段的变化情况，该时间段内完整的夜间天顶亮度变化如图5-4所示。由于天空星等亮度小于6mag/arcsecond^{2}的时间段均处于黄昏刚开始和清晨结束过程中，且此阶段仪器测量数据陡然上升（图5-3），没有研究意义，因此本案例只以6mag/arcsecond^{2}以上的数据作为主要研究对象。

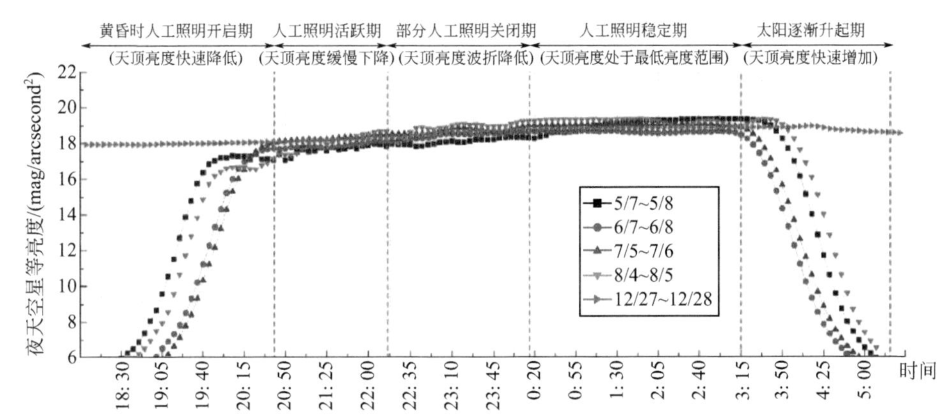

注：图中数值采用星等级标准。因夜晚天空亮度数值较小，为利于仪器采用了对数的方式表达显示的亮度。图中星等亮度数值越大，表示实际光环境的亮度越暗。

图5-3 典型夜天空研究对象随时间的亮度变化

表5-1 典型夜间天空随时间变化模型选取对象详细信息

时间段	天气状况	平均温度/℃	平均湿度/%	平均AQI空气质量指数	大气能见度/km	月辉
2016/5/7 18：00～2016/5/8 5：30	晴	10.1	40	47（优）	25	0%的月亮亮度（新月）
2016/6/7 18：00～2016/6/8 5：30	晴	16.4	69	54（良）	15	6%的月亮亮度（娥眉月）
2016/7/5 18：00～2016/7/6 5：30	晴	18.8	78	33（优）	30	1%的月亮亮度（新月）
2016/8/4 18：00～2016/8/5 5：30	晴	23.5	80	41（优）	29	2%的月亮亮度（新月）
2016/12/27 18：00～2016/12/28 5：30	晴	-11.2	45	43（优）	30	4%的月亮亮度（残月）

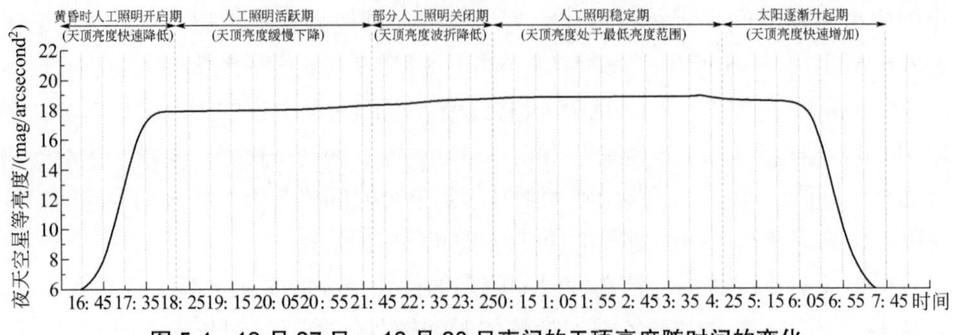

图 5-4　12 月 27 日～ 12 月 28 日夜间的天顶亮度随时间的变化

从图 5-3 和图 5-4 中可以看出，夜间天顶的亮度是随着时间呈现规律性变化的，该变化大致可分为五个阶段：天顶亮度快速降低阶段—天顶亮度缓慢下降阶段—天顶亮度波折降低阶段—天顶亮度处于最低亮度范围阶段—天顶亮度快速增加阶段。此外，由于季节导致的昼夜时间的变化，造成天空亮度变化阶段的时间也呈现季节性变化的规律（图 5-3），其中对天顶亮度快速降低阶段和天顶亮度快速增加阶段影响最大，其次是天顶亮度缓慢下降阶段，各阶段的具体变化情况分析如下。

① 天顶亮度快速降低阶段。即黄昏时人工照明开启的时间段，属于自然背景光与人工照明背景光转化的阶段。这一阶段的起始时间是随着季节进行变化的。例如，5 月 7 日该阶段的时间为 18：30 ～ 20：00，6 月 7 日为 19：00 ～ 20：30，12 月 27 日为 16：20 ～ 18：30，这是由于日落时间的不同造成的。此阶段持续的时间为 1.5 ～ 2h。此外，虽然该阶段所处时间范围不同，但变化近似且其中线性增长区域的斜率近似。

② 天顶亮度缓慢下降阶段。即人工照明活跃时期。该阶段内城市光环境亮度被人工照明主导，主要受到商业照明、道路照明、景观照明、建筑照明等人工照明的影响。由于各类照明开启时间的差异性，导致该阶段天顶亮度呈现一种缓慢下降的趋势，直至短时间的平稳状态。该阶段是整个夜晚时间段内天顶亮度值最大的阶段，也是表现光污染情况最为严重的阶段。该阶段的结束时间主要与人类活动、城市宵禁时间和城市照明设施管理时间有关系。根据大连市照明主管部门规定，夜间照明设施关闭时间为 22：00 ～ 23：00，因此该阶段结束的时间为 22：00 ～ 23：30。

③ 天顶亮度波折降低阶段。由于人类活动陆续停止，商业区域陆续停止营业，室外照明设施关闭以及车流量的减少，城市天顶受到人工照明的影响也逐渐减少，因此该阶段的天顶亮度呈现波折下降形式。结束时间在凌晨 0：00 ～ 1：00。

④ 天顶亮度处于最低亮度范围阶段。该阶段人工照明处于稳定的阶段，且由于此时人工照明主要以道路照明为主，对天空造成影响的人工照明量减少，因此此阶段的天顶处于低亮度的平稳阶段。该阶段结束时间则与季节变化有关系，

由于日出时间的不同而造成该阶段结束时间的不同。例如，6 月 7 日在凌晨 3：00 左右结束了，而 12 月 27 日结束时间更晚。

⑤ 天顶亮度快速增加阶段。即自然背景光逐步占据主导影响地位。该阶段随着自然背景亮度增加，天顶亮度也快速上升，反映在图中则表现为星等亮度快速下降，直至测量值超出仪器测量范围。另外，该阶段的终始时间均受到季节的影响，与日出时间相关。虽然各研究对象处于该阶段时的实时时间不同，但在该阶段的天顶亮度变化情况相似且中间线性下降阶段的斜率相同。

通过对本案例的分析，可以看出在晴朗无月的夜间，人类活动和人工照明是影响夜间光环境的主要因素，也是引起光污染的主要原因。此外，在天顶亮度处于最低亮度范围阶段，高亮度阶段的平均天空亮度为 18.123mag/arcsecond^2，低亮度阶段则为 18.82mag/arcsecond^2，两者的亮度分别为 6.082mcd/m^2 和 3.201mcd/m^2，前者亮度约是后者亮度的 2 倍，表明商业照明、建筑照明和道路照明等对城市夜间光环境有重要的影响。

根据各阶段的变化特点，选取各研究对象相同阶段内相等时间范围内的星等亮度变化数值，利用 SPSS 数据分析软件分成五个阶段，分别对典型夜天空亮度随时间变化情况进行回归分析，分析结果如图 5-5 和表 5-2 所示。在回归分析中，忽略了除时间以外的其他影响因素，且将各阶段具体起始时间均简化成了从 1 开始的序列数值，图中的红线表示的是 Loess 回归 (局部加权回归) 的回归模型曲线。从分析结果中可以看出，对于阶段 1 和阶段 5 来说，回归的拟合度最高，这两个阶段的天顶亮度在典型晴朗夜间的变化主要与时间序列有关系，可以忽略除季节性带来的其他影响。而对于阶段 2、阶段 3 和阶段 4 来说，该阶段内的回归的拟合度均较低，尤其是阶段 4，即天顶亮度处于最低亮度范围阶段。从监测值中分析看出，这三个阶段内的夜间天空亮度多在较窄范围内进行波动变化，且变化情况与研究对象有直接关系，在阶段 3 和阶段 4 中表现最为明显。在研究对象的详细列表中可以看出，忽略了人工照明量变化的影响，这种情况的发生可能由于月辉和空气质量不同引起的，其中月辉的影响占据了主要地位。因此看出月亮对夜间天空亮度影响在阶段 2、阶段 3 和阶段 4 中表现明显，其中阶段 4 的影响效果最为明显。

根据分析结果，可以将典型晴朗夜间天空亮度在阶段 1 和阶段 5 中的回归模型简化表示如下。

阶段 1（天顶亮度快速降低阶段）：

$$M = 2.082\,T^3 - 0.082\,T^2 + 0.001T\ (0 \leqslant T \leqslant 30) \tag{5-2}$$

阶段 5（天顶亮度快速增加阶段）：

$$M = 0.907\,T^3 - 0.101\,T^2 + 0.002T + 17.300\ (0 \leqslant T \leqslant 28) \tag{5-3}$$

式中 M——夜天空星等亮度，mag/arcsecond^2；

T——阶段内将具体时间范围转化成从 1 开始的整数序列。

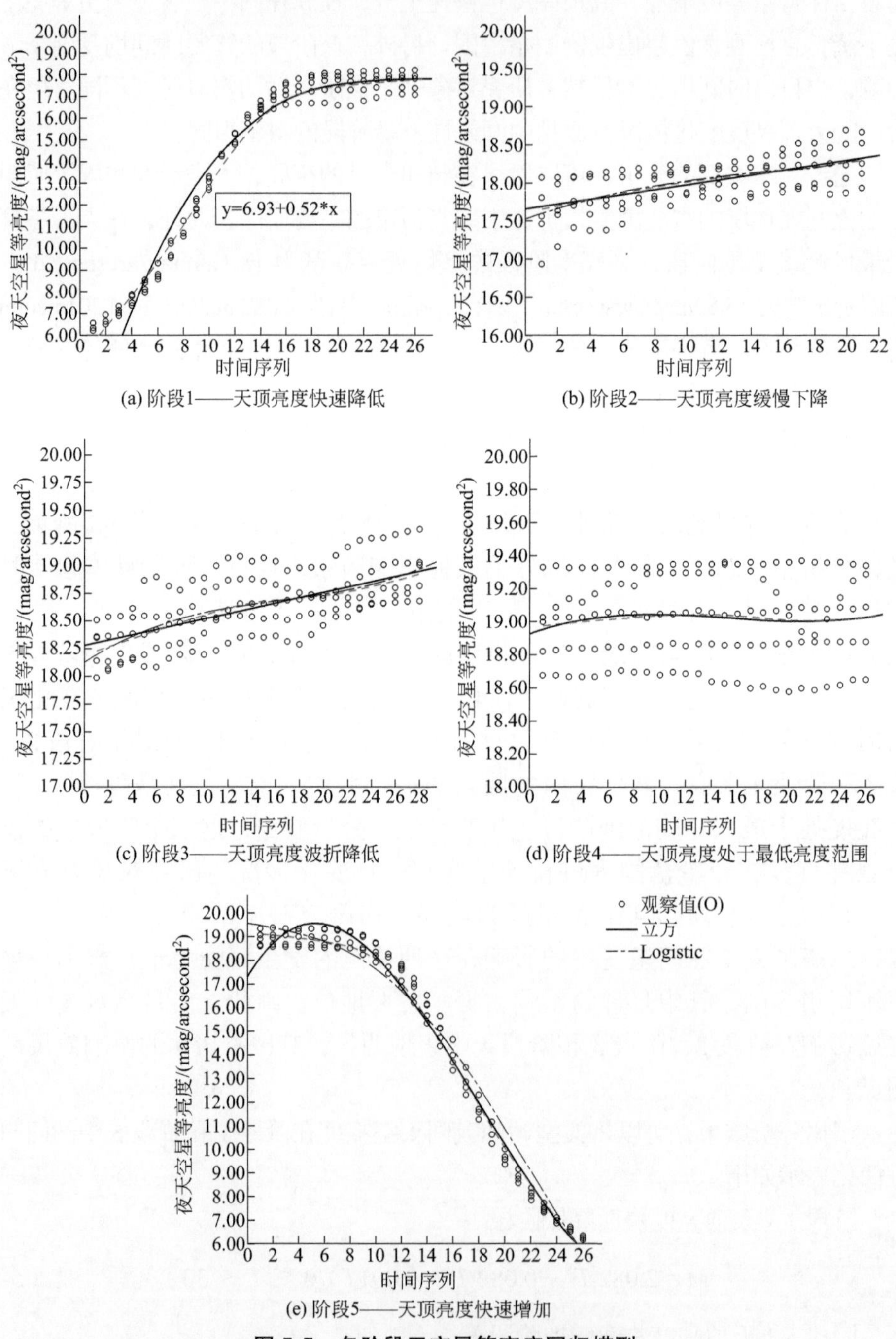

图 5-5 各阶段天空星等亮度回归模型

表 5-2 各阶段天空星等亮度回归模型摘要和参数估算

阶段	方程式	回归模型摘要					参数估计值			
		R^2	F	df1	df2	显著性	常数	b1	b2	b3
1	立方	0.993	6110.866	3	127	0.000	—	2.082	−0.082	0.001
2	线性	0.383	63.885	1	103	0.000	17.661	0.032	—	—
	立方	0.394	21.914	3	101	0.000	17.523	0.083	−0.004	0.000
3	线性	0.409	95.432	1	138	0.000	18.282	0.024	—	—
	立方	0.423	33.296	3	136	0.000	18.131	0.071	−0.003	7.140E−5
4	立方	0.007	0.308	3	126	0.820	18.930	0.030	−0.002	4.911E−5
5	立方	0.988	3576.359	3	126	0.000	17.300	0.907	−0.101	0.002
	对数	0.933	1784.680	1	128	0.000	0.001	1.200	—	—

针对城市夜间天空变化的亮度快速下降阶段，本案例对监测地区全天空进行了实景拍摄及亮度分布分析，如图 5-6、图 5-7 所示，拍摄时间为 2016 年 7 月 4 日。实景图中左侧为观测点的西方位，靠近城市丘陵地带，人工照明量较少；东侧为观测点的东方位，接近城市市区内，影响观测区域的人工照明量较多。

从实景照片可以看出，随着太阳西下，观测点的全天空亮度快速下降，尤其是在 19：15 ～ 20：00 内，下降速度最快。在亮度分布图中，观测区域内的高亮区域从西方位迅速向东方位转移，正是影响光源由自然光源向人工光源转移，最终由人工光源占据影响光环境的主要地位。此阶段内天顶亮度也快速变暗，与上述阶段 1 的研究分析状况吻合。

在 20：00 之后，观测区域的全天空亮度开始缓慢地变暗直至接近稳定的状态，该过程对应夜间天空变化的阶段 2，即亮度缓慢变暗阶段。从实景图像中可以看出，该阶段的天空颜色主要以橘红色为主，测量的天顶亮度为 0.0368cd/m^2，天空受到严重的光污染。从亮度分布图中可以看出，天空光环境是受到地表人工照明的综合影响，其中东方位的市区的照明对该区域天空光环境影响最为严重，此外，还可看出该区域内的室内照明主要影响其周边的光环境，对天空的影响较小。

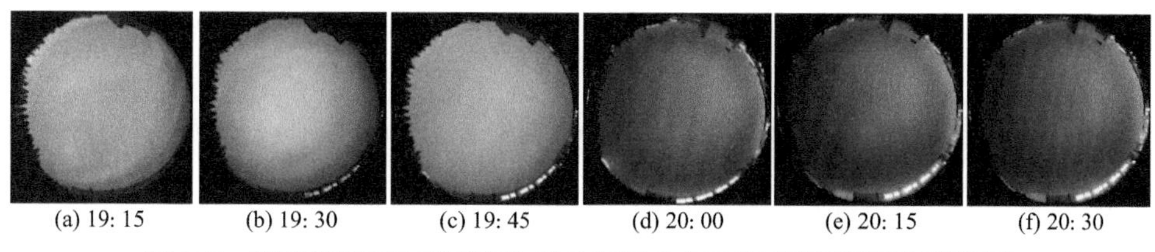

(a) 19: 15　(b) 19: 30　(c) 19: 45　(d) 20: 00　(e) 20: 15　(f) 20: 30

图 5-6 城市黄昏至夜晚时间阶段的观测点全天空下光环境实景拍摄图

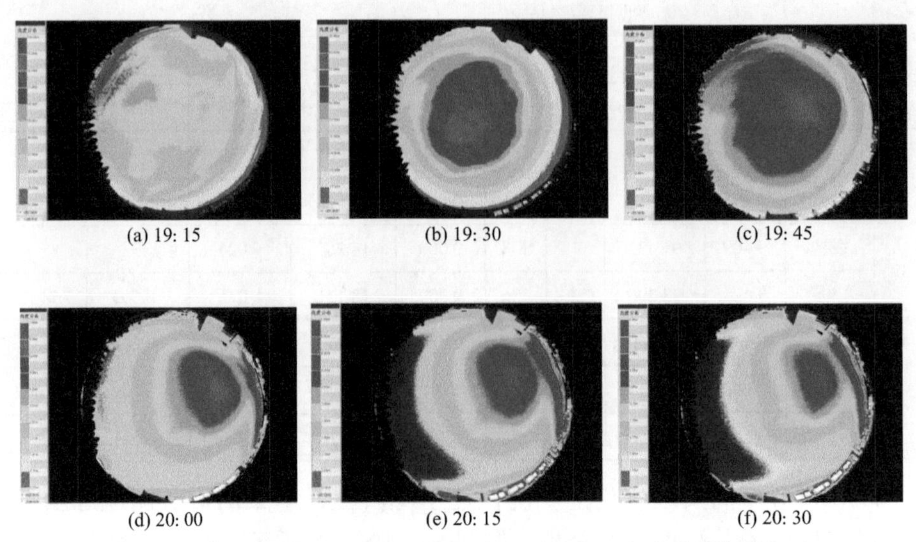

图 5-7　城市黄昏至夜晚时间阶段的观测点全天空亮度分布分析

5.2.2　夜天空光与月亮周期变化

城市人工照明和自然照明共同组成城市光环境，月辉是夜间自然照明的主要成分。在较少人工照明区域，夜间天空亮度会随着月亮周期产生明显变化，而在严重光污染地区，月相引起的天空亮度明显会被极大减弱。在典型晴朗夜间天空分析中发现，月辉实际上仍会对城市夜天空监测产生影响，其影响效果在夜晚至凌晨时间内最为明显。通过对连续监测数据分析，本节选择 21：00 ～ 22：00 和 1：00 ～ 2：00 时间段内夜天空监测数据作为主要研究对象。在前时间段中，人工照明包括建筑照明、景观照明和道路照明，夜间人工照明总量最多；后部分时间内人工照明主要以道路照明为主，夜间人工照明总量最少。这两个时间段内测量数据情况、月亮对地面照度比和时间段内天气变化的情况如图 5-8 所示。

在两个主要研究的时间段内，在未忽略天气状况的影响下，城市夜天空的亮度是在一定范围内呈现波折性变化的，其中天空星等亮度最高值多集中在月亮对地面照度比为 0 的范围内，而最低值则集中在月亮对地面照度比为 1 的范围内。为进一步研究月亮对夜天空的亮度影响，尽量排除其他因素干扰，本案例选择了晴朗夜天空时的数据进行研究分析，其中夜天空星等亮度与月亮对地面照度比的分布关系如图 5-9 所示。

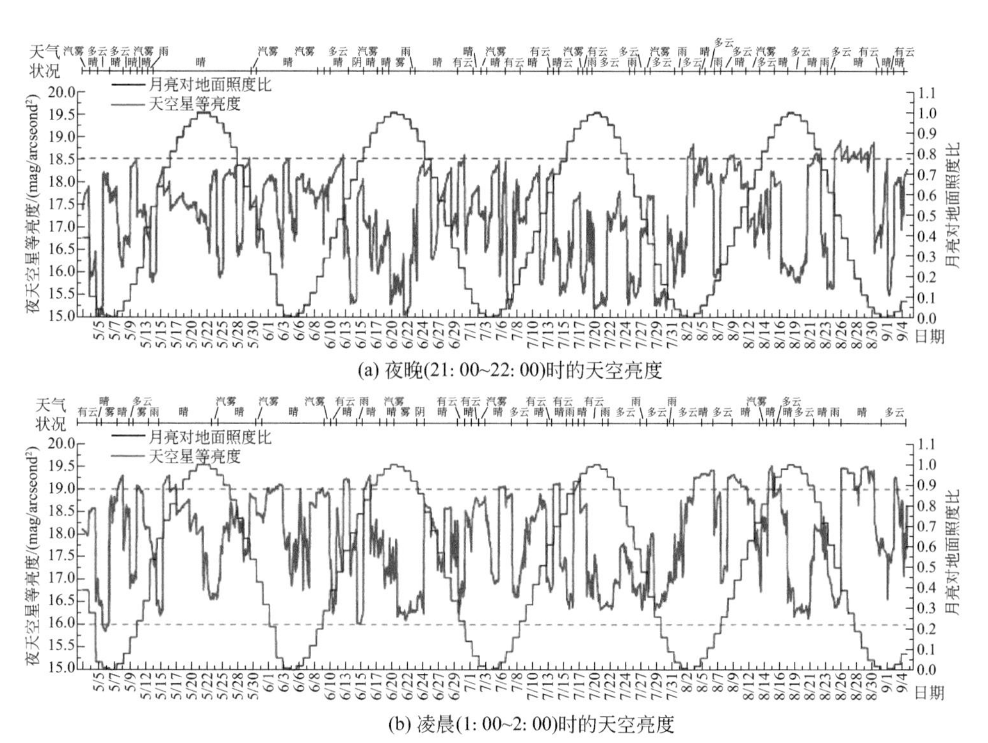

(a) 夜晚(21: 00~22: 00)时的天空亮度

(b) 凌晨(1: 00~2: 00)时的天空亮度

注：在月亮对地面照度比中，假设满月时月辉对地面的照度比为 1。

图 5-8　夜间天空亮度随月亮周期的变化和天气状况

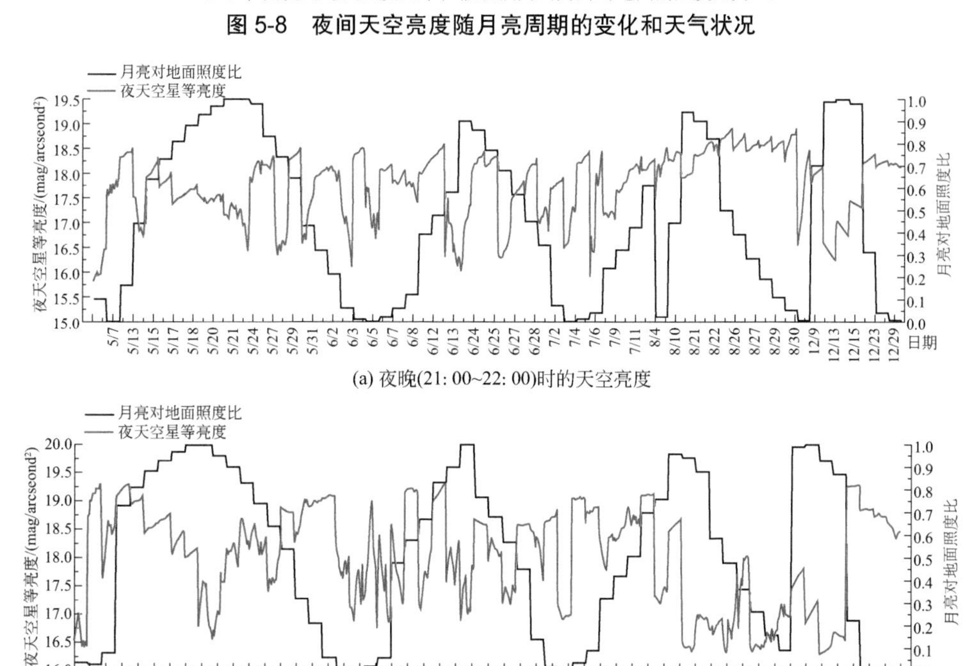

(a) 夜晚(21: 00~22: 00)时的天空亮度

(b) 凌晨(1: 00~2: 00)时的天空亮度

注：在月亮对地面照度比中，假设满月时月辉对地面的照度比为 1。

图 5-9　晴朗夜间天空亮度随月亮周期的变化

利用 SPSS 软件对晴朗夜天空的天空亮度与月亮对地面照度比进行相关性分析，结果如表 5-3 和表 5-4 所示。根据分析结果可以看出，夜晚和凌晨这两个时间段内夜天空星等亮度与月亮对地面照度比的显著性均为 0.000（小于 0.01），这两者之间的相关性非常显著。此外，这两者在夜晚和凌晨时间段内的相关性系数（Pearson）分别为 −0.172 和 −0.159（均为负数），但其绝对值接近 0.2，说明夜天空星等亮度与月亮对地面照度比呈反比关系，但线性相关性较弱。夜天空星等亮度是与天空实际亮度情况呈反比，因此，天空亮度实际与月亮的周期性呈现正比关系，即月亮越接近满月时，天空的亮度也随之增加。在 21：00 ～ 22：00 阶段内，夜天空星等亮度平均值约为 17.759mag/arcsecond^2，标准偏差为 0.685，而在 1：00 ～ 2：00 阶段，夜天空星等亮度平均值约为 18.013mag/arcsecond^2，标准偏差为 0.878，说明后者夜天空星等亮度在月亮周期影响下的离散程度比前者严重，月亮对夜天空的影响在后者时间段内比在前者时间段更为明显。这是由于前者的人工照明量比后者人工照明量多，对夜天空亮度的影响更为严重，从而削弱了月光对天空的周期性影响的作用。

表 5-3　晴朗夜天空亮度与月亮周期的相关性分析统计描述

研究对象	21：00 ～ 22：00 时间段			1：00 ～ 2：00 时间段		
	平均值	标准偏差	N	平均值	标准偏差	N
夜天空星等亮度	17.7589	0.68535	806	18.0131	0.87843	780
月亮对地面照度比	0.4592	0.35024	806	0.5073	0.36338	780

表 5-4　晴朗夜天空星等亮度与月亮照度相关性分析

研究对象	相关性结果	21：00 ～ 22：00 时间段		1：00 ～ 2：00 时间段	
		夜天空星等亮度	月亮对地照度比	夜天空星等亮度	月亮对地照度比
夜天空星等亮度	Pearson 相关性	1	−0.172**	1	−0.159**
	显著性（双尾）		0.000		0.000
	平方与叉积的和	378.117	−33.222	601.108	−39.491
	协方差	0.470	−0.041	0.772	−0.051
	N	806	806	780	780
月亮对地面照度比	Pearson 相关性	−0.172**	1	−0.159**	1
	显著性（双尾）	0.000		0.000	
	平方与叉积的和	−33.222	98.749	−39.491	102.861
	协方差	−0.041	0.123	−0.051	0.132
	N	806	806	780	780

注：** 在显著性（双尾）为 0.01 时，相关性是显著的。

对这两者在研究时间段内分别进行回归分析，结果如图 5-10 和表 5-5 所示。根据回归分析结果，这两者的回归方程的显著性均为 0.000，R^2 分别为 0.811 和

0.822，说明回归模型与实际情况较为吻合。但从回归模型图中可以看出，回归的模型与监测值分布差异性较大。月亮对地面照度比受到了月相、月亮对地球的距离、月亮表面反射率的影响，即在相同月亮对地面照度比中，由于上述因素影响，其产生的具体照度数值会有差异。此外，地表的总人工照明量在每日均有小范围的波动。因此，由于上述原因，造成了回归模型与监测值的差异性。夜天空星等亮度与月亮周期理想回归模型如下：

夜晚（21：00 ～ 22：00）

$$M = 141.228R^3 - 283.372R^2 + 162.184R \tag{5-4}$$

凌晨（1：00 ～ 2：00）

$$M = 152.031R^3 - 305.377R^2 + 173.764R \tag{5-5}$$

式中　M——夜天空星等亮度，mag/arcsecond^2；

R——月亮对地面照度比，$0 < R \leqslant 1$，R 值与月相、月亮对地球的距离、月亮表面放射率有关。

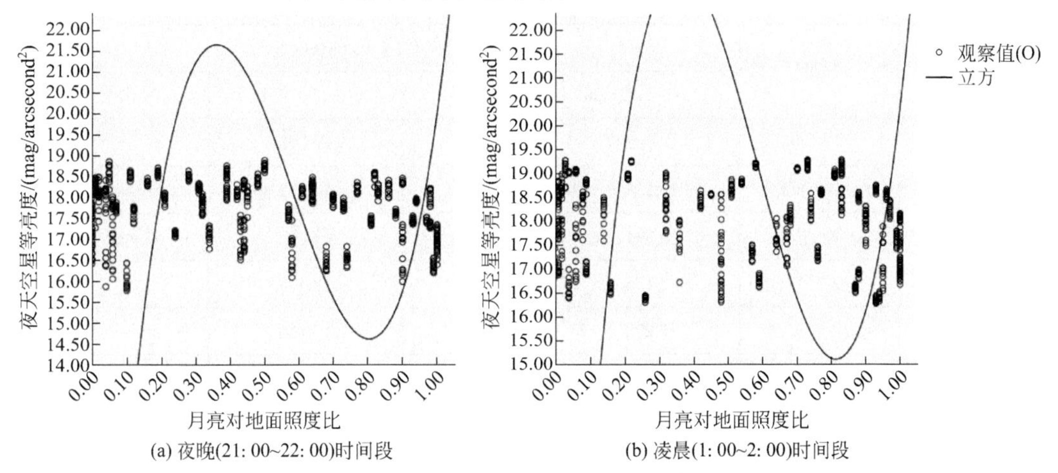

(a) 夜晚(21: 00~22: 00)时间段　　(b) 凌晨(1: 00~2: 00)时间段

图 5-10　夜天空星等亮度与月亮周期回归分析模型

表 5-5　夜天空星等亮度与月亮周期回归分析模型统计

研究对象	模型摘要					参数估计值		
	R^2	F	df1	df2	显著性	b1	b2	b3
夜间（21：00 ～ 22：00）	0.811	1146.651	3	803	0.000	141.228	-283.372	162.184
凌晨（1：00 ～ 2：00）	0.822	1196.021	3	777	0.000	152.031	-305.377	173.764

根据连续测量数据，选取晴朗新月和晴朗满月时的天空亮度变化进行分析，晴朗新月时间选取 2016 年 5 月 7 日、6 月 5 日、7 月 4 日和 12 月 29 日，晴朗满月时间选取 5 月 21 日、6 月 20 日、8 月 18 日和 12 月 14 日，选择对象的天空亮度实时变化情况如图 5-11 所示。从图中可以看出，晴朗满月时的夜天空星等亮度普遍比晴朗无月时的星等亮度低，两者甚至相差 2.5mag/arcsecond^2。为进一步定量研

究满月与新月时期晴朗天空的差异性，本节选择了夜天空光环境较为稳定的两个时间段进行了统计研究，该稳定时间段分别为 21：00 ～ 22：00 和次日 1：00 ～ 2：00，每日各个时间段内的天空星等亮度的平均值及相同月亮情况下的平均值如表 5-6 所示。

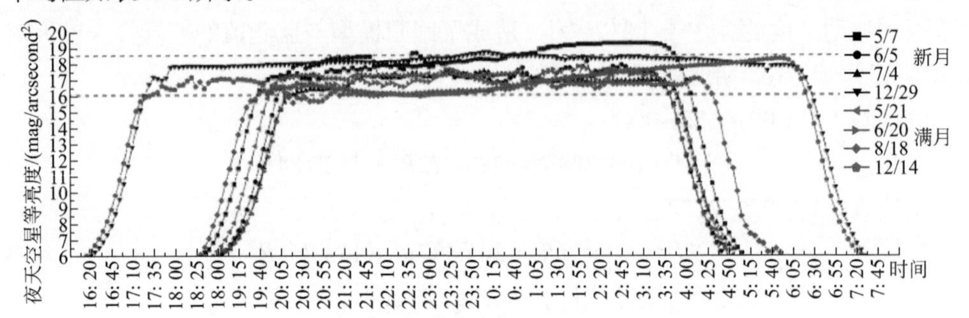

图 5-11　晴朗夜天空下满月和新月时的天空亮度的变化

表 5-6　晴朗夜天空下满月和新月时天空星等亮度统计

月亮情况	日期	夜天空星等亮度 / (mag/arcsecond²)			
		21：00 ～ 22：00	平均值	次日 1：00 ～ 2：00	平均值
新月	5/7 ～ 5/8	17.705		19.098	
	6/4 ～ 6/5	18.338	17.778	17.332	17.982
	7/4 ～ 7/5	16.894	(8.36 mcd/m²)	17.000	(6.93 mcd/m²)
	12/29 ～ 12/30	18.175		18.495	
满月	5/21 ～ 5/22	17.228		17.156	
	6/19 ～ 6/20	16.858	16.656	17.345	17.077
	8/17 ～ 8/18	16.140	(23.49 mcd/m²)	16.762	(15.94 mcd/m²)
	12/13 ～ 12/14	16.398		17.046	

从表 5-6 中可以看出，无论新月与满月，晴朗夜天空星等亮度在 21：00 ～ 22：00 阶段普遍比次日 1：00 ～ 2：00 内的值低，且前者比后者平均低 0.3mag/acrsecond² 左右，与晴朗天空所有月亮情况下的两个阶段内的天空星等亮度差值相同，结合人工照明的情况，分析得出在晴朗天空下，城市的商业照明、建筑照明等人工照明会平均降低天空星等亮度 0.3mag/acrsecond²，亮度会下降 20% ～ 40%。在同一时间范围内的晴朗满月和晴朗新月夜天空的亮度差值会因为时间段有所不同，在 21：00 ～ 22：00 范围内，晴朗满月时天空星等亮度平均比晴朗新月时低 1.12mag/acrsecond²，相对应的天空亮度则是晴朗满月时约是晴朗新月时的 3 倍；在次日 1：00 ～ 2：00 范围内，两者的差值约为 0.91mag/acrsecond²，相对应的天空亮度在晴朗满月时约是晴朗新月时的 2 倍，这进一步说明了城市人工照明对城市天空光环境影响最为严重，是形成光污染的主要源头。

5.2.3 夜天空光与云层影响

云层因其独特的光学性质对城市夜间天空的光环境影响很大，在光污染造成天空亮度和色彩变化中起到很重要的作用。当城市地表空间的人工照明投射到天空时，会被云层再次反射回地表的空间，从而加重了地表的光环境的亮度，对光污染评判带来影响。此外，由于城市人工光源的光色成分不同，反映到云层区域的色彩也将会有所差异。

图 5-12 和图 5-13 分别表示一个夜晚内，全天空下不同云层分布状况的实景图和亮度分布分析图。从图中可以看出，在相同人工照明和月亮对地面照度比条件下，云层分布情况对天空亮度分布影响极为严重。在实景图中，不同形态的云分布主要影响夜空区域的颜色分布，其中无云区域的天空颜色接近蓝色，有云区域的天空颜色则接近红色与白色，其中云层越厚的区域，天空则越白。在实景图相对应的全天空亮度分布图中，天际线附近人工照明对天空影响状况较为相近，但天空亮度分布情况则因为云分布不同而差异性较大。在无云或少云量区域亮度最小，在多云区域，亮度最大且随着云量聚集程度而增加。因此可以看出，云层对天空亮度实时观测影响严重，且由于夜间云层的动态变化性，天空亮度也在实时发生变化。根据连续监测数据，本案例统计了云层影响下的夜间天空亮度，如图 5-14 所示。

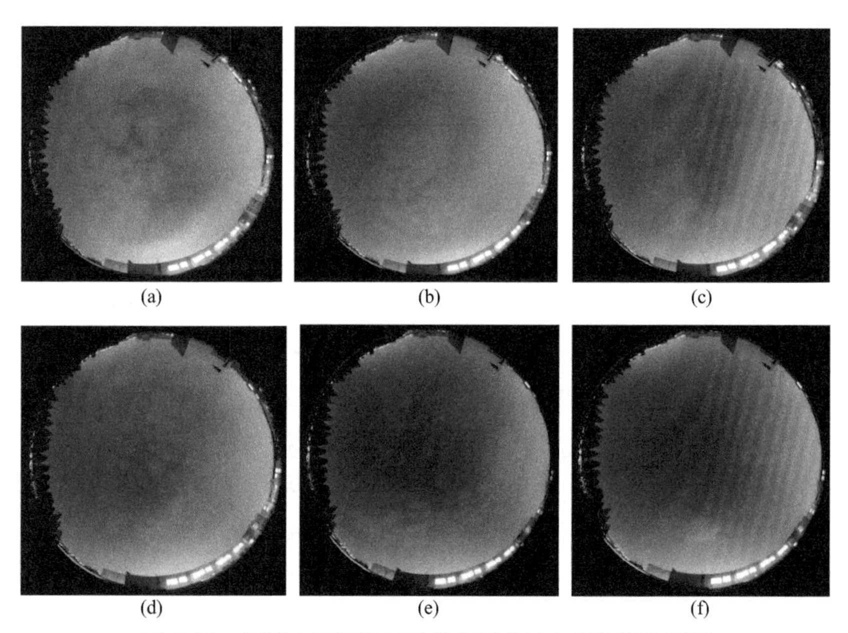

图 5-12 监测点处不同云层状态下的天空光环境实景图

从夜间天空在云层影响下的变化情况中可以看出，在有云天气下，城市夜天空星等亮度一般处于低值范围（约 17.014mag/arcsecond^2），且夜晚亮度变化波动

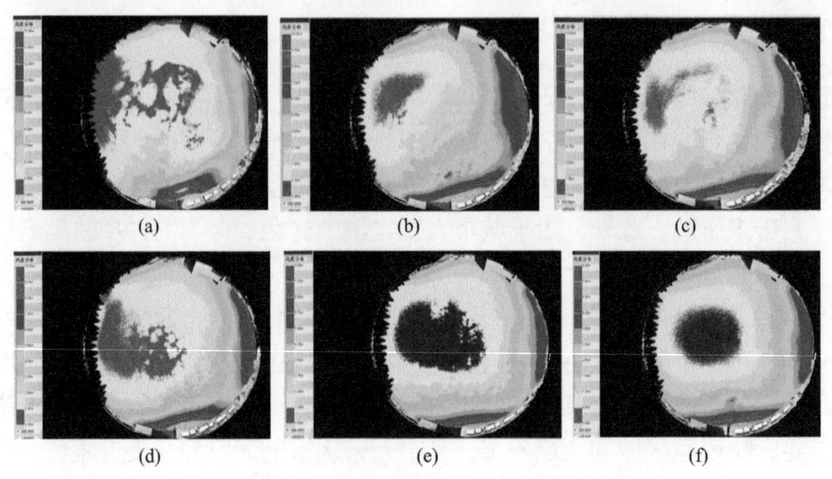

图 5-13　不同云层状态下的天空光环境亮度分布分析图

严重，尤其是闪电出现时，天空会迅速变亮，影响数据监测。此外，当云层消失至无云状态时，天空亮度会大幅度降低，如图 5-14（a）中的 6 月 15 日～ 16 日夜间天气由阴转晴、图 5-14（b）中的 7 月 16 日～ 17 日夜间由有云转晴时，天空星等亮度均大幅度升高，即该过程中天空亮度大幅度变暗。由于城市上空云层的分布变化动态性较强，本案例只针对全阴天状态下天空亮度的情况进行定量研究，研究对象的详细信息如表 5-7 所示。

表 5-7　全阴天夜天空研究对象情况信息

时间	天气	能见度 /km	空气质量指数（AQI）	月亮对地面照度比
5/14 16：00 ～次日 8：00	雨	10	44	0.54
6/14 16：00 ～次日 8：00	阴转雨	10	53	0.67
7/15 16：00 ～次日 8：00	雨	10	59	0.76
7/20 16：00 ～次日 8：00	雨	8	55	1.00
7/25 16：00 ～次日 8：00	雨	10	69	0.70

对全阴天下夜天空研究对象的选择中，为排除云量分布动态性干扰，本案例主要选择了阴雨天气下夜间天空进行分析，其选择对象亮度随着时间的亮度变化情况如图 5-15 所示。从图 5-15 中可以看出，全阴天情况下的天空亮度随时间变化情况与典型晴朗夜间天空亮度变化情况大致相同，但在天顶亮度快速降低和快速增加的阶段中，全阴天情况下季节性带来的结果较为不明显，且亮度的不稳定也较为明显。这是由于在人工照明量很少的情况下，云层会遮挡太阳光产生的自然背景光，从而使测量结果在短时间内有增大的趋势。在人工照明占主导阶段中，可以看出天空星等亮度值均比晴朗天空时低，且该时间段天空亮度差异性也较为明显。

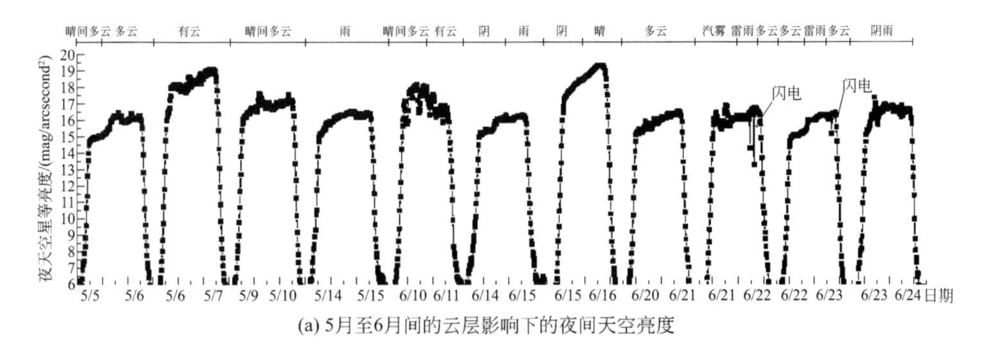

(a) 5月至6月间的云层影响下的夜间天空亮度

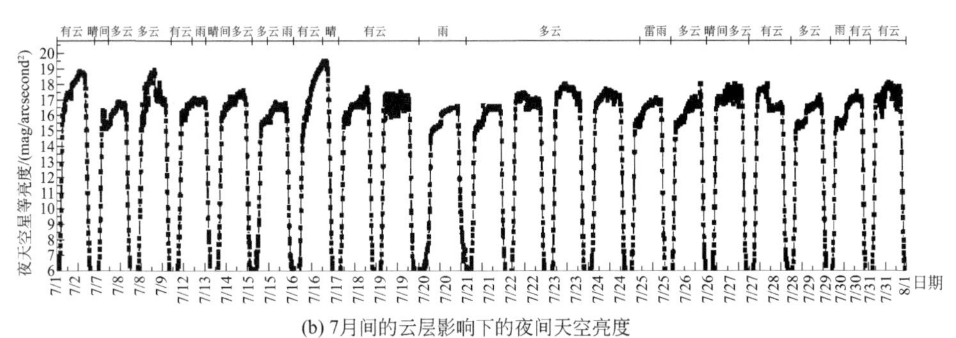

(b) 7月间的云层影响下的夜间天空亮度

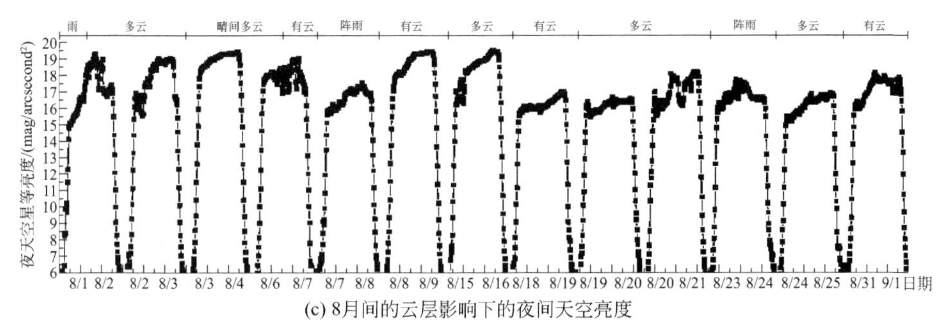

(c) 8月间的云层影响下的夜间天空亮度

图 5-14　云层影响下夜间天空亮度变化

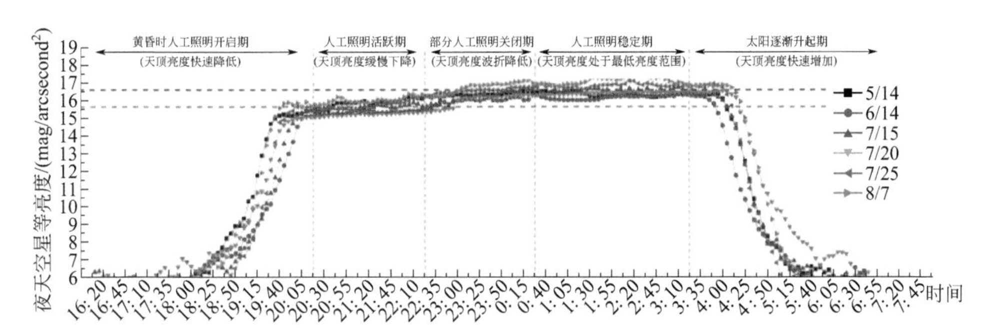

图 5-15　全阴天下夜天空星等亮度的变化情况

本案例为定量研究全阴天夜天空情况，选择21:00～22:00和次日1:00～2:00时间段内星等亮度进行平均值处理，结果如表5-8所示。该两段时间内城市人工照明总量稳定，对天空影响相对其他时间稳定，因此时间段内星等亮度平均值具有研究价值。从表5-8中可以看出，在每个研究对象中，21:00～22:00阶段的天空星等亮度均比次日1:00～2:00时低，平均低0.918mag/arcsecond^2，是晴朗天气差值0.3 mag/arcsecond^{2}的3倍。此外，前者夜天空星等亮度为15.637mag/arcsecond^2，后者为16.555mag/arcsecond^2，转换为亮度分别为60.059mcd/m^{2}和25.781mcd/m^2，前者亮度约为后者的2.3倍，这比晴朗时多1倍。说明在减少相同人工照明总量时，云层会增大的天空亮度下降比例为1倍左右，但相对星等亮度增加量则全阴天时是晴朗时的3倍，这主要是因为阴雨天气下云层和空气富含水滴，会提高云层和空气对光折射、反射的能力，增加人工照明传播距离和减少传播中光损失，从而提高人工照明对夜天空光环境的影响，增加天空整体亮度。由此可以看出，云层对天空亮度测量结果影响十分严重。

在人工照明总量很少时，云层会遮挡来自星体的背景光，使天空亮度比晴朗时低，也使光环境受到月相影响效果减弱。但从上述分析发现，在人工照明总量较多时，云层会成倍提高人工照明对天空的影响，加剧城市光污染，使天空亮度甚至高达60.059mcd/m^2，远大于月亮的影响。同时，在表5-8中，全阴天的星等亮度仍具有差异性。根据研究对象的特点，选取天空光环境主要受人工照明影响的时间范围，即20:30～次日3:00，对星等亮度与除云层以外的影响因子进行相关性分析。在SPSS分析中，假设照明总量不变，控制变量大气能见度和控制质量指数，分析结果如表5-9所示。

从表5-9中看出，在全阴天状态下，夜间天空星等亮度与月亮对地面照度比、大气能见度和空气质量指数的相关显著性（双侧）均为0.000，小于0.01，说明夜天空星等亮度与后三者相关性显著。对于相关性系数，在无控制变量时，分别为−0.414、−0.281、−0.317，在有控制变量时，前两者的系数均为−0.266，相关性系数均为负数，绝对值为0.2～0.4，说明前者与后三者的关系呈现弱负相关，也因此说明月亮、能见度、空气质量三者在阴天时对光环境影响较小，其影响作用大小依次为月亮、空气质量和大气能见度。

表5-8　全阴天下夜天空亮度平均值

时间段	夜天空星等亮度 / (mag/arcsecond^2)						
	5/14	6/14	7/15	7/20	7/25	8/7	平均值
21:00～22:00	15.925	15.378	15.638	15.244	15.653	15.985	15.637
次日1:00～2:00	16.383	16.075	16.552	16.403	16.797	17.122	16.555
差值	0.458	0.697	0.914	1.159	1.145	1.136	0.918

表 5-9　在全阴天下夜晚月亮对地面照度比与天空星等亮度的相关性分析

控制变量			夜天空星等亮度	月亮对地面照度比	大气能见度	空气质量指数
- 无 -a	夜天空星等亮度	相关性	1.000	−0.414	−0.281	−0.317
		显著性（双侧）	—	0.000	0.000	0.000
		df	0	508	508	508
	月亮对地面照度比	相关性	−0.414	1.000	0.496	0.662
		显著性（双侧）	0.000	—	0.000	0.000
		df	508	0	508	508
	大气能见度	相关性	−0.281	0.496	1.000	0.540
		显著性（双侧）	0.000	0.000	—	0.000
		df	508	508	0	508
	空气质量指数	相关性	−0.317	0.662	0.540	1.000
		显著性（双侧）	0.000	0.000	0.000	—
		df	508	508	508	0
大气能见度 & 空气质量指数	夜天空星等亮度	相关性	1.000	-0.266	—	—
		显著性（双侧）	—	0.000	—	—
		df	0	506	—	—
	月亮对地面照度比	相关性	−0.266	1.000	—	—
		显著性（双侧）	0.000	—	—	—
		df	506	0	—	—

注：a 表示单元格包含零阶 (Pearson) 相关。

根据上述分析发现，在全阴天的状态下，天空光环境仍然会受到月相等影响。为尽量排除其他因素干扰，本案例选择了月相状况相近的几组阴雨天气和晴天的夜天空星等亮度进行比较研究，其各自随时间变化的情况如图 5-16 所示。图 5-16 中红线表示晴朗天气下的天空光环境变化情况，黑线表示阴雨天气下的变化情况。从图 5-16 中可以看出，在人工光与自然光共同影响的阶段内，即天空亮度迅速下降和上升阶段，除起始时间不同，阴雨天气和晴朗天气变化趋势相似，但在自然光占主要影响时，阴雨天气下常呈现波折变化情况，这多是由于云层的动态性移动的结果。在人工光为光环境主导影响因子阶段，即天空在小范围的星等值内变化时，可以明显看出阴雨天气下的天空星等亮度远远低于晴朗时的监测值，甚至会低 3mag/arcsecond^2，亮度则呈现 10 倍增长。

由于在夜间人工照明作为主导影响因素阶段，晴朗天气与阴雨天气下的夜天空星等亮度差异性很大，同时根据照明特点，本案例分别选择了 21：00 ～ 22：00 和次日 1：00 ～ 2：00 之间的夜天空星等亮度作为研究对象，分别进行夜天空星等亮度平均值分析和差值比较，统计结果如表 5-10 所示。在 21：00 ～ 22：00 阶段内，夜天空星等亮度无论阴雨天气和晴朗天气，均会随着月亮对地面照度比的增加而减小，该两种天气下的星等亮度差值较为平稳，平均

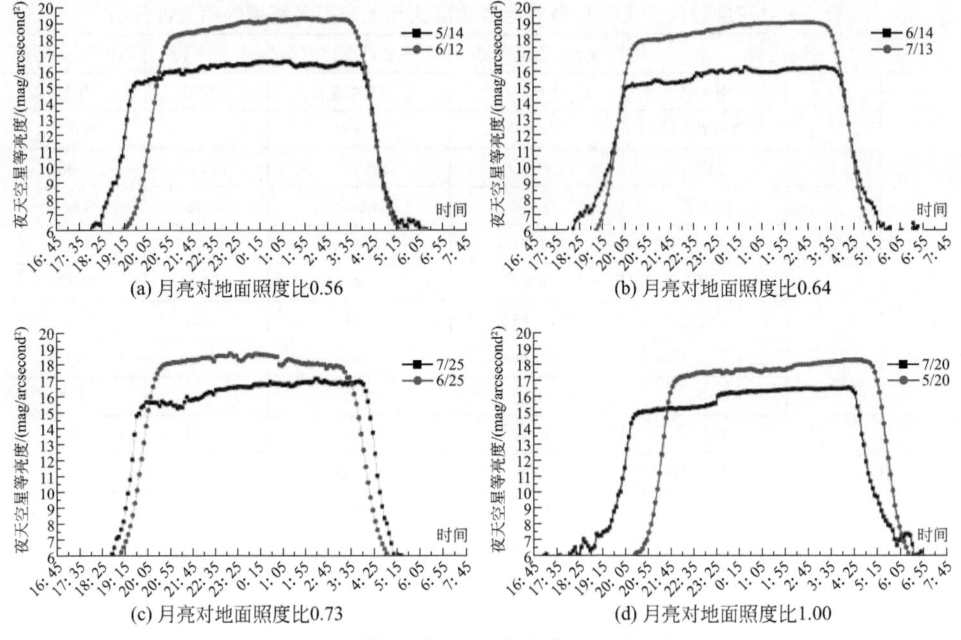

(a) 月亮对地面照度比0.56

(b) 月亮对地面照度比0.64

(c) 月亮对地面照度比0.73

(d) 月亮对地面照度比1.00

图 5-16　晴朗天气和全阴天的夜天空亮度比

值约为 2.53mag/arcsecond^2。相对应的夜天空亮度在阴雨天气下平均值为 65mcd/m^2，而晴朗天空为 6.3mcd/m^2，前者是后者的 10 倍左右。在阴雨天气下，满月时的夜天空星等亮度高达 86.09mcd/m^2。在次日 1：00 ～ 2：00 阶段内，夜天空星等亮度随着月相变化的差异性较大，其中晴朗天气受月相影响的程度较阴雨天气大，因此两者的差值变化程度较大，且差值会随着月亮对地面照度比增大而减少，其差值平均值为 2.22mag/arcsecond^2，较前一阶段的差值小。该时间内，阴雨天气下的天空亮度平均值 29.30mcd/m^2，晴朗天气则为 3.78mcd/m^2，前者是后者的 7.7 倍左右，平均亮度差异性较前一阶段小。由此可以看出，人工照明量越大的情况下，夜天空亮度在阴雨天气与晴朗天气的差值变化情况越平稳，受到月相变化的影响就会越小；在照明较小且相同的情况下，阴雨天气受到月相的影响效果较晴朗天气时小；在人工照明一定的情况下，天空云量越多且越接近满月时，夜天空光环境亮度会越大，反之则会越小。由此可以看出，阴雨天气对天空光环境的影响效果比月相的影响效果更为明显，在光污染监测中的影响作用更大。

表 5-10　阴雨和晴朗情况下的夜天空星等亮度情况

时间段	天气状况	夜天空星等亮度 /（mag/arcsecond^2）				
		0.56	0.64	0.73	1.00	平均值
21：00 ～ 23：00	阴雨	15.929	15.382	15.649	15.246	15.552（64.984mcd/m^2）
	晴朗	18.435	18.152	18.248	17.499	18.084（6.309mcd/m^2）
	差值	2.505	2.771	2.599	2.253	2.532

续表

时间段	天气状况	夜天空星等亮度 / (mag/arcsecond^2)				
		0.56	0.64	0.73	1.00	平均值
次日 1：00 ～ 2：00	阴雨	16.382	16.085	16.796	16.403	16.416（29.301mcd/m^2）
	晴朗	19.203	19.115	18.146	18.090	18.639（3.784mcd/m^2）
	差值	2.822	3.031	1.350	1.687	2.222

根据云层影响的相关研究中发现，积雪会通过提高城市表面反射率而增强人工光投射到夜空的能力，使雪天时夜天空亮度比雨天时高。因此，本节选择了相似月相情况下的晴朗、阴雨天、雪天的夜天空星等亮度随时间的变化情况，如图 5-17 所示。图 5-17 中三角图形的蓝线表示晴朗天气的夜天空星等亮度，圆形的红线表示阴雨天，方块的黑线表示雪天，其中 1 月 7 日是由阴天转雪天，6 月 14 日是由阴天转雨天，12 月 22 日是雪天，5 月 14 日是雨天。从图 5-17 中可以看出，夜天空在亮度快速下降和快速上升的阶段，阴天还是晴朗天气下，其变化的趋势均相似，与季节的关系较大，且亮度快速下降阶段的终值和快速上升阶段的始值与天气等其他影响因素关系较大。在人工照明为夜间光环境主要照明的阶段下，由阴天转雪雨的天气下，雨天时天空星等亮度与雪天时的天空星等亮度较为相似，而在下雪情况下夜天空亮度的监测波动情况较雨天严重。这是因为在下雪天气，由于积雪的不透明性，部分积雪会落在监测仪器上再被风吹走，从而导致监测值较真实数值情况高且测量值波动性大，监测数据不稳定。

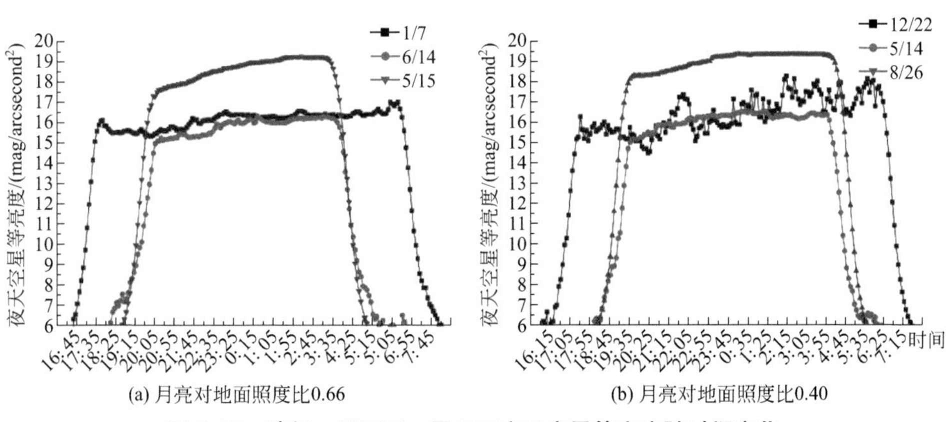

(a) 月亮对地面照度比0.66　　(b) 月亮对地面照度比0.40

图 5-17　晴朗、阴雨天、雪天下夜天空星等亮度随时间变化

在人工照明占主导地位的阶段，夜天空的亮度会因天气变化差异性较大，因此选取 21：00 ～次日 3：00 时间内的夜天空亮度进行分析，该时间段内夜天空星等亮度变化情况如图 5-18 所示。从图 5-18 中可以明显看出，雨天和雪天时天空星等亮度差异性极小。在阴天转雪或雨时，雪天的星等亮度会比阴雨天气平均约高 0.3mag/arcsecond^2；在完全雪或雨情况下，雪天的星等亮度与阴天亮度平均约高 0.17mag/arcsecond²，而在仪器无遮挡的情况下，则会比雨天低约 0.33mag/arcsecond²。在由白天雪到夜晚转有云的情况下，由于积雪带来的影响较小，雪后夜天空的星等亮度比雨天平均高约 1.7mag/arcsecond²。由此可以看出，下雪时夜天空亮度高于雨天时的夜天空亮度，但由于大连市属于季风性气候，其季风性明显且冬季风力较大，会远远减少地面积雪量，且对下雪时雪的积聚情况影响较大，严重影响其监测结果。因此，大连市由于积雪量较小，从而冬季雪天对夜天空光环境的影响与雨天时影响效果相似，甚至影响更小。

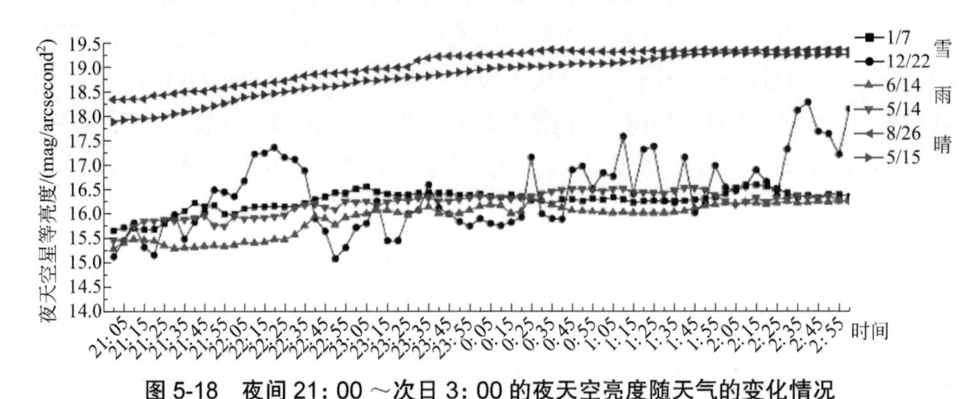

图 5-18 夜间 21：00 ～次日 3：00 的夜天空亮度随天气的变化情况

5.2.4 夜天空光与大气影响

从第 2 章对于城市夜间光污染的影响因素中可以得知，大气会影响光的传播。其中气溶胶（液态或固态微粒在空气中的悬浮体系）是影响光传播方式和传播距离的主要因素。气溶胶具有强烈消光作用，影响率高达 99%。而空气质量指数（Air Quality Index，AQI）是反映和评价空气质量的重要指标。通常将常规监测的几种空气污染物（PM2.5、PM10、CO、NO_2、O_3、SO_2 等）的浓度简化成为单一的概念性数值形式，并通过质量分级来表示空气质量优劣及空气污染的程度，如表 5-11 所示。空气质量指数因其数据直观，获取便捷，通过气象预报系统向民众每天实时传递空气环境质量信息。另外，在低层大气中，气溶胶的消光系数远大于气体分子，并且与粒子尺度、浓度和空气湿度关系密切。当气溶胶中含有水溶性成分、空气湿度都会增强大气的消光作用，主要是散射的作用。因此本节通过分析测试区域天空星等亮度值与空气污染指数的空间分布和季节变化特征，归纳出不同空气质量下的区域天空光污染分布情况。

表 5-11 空气质量指数标准

空气质量指数（AQI）	空气质量指数级别	空气质量指数类别	空气污染情况	健康情况
0 ～ 50	一级	优	空气质量令人满意，基本无空气污染	优秀

续表

空气质量指数（AQI）	空气质量指数级别	空气质量指数类别	空气污染情况	健康情况
51 ～ 100	二级	良	空气质量可接受，但某些污染物可能对极少数异常敏感人群健康有较弱影响	中等
101 ～ 150	三级	轻度污染	易感人群症状有轻度加剧，健康人群出现刺激症状	对敏感人群不健康
151 ～ 200	四级	中度污染	进一步加剧易感人群症状，可能对健康人群心脏、呼吸系统有影响	不健康
201 ～ 300	五级	重度污染	心脏病和肺病患者症状显著加剧，运动耐受力降低，健康人群普遍出现症状	极不健康
＞ 300	六级	严重污染	健康人群运动耐受力降低，有明显强烈症状，提前出现某些疾病	有害

大气气溶胶是指悬浮在大气中，具有一定稳定性的固态或液态微粒，主要集中在对流层尤其是大气边界层。气溶胶光学厚度既可以表征大气气溶胶特性及其辐射效应，由于气溶胶对光强烈的消光作用，对大气光学性质的影响可高达99%。大气颗粒物和气体分子对光的散射和吸收决定能见度的大小，其中大气颗粒物的散射能减弱 60% ～ 95% 的能见度。随着城市空气污染程度的加重，城市高能见度的天气数目逐渐减少，根据最近研究发现，大连市区轻、中、重度污染天数已达 75 天，首要污染物 PM2.5 占 96%，其中大气颗粒物（特别是细颗粒物）是造成能见度下降的主要原因。此外，在低层大气中，气溶胶粒子的消光系数远大于气体分子的消光系数，而气溶胶粒子的散射系数主要与粒子的尺度和浓度、大气相对湿度有关。当气溶胶粒子中含有水溶性成分时，相对湿度大使可溶性气溶胶更容易吸收水汽而长大，使消光作用主要是散射作用增大，能见度减小。因此，本节主要针对城市夜天空的光环境情况，研究城市夜间光污染与大气之间的关系，以气溶胶为主，通过空气质量指数进行表达。

由于城市空气质量为优，城市大气对夜间光的传播影响很小，因此本节选取了城市空气质量为良到重度污染时的夜天空亮度变化的数据进行分析。图 5-19 表示在相对湿度较高造成的大气能见度较低时（即在汽雾天气状况下）两者的变化情况；图 5-20 表示在相对湿度较低且晴朗天空时，空气质量指数与夜天空星

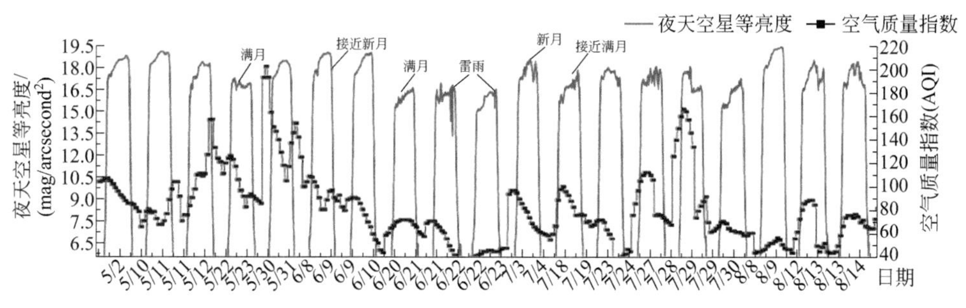

图 5-19　汽雾天气下的夜天空星等亮度和空气质量指数变化

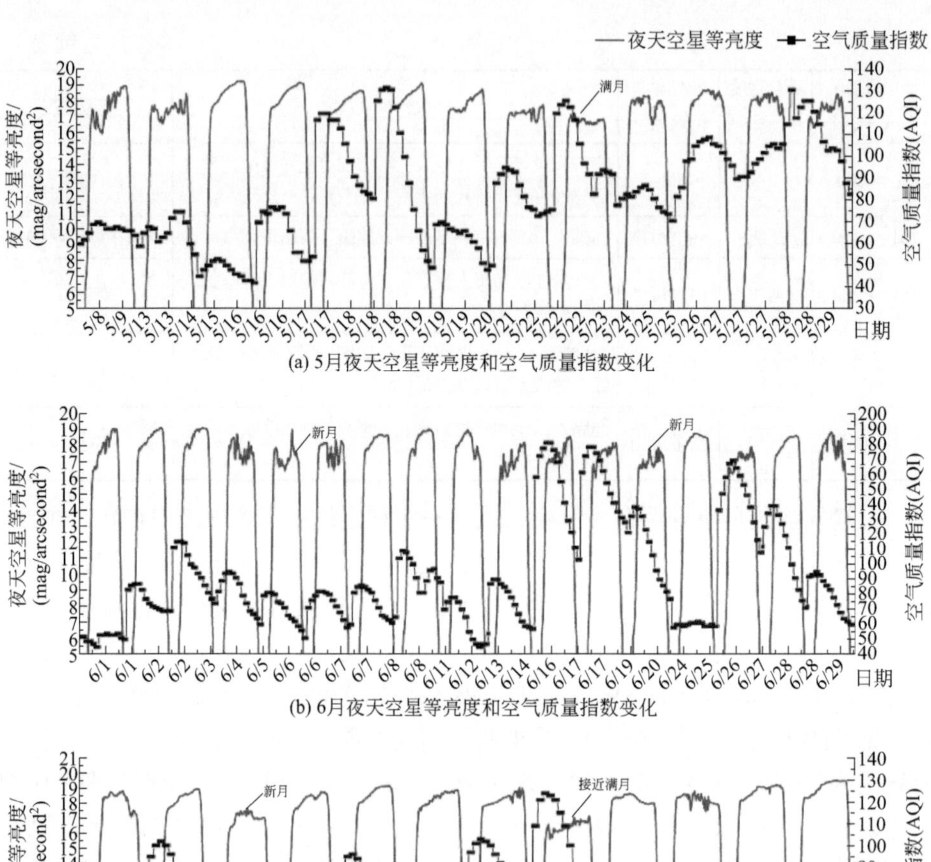

(a) 5月夜天空星等亮度和空气质量指数变化

(b) 6月夜天空星等亮度和空气质量指数变化

(c) 7月至8月间的夜天空星等亮度和空气质量指数变化

图 5-20　晴朗天空时夜天空星等亮度和空气质量指数变化

等亮度随时间的变化情况；图 5-21 表示冬季时间内两者的变化情况。从两者统计的图像来看，在部分较高的空气质量指数的区域内，城市夜天空星等亮度会比其他区域低。但图中两者的相关性较为不明显，此外由于城市夜天空亮度快速下降和上升两个阶段与季节性的关系最大，而与其他因素关系较小，因此，本节选取夜间人工照明占主导阶段的时间范围，即 20：00 ～次日 3：00，分别对晴朗天气和汽雾天气下的夜天空星等亮度和空气质量指数进行偏相关分析。在分析过程中，由于月相和大气能见度同时也是影响城市光污染结果的主要因素，并且大气能见度与空气质量指数有关，因此，将月亮对地面照度比和大气能见度也作为偏相关的控制变量，最终结果如表 5-12 ～表 5-15 所示。

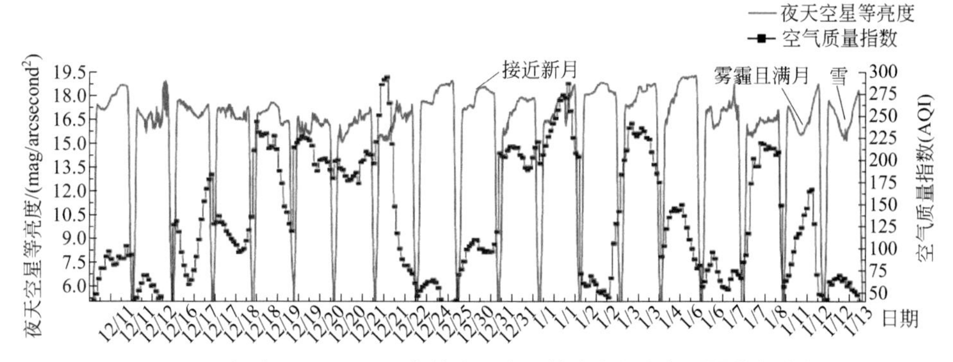

图 5-21 冬季 12 月至 1 月内的夜天空星等亮度和空气质量指数变化

表 5-12 晴朗夜天空下相关分析描述统计

研究对象	平均值	标准偏差	N
夜天空星等亮度	17.5963	0.96586	5796
空气质量指数	106.5956	55.23502	5796
月亮对地面照度比	0.5432	0.33587	5796
大气能见度	12.4506	8.99452	5796

表 5-13 晴朗夜天空相关分析

控制变量			夜天空星等亮度	空气质量指数	月亮对地面照度比	大气能见度
- 无 -a	夜天空星等亮度	相关性	1.000	−0.388	−0.271	0.365
		显著性（双侧）	—	0.000	0.000	0.000
		df	0	5794	5794	5794
	空气质量指数	相关性	−0.388	1.000	−0.009	−0.507
		显著性（双侧）	0.000	—	0.494	0.000
		df	5794	0	5794	5794
	月亮对地面照度比	相关性	−0.271	−0.009	1.000	−0.005
		显著性（双侧）	0.000	0.494	—	0.688
		df	5794	5794	0	5794
	大气能见度	相关性	0.365	−0.507	−0.005	1.000
		显著性（双侧）	0.000	0.000	0.688	—
		df	5794	5794	5794	0
月亮对地面照度比及大气能见度	夜天空星等亮度	相关性	1.000	−0.268		
		显著性（双侧）	—	0.000		
		df	0	5792		
	空气质量指数	相关性	−0.268	1.000		
		显著性（双侧）	0.000	—		
		df	5792	0		

注：a 表示单元格包含零阶（Pearson）相关。

表 5-14 汽雾天气的夜天空相关分析描述统计

研究对象	平均值	标准偏差	N
夜天空星等亮度	17.2957	1.01992	4200
空气质量指数	114.4907	61.01965	4200
月亮对地面照度比	0.5212	0.32763	4200
大气能见度	4.6286	3.91033	4200

表 5-15 汽雾天气的夜天空相关分析

控制变量			夜天空星等亮度	空气质量指数	月亮对地面照度比	大气能见度
- 无 -a	夜天空星等亮度	相关性	1.000	−0.182	−0.559	0.127
		显著性（双侧）	—	0.000	0.000	0.000
		df	0	4198	4198	4198
	空气质量指数	相关性	−0.182	1.000	−0.177	−0.361
		显著性（双侧）	0.000	—	0.000	0.000
		df	4198	0	4198	4198
	月亮对地面照度比	相关性	−0.559	−0.177	1.000	0.135
		显著性（双侧）	0.000	0.000	—	0.000
		df	4198	4198	0	4198
	大气能见度	相关性	0.127	−0.361	0.135	1.000
		显著性（双侧）	0.000	0.000	0.000	—
		df	4198	4198	4198	0
月对地面照度比 & 能见度	夜天空星等亮度	相关性	1.000	−0.285		
		显著性（双侧）	—	0.000		
		df	0	4196		
	空气质量指数	相关性	−0.285	1.000		
		显著性（双侧）	0.000	—		
		df	4196	0		

注：a 表示单元格包含零阶（Pearson）相关。

在人工照明占城市夜间光环境主导地位阶段中，晴朗夜天空下的夜天空亮度忽略影响因素下，平均值为 17.5963mag/arcsecond^2，约为 9.88mcd/m^2。在该天气情况下，在无控制变量时，对于夜天空星等亮度与空气质量指数、月亮对地面照度比和大气能见度三个变量之间的相关性的显著性结果为 0.000，结果均小于 0.01，说明它们四者之间的相关性均是显著的。在偏相关分析中，空气质量指数、月亮对地面照度比和大气能见度与夜天空星等亮度的相关系数分别为 −0.388、

-0.271、0.365，具有统计意义。通过相关系数绝对值比较，其中空气质量指数与夜天空星等亮度的相关性最强且为反向相关；其次是大气能见度，为正向相关；相关性最弱的为月亮对地面照度比，为反向相关。此外，三者的相关系数绝对值均小于0.4，说明三者与夜天空星等亮度之间处于弱相关。在控制变量下，空气质量指数与夜天空星等亮度相关系数为-0.268，其绝对值小于未控制变量时，说明在各影响因素共同作用下，两者的相关性最强。

在空气相对湿度较大情况（即汽雾天气）下，在无控制变量时空气质量指数、月亮对地面照度比、大气能见度与夜天空星等亮度的相关显著性为0.000，均小于0.01，说明其相关性显著。三者的相关系数分别为-0.182、-0.559、0.127，具有统计意义，其中月亮对地面照度比与夜天空星等亮度相关性最好，为反向强相关；其次是空气质量指数，为反向相关，最后是大气能见度，为正向弱相关；两者相关系数在控制变量下则为-0.285，相关性增强。但相关性较晴朗天气下低。这是由于在空气相对湿度较大时，主要是以水分子为主造成的低能见度，此时光在空气中主要以瑞利散射，散射性较为均匀，削弱空气颗粒物对光的米氏散射作用，因此空气质量与夜天空亮度相关性比晴朗时低。

根据上述分析，空气质量指数与夜天空星等亮度在晴朗天气时的相关性最强，且为反向相关。根据空气污染指标，选择相近月相时，优、良、轻度、中度、重度五种空气污染程度共两组的夜天空亮度进行对比分析，研究对象详细信息情况如表5-16所示，夜天空星等亮度随时间变化情况如图5-22所示。

表5-16　不同空气污染程度的研究对象详细信息

组别	时间	平均湿度/%	大气能见度/km	平均空气质量指数	污染程度
组①：月亮对地面照度比约为0.30	2017/1/3～1/4	93	1.0～0.3	215	重度
	2016/7/28～7/29	72	6～2.5	154	中度
	2017/1/05～1/6	74	4	118	轻度
	2016/6/8～6/7	60	15～6	73	良
	2016/12/23～12/24	54	30	40	优
组②：月亮对地面照度比约为0.73	2016/12/18～12/19	89	1.5～0.1	206	重度
	2017/1/7～1/8	86	3～1	182	中度
	2016/5/27～5/28	45	20	105	轻度
	2016/8/22～8/23	58	30	73	良
	2016/5/15～5/16	31	15	48	优

从夜天空星等亮度变化折线图中可以看出，在城市夜天空亮度快速上升和快速下降的阶段中，星等亮度的变化情况是相同的，与月份有关，受到空气污染

的影响很小，只有该两阶段的峰值的大小会因空气污染程度不同而有所差别。在人工光占主导地位的阶段中，不同程度的空气污染下，夜天空星等亮度的差值会有所不同。在组①中，在人工照明的前半阶段，各个空气污染程度下的值差异性较小；在后半阶段，空气质量为优、良、轻度的夜天空亮度差异值较小，而中度污染和重度污染的夜天空星等亮度值较小，且中度污染情况下的值是最小的。在组②中，各个空气污染程度下夜天空星等亮度差异性明显。其中中度污染时的夜天空星等亮度最小，其次是重度污染，空气质量为优时夜天空星等亮度最大。从图中可以初步分析中，空气污染也会加重光污染，在中度污染水平以下时，夜天空星等亮度会随着污染情况的加重而减少。在重度污染时，夜天空星等亮度会比中度污染时大，说明此时夜天空的监测亮度会较暗。这是由于在重度污染时，大气的消光作用会随着增大，大气能见度会很低，甚至为 0.1km，此时会加强光在传播中的损失率，减弱人工光对天空亮度的影响，从而使其亮度有所下降。为定量研究空气污染与光污染之间的关系，本节忽略月亮对地面照度比的影响，选择 21：00～22：00 和次日 1：00～2：00 的监测数值，进行处理分析，结果如表 5-17 和图 5-23 所示。

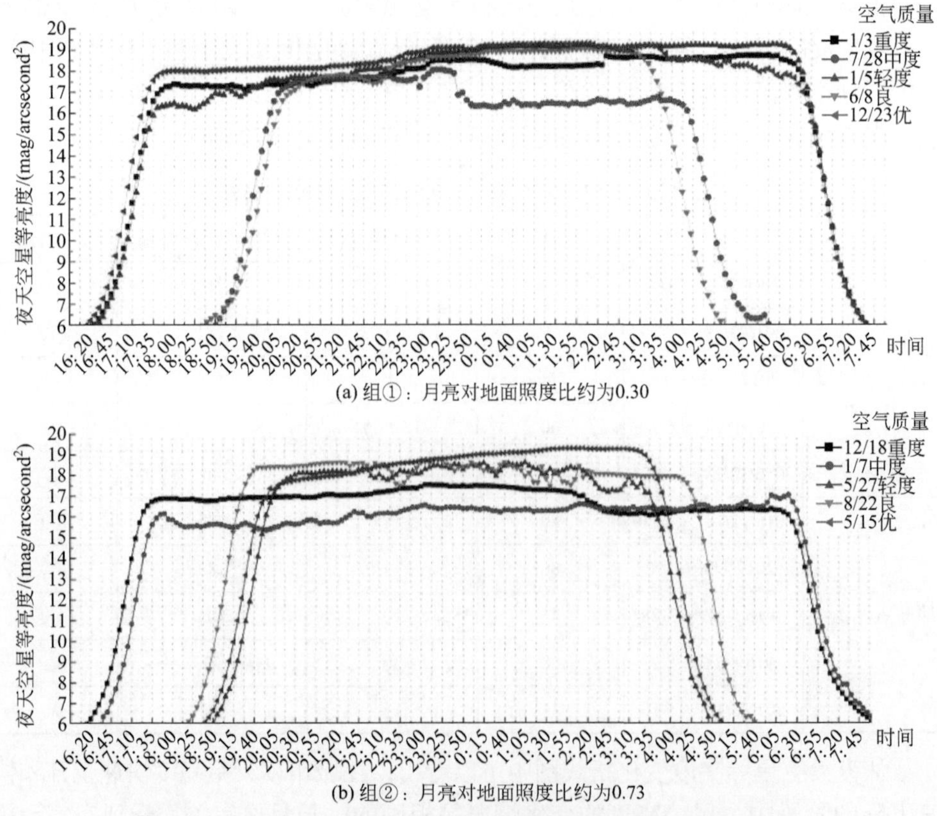

图 5-22　不同空气污染情况下夜天空星等亮度随时间的变化情况

表 5-17　不同污染程度下夜天空星等亮度分析

空气污染程度	夜天空星等亮度 / (mag/arcsecond^2)					
	21：00 ～ 22：00			次日 1：00 ～ 2：00		
	组①	组②	平均值	组①	组②	平均值
重度	17.606	17.055	17.331	18.218	17.273	17.745
中度	17.684	15.913	16.798	16.435	16.311	16.373
轻度	17.813	18.181	17.997	19.136	18.268	18.702
良	17.695	18.574	18.134	18.956	17.865	18.411
优	18.280	18.071	18.175	19.273	19.211	19.242

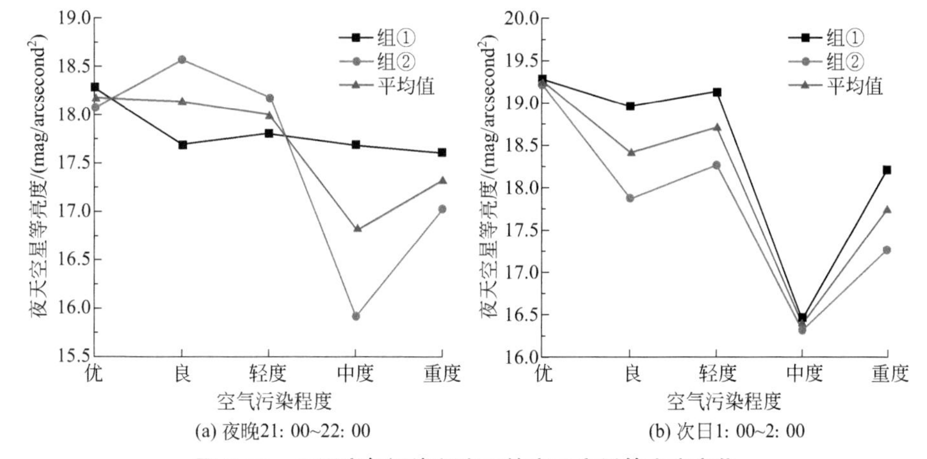

图 5-23　不同空气污染程度下的夜天空星等亮度变化

从分析结果中可以看出，在 21：00 ～ 22：00 间，夜天空星等亮度随着空气污染情况差异性较大。从总体分布来说，夜天空星等亮度会随着空气污染程度加重而减小，在优良至轻度的空气污染程度中，下降较缓；在中等空气污染时，夜天空星等亮度达到最小，平均值约为 16.798mag/arcsecond^2，亮度约为 20.61mcd/m^2；在重度污染时，夜天空星等亮度则会快速上升，平均值约为 17.331mag/arcsecond^2，亮度约为 12.62mcd/m^2，而在空气质量为优时，夜天空亮度约为 5.798mcd/m^2，前两者亮度分别比后者多 2.5 倍、1 倍。

在 1：00 ～ 2：00 间，夜天空亮度随空气质量的变化规律性较强，随着空气污染增加而波折变化，形成两个谷值，分别在空气质量为良和中度污染处。在中度污染时，值最小，平均值约为 16.373mag/arcsecond^2，亮度约为 30.49mcd/m^2。同样在重度污染时星等亮度会上升，平均值约为 8.615mcd/m^2。在空气质量为优时，亮度则为 2.171mcd/m^2。前两者分别比空气质量为优时高约 13 倍、3 倍。在此阶段空气污染对光污染影响最为明显且严重。

从上述分析可知，夜间光污染随着空气污染程度加深，在中度污染时，光污染程度达到极值，是优良空气质量时的 4 倍左右，甚至会高达 13 倍。在空气重度污染时，由于大气气溶胶密度极大，大气消光效应也随之增强，增加了夜间光在传播时的光损失，从而使光污染程度较中度空气污染时轻，但仍是优良空气质量时的 2 ～ 3 倍。

5.3 立体空间夜间光色变化特征

本节通过介绍城市空间自然照明到人工照明的阶段中的亮度、色温和色度分布变化，展示城市空间下光污染的分布情况，以及光污染在城市立体空间内的分布的特性。

5.3.1 立体空间的实测划分

（1）观测对象

本案例选取了以大连理工大学及其周边区域作为整体空间光环境变化的观测对象。观测区域的主要照明来自附近的居民区和教学区域，以及黑石礁商业圈和七贤岭商业区，如图 5-24 所示。图中红色圆点为观测点，黑色圆点为观测到主要光环境区域，大小按照对区域内光环境影响程度确定。其中黑色圆点 4 是主要观测区域，即大连理工大学。该区域的主要照明来自教学区、宿舍区的室内照明和校内道路照明、广场照明、体育照明等室外照明，以及学校周边的商业照明。学校周边的主要功能分布如图 5-25 所示。

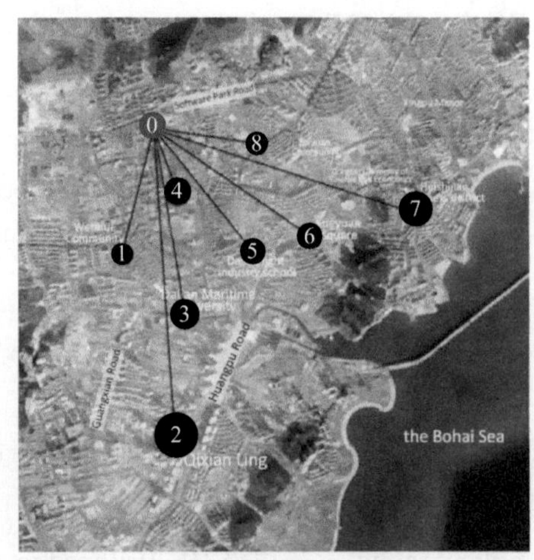

图 5-24　观测区域内的主要照明来源

0—观测点；1—文慧社区；2—七贤岭商业区；3—大连海事大学；4—大连理工大学；5—大连轻工学院；6—学苑广场；7—黑石礁商业圈；8—居民区

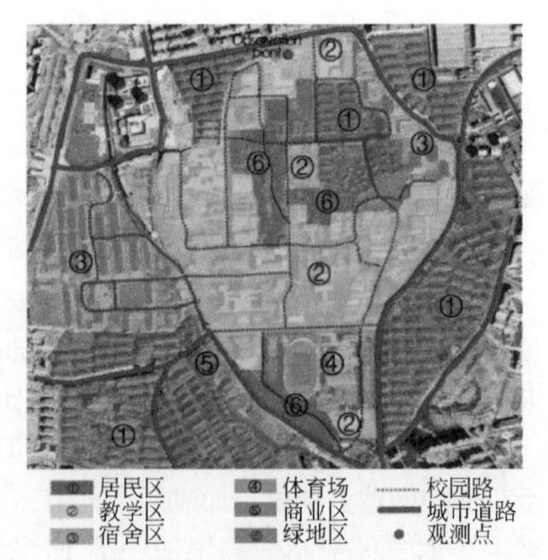

图 5-25　大连理工大学周边的主要功能分布

（2）观测条件

观测方案主要研究了从自然光照明阶段到人工照明阶段的光环境的变化情

况，时间为 2015 年 7 月 23 日 19：00 ～ 21：00，包含了从自然照明到人工照明的整个阶段的亮度、色温和色度变化。天气状况为阴天，城市上空有微雾，温度为 22℃，风力 4 ～ 5 级（表 5-18）。

表 5-18　城市整体空间观测条件详细信息

地点	日期	时间段	天气
大连理工大学	2015/7/23	19：20（自然照明）	城市夜空层有微雾；风力 4 ～ 5 级
		19：40（自然—人工照明）	
		20：00（人工照明）	
		20：20（完全人工照明）	

（3）观测方案

本案例选取测试地区最北侧地区的最高地点作为测试地点，该测试点同时是该区域制高点，位于城市的中空层次，能够完整地拍摄及分析该地区所对应的地表、中空、上空三个层次中的光环境（图 5-26）。

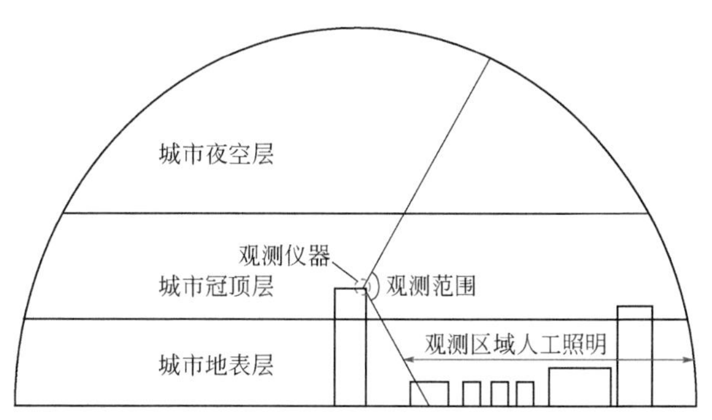

图 5-26　城市整体空间光环境观测方案

研究利用二维色彩亮度计 CA-2000 和广角镜头对测试区域每隔约 20min 进行拍摄分析，得到该地区从黄昏到夜晚的光环境变化的实景图，即自然照明、自然 - 人工过渡照明、人工照明的各个城市层次的光环境图，通过 CA-S20W 软件对获取的图片进行亮度、色度等分析，最后将获得的数据进行区域整体亮度、色温变化及从城市层次角度下亮度变化分析，从而得出该地区夜间照明亮度变化的相应研究结果。

5.3.2　立体空间光色变化特征

（1）城市空间整体亮度变化

本案例利用二维色彩亮度计对测试地点进行拍摄，获取实景照片，如图 5-27 所示，时间为 19：20 ～ 20：20，分别为自然照明、自然—人工照明、人工照明、完全人工照明四个阶段。从实景照片中，可以看出观测区域拍摄当天的整体城市空间的天气状况和照明情况的基本变化。其中观测区域的地表层涵盖教学区、体育场和绿地区。从图 5-27（c）、（d）中可以看出，在完全没有进入人工照明时，城市上层的光环境还是主要受到自然光的影响，而当完全人工照明时，城市上层受到的人工照明影响较为明显。可以看出此时的光污染明显严重。城市地表层亮度与城市功能主要是建筑分布和道路分布的关系较为密切，其中在绿地区，向上散射光较少，此区域的光环境亮度最低。

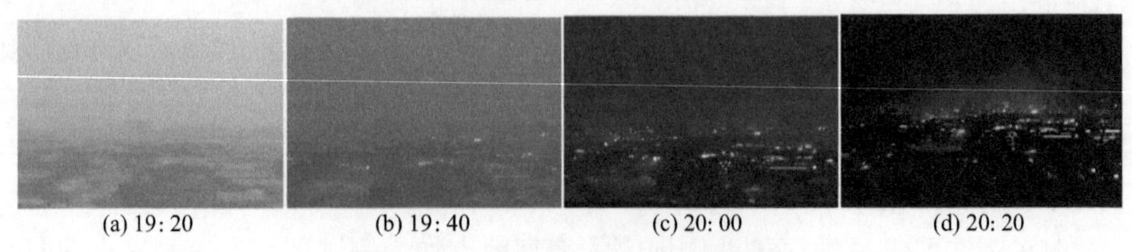
(a) 19: 20　(b) 19: 40　(c) 20: 00　(d) 20: 20

图 5-27　测试时间内的实景变化图

将二维亮度计所拍摄获取的观测区域实际变化情况，通过 CA-S20W 软件进行整体亮度的可视化，如图 5-28 所示。其中分布图中的 *X* 轴的数据表示垂直方向，依次为城市夜空层—城市冠顶层—城市地表层三个层次；*Y* 轴的数据表示水平方向；*Z* 轴数据表示亮度值。

通过对该区域的亮度分布图进行分析，可以得到以下结论。

① 从自然光消失后，随着人工照明在区域照明的比重增加，该区域的城市夜空层的亮度逐渐增加，冠顶层的亮度也逐渐增强，地表层的亮度则随着人工照明区域的变化而变化。

② 在自然照明到自然—人工照明过渡的光环境中，城市夜空层和冠顶层的光环境亮度均主要受自然光照明的影响，其中夜空层光环境的亮度比冠顶层的亮度高；在人工照明的光环境中，冠顶层区的光环境主要受地表层中照明的影响，且此时冠顶层的光环境亮度明显高于城市夜空层的光环境亮度。

③ 在城市地表层光环境中，绿地区的亮度最低，主要是由于该区域照明措施较少以及植物对照明设施发出的直射光和漫散射光具有遮挡作用；其次是道路照明和广场照明，该区域也由于植物的遮挡作用亮度较低；建筑区的光环境亮度最大，且与建筑规模、建筑高度和室内照明开启情况有关，建筑规模越大、高度越大，所对应的光环境亮度越大。

（2）各个城市层次亮度变化分析

将观测区域的亮度进行垂直方向二维可视化处理，如图 5-29 所示。通过所得到的亮度彩色分布图与实际空间层次对应，可以明显看出观测区域的亮度呈现层次化分布，且接近于本章所划分的三种城市层次。为进一步详细研究，本案例对该区域在水平方向上进行了进一步层次分析，截取主要水平截面的亮度进行分析比较，分别为城市地表层、城市地表—冠顶层、城市冠顶层、城市夜空—冠顶

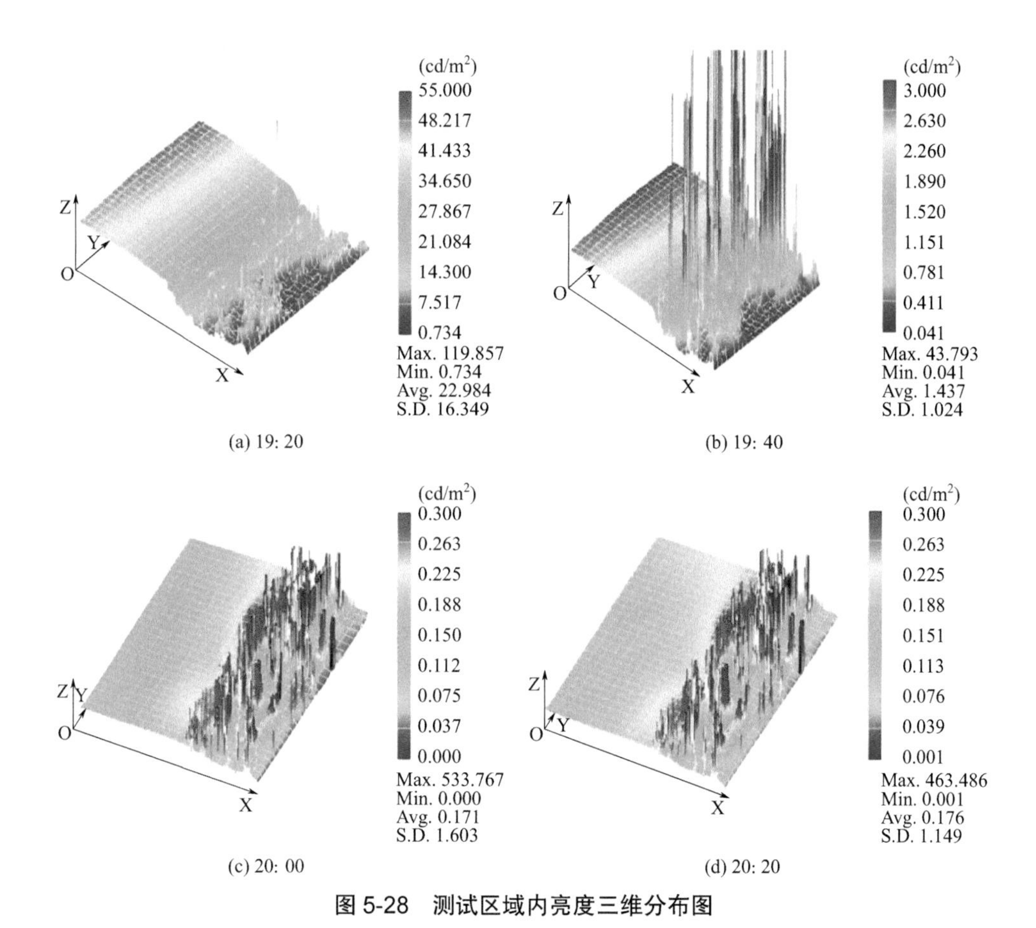

(a) 19: 20　(b) 19: 40

(c) 20: 00　(d) 20: 20

图 5-28　测试区域内亮度三维分布图

层、城市夜空层五个层次（图 5-30）。通过利用 CA-S20W 软件，本节对这五个水平截面上在各个观测时间点上的亮度分布数据统计后进行了比较，分别得到了如图 5-31 所示的水平截面亮度直线比较图。

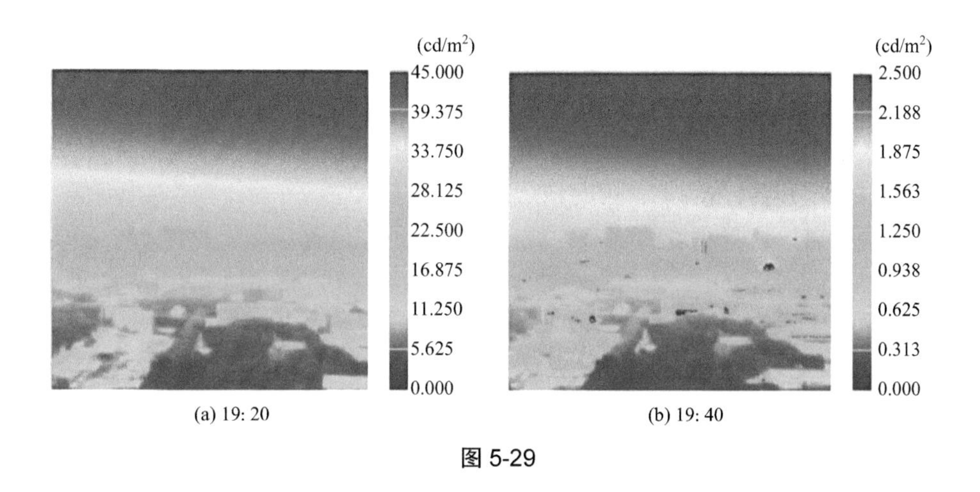

(a) 19: 20　(b) 19: 40

图 5-29

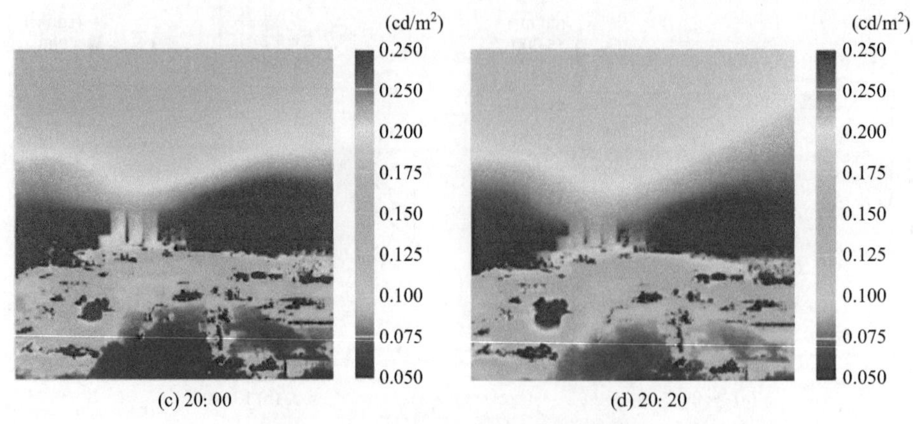

图 5-29　测试区域亮度二维分布图

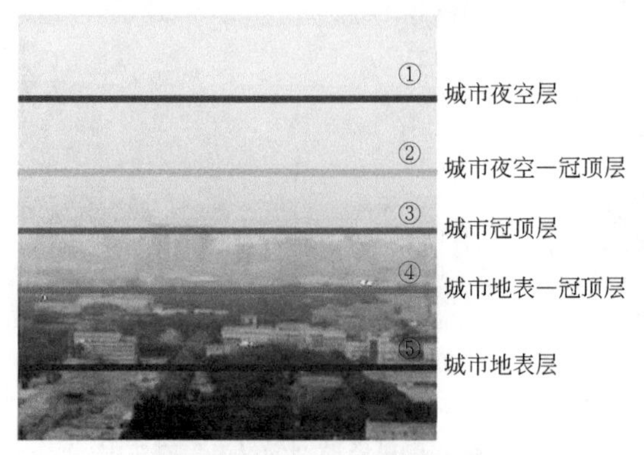

图 5-30　城市分析层次划分

通过分析各个观测时间阶段内水平截面亮度之间的比较（图 5-31），可以得到以下结论。

① 从黄昏到完全人工照明的整个阶段来看，除有明显人工照明区域外，各个水平截面之间的亮度差异是逐渐减少的，最终亮度值均维持在 0.11 ～ 0.25cd/m^2。

② 在人工照明占据城市主要照明的时间段内，城市冠顶层及其上下的临界区域的亮度最大，所受到的光污染情况最为严重。这是因为在城市冠顶层区域大量存在着空气分子、气溶胶等成分，光传播时的瑞利散射和米氏散射均存在，造成该区域的光散射强度增加，因此该层次的亮度最大。

③ 由于自然背景亮度的降级，城市夜空层的亮度逐渐减低。城市上层的天空亮度平均为 0.25cd/m^2，比自然暗夜天空亮度（2.1×10^{-4}cd/m^2）高出近 1190 倍。

④ 在城市地表层，植被对人工照明产生的光漫射具有明显的阻挡作用，因此地表区域为植被区域的冠顶层的亮度比其他区域较暗，但由于城市夜空层是受到整个区域照明的集中影响，因此该区域上部的夜空层亮度与其他区域的差异值并不明显。

⑤ 城市夜空—冠顶层的光环境明显受到城市地表—冠顶层及冠顶层的光环境情况的影响，从而对城市夜空层的光环境产生了影响。但由于冠顶层的光散射情况最为严重，因此整个城市空间区域内的夜空层在同一时间段内的光环境的亮度差异是最不明显的。

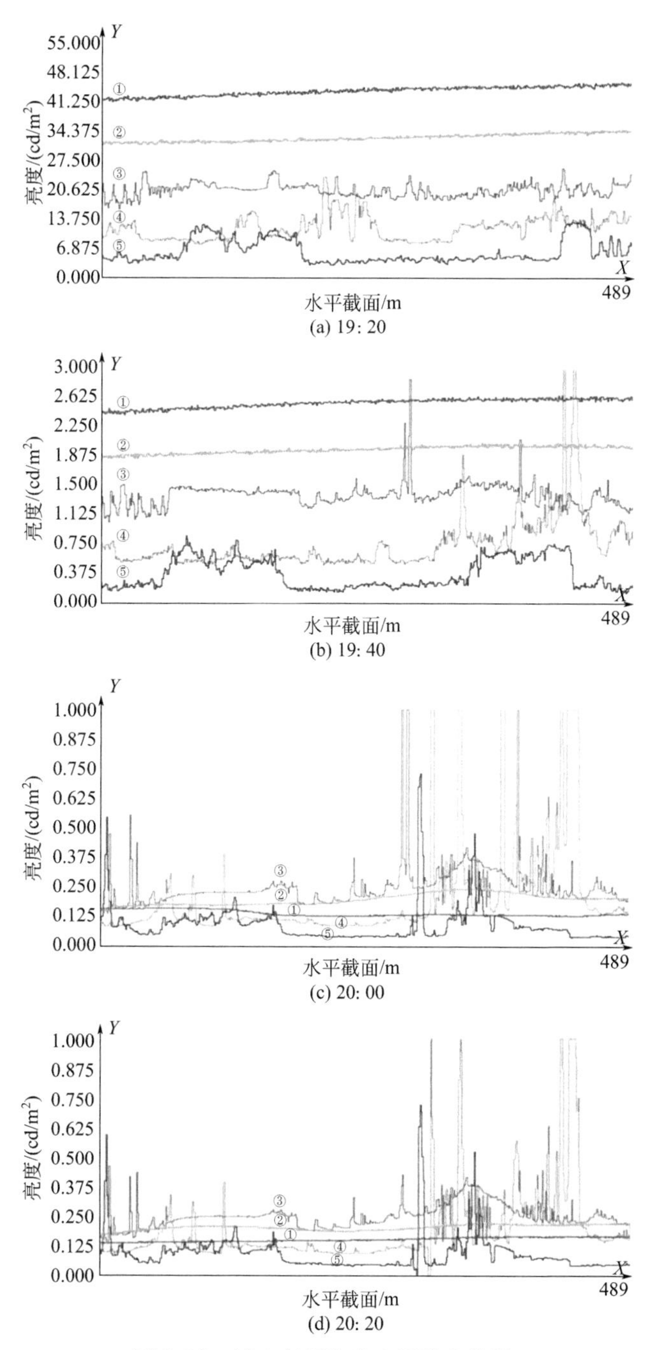

图 5-31　城市各层次亮度折线变化图

图 5-32　垂直方向的截面线

通过实景照片及亮度分布图的研究分析，在观测区域内选取了某一垂直方向截面来研究整个垂直城市空间上的亮度变化情况。在该垂直方向上，地表层中包含了绿地区、建筑区和道路照明的区域，如图 5-32 所示。此外选取了从人工照明开启到完全人工照明的阶段内的亮度变化进行比较，如图 5-33 所示。其中折线图中的 X 轴从左往右依次对应了实景图中的地面到天空的位置，Y 轴表示相应的亮度值。

从图中可以看出：

① 随着照明设施的不断开启以及自然背景亮度的降低，城市夜天空的亮度瞬间降低，基本保持在较为平稳的值内。城市中空层的亮度相对于夜空层的亮度较高，且在临近地表层处容易受到地表层建筑照明的影响。

② 地表层内的光环境变化受到城市内部设施，如建筑照明、道路照明等影响，其亮度也与人工照明亮度密切相关。

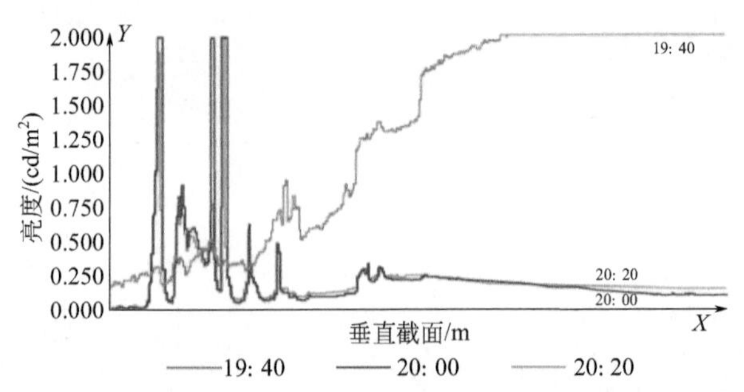

图 5-33　从人工照明开启到完全人工照明状态下垂直截面处的亮度

（3）整体色度分布变化分析

对观测区域垂直方向上的各个点的色度值进行统计后，绘制在色度舌形分布图上（图 5-34）。可以看出：

① 在黄昏，太阳光还未消失时，区域内光环境主要来自自然光照明，该时刻区域内的色度点集中分布在（0.28，0.28）附近，属于偏蓝、白色光色区域内，符合自然情况。

② 随着太阳光消失，人工照明工具的开启，即在自然—人工照明光环境阶段［图 5-34（b）］，区域内的色度点主要分布在（0.24，0.32）的色度周围，此时该区域的光环境色度分布值较为均匀。

③ 在完全人工照明的光环境阶段［图 5-34（c）、（d）］，色度点集中分布在（0.44，0.4）附近，属于偏黄、红色光色区域，这是由于室外照明的光色多为红

黄光，且红光波长传播远。

④ 随着色度变化情况可以看出，该地区随着地面照明措施较少，仍受到了来自附近中空照明、商业照明的光污染干扰。

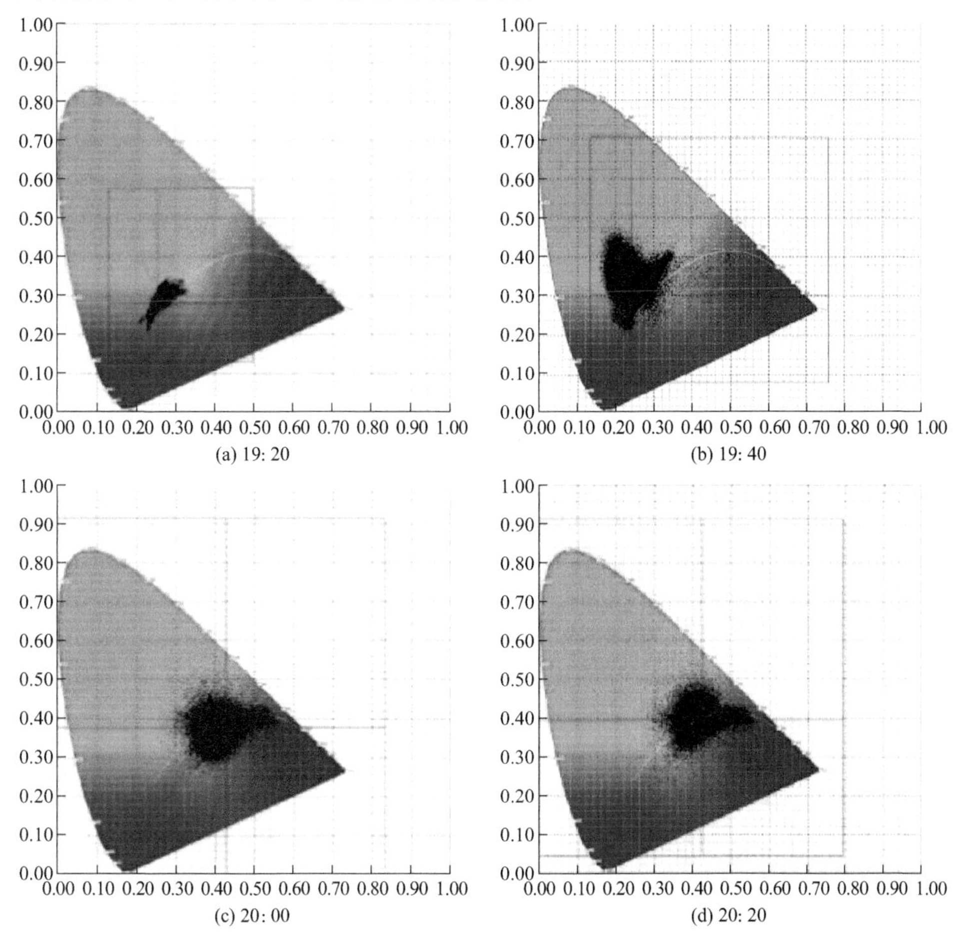

图 5-34 测试区域整体色度分布图（横坐标是与红色有关的相对量值，纵坐标是与绿色有关的相对量值）

（4）整体色温变化分析

采用 CA-S20W 软件对测试区域内的色温分布变化图进行色彩显示（图 5-35），可以得出以下结论。

① 在自然光环境和自然光—人工光环境下，测试区域内的整体色温主要分布在 9000 ～ 20000K，其中最高色温位于城市上空区域内，最低色温随着照明环境的变化而降低，整体平均色温呈降低趋势。

② 在人工光照明的光环境下，测试区域内的色温主要分布在 2700 ～ 3200K，其中城市地表区域的色温主要分布在高色温区域（3000 ～ 15000K），上空区域色温分布在低色温区域（2300 ～ 2700K），而自然夜天空色温为 2725K，比实际

色温偏暖。

③ 天空颗粒及云层的分布对天空色温变化产生影响，从图 5-35（c）、（d）中可以得出，当天空有云层出现时，该区域的色温与地面色温分布较为相同，因此城市上空的颗粒物、云层情况能加强夜天空受城市照明影响程度，其具体影响状况还需进一步研究。

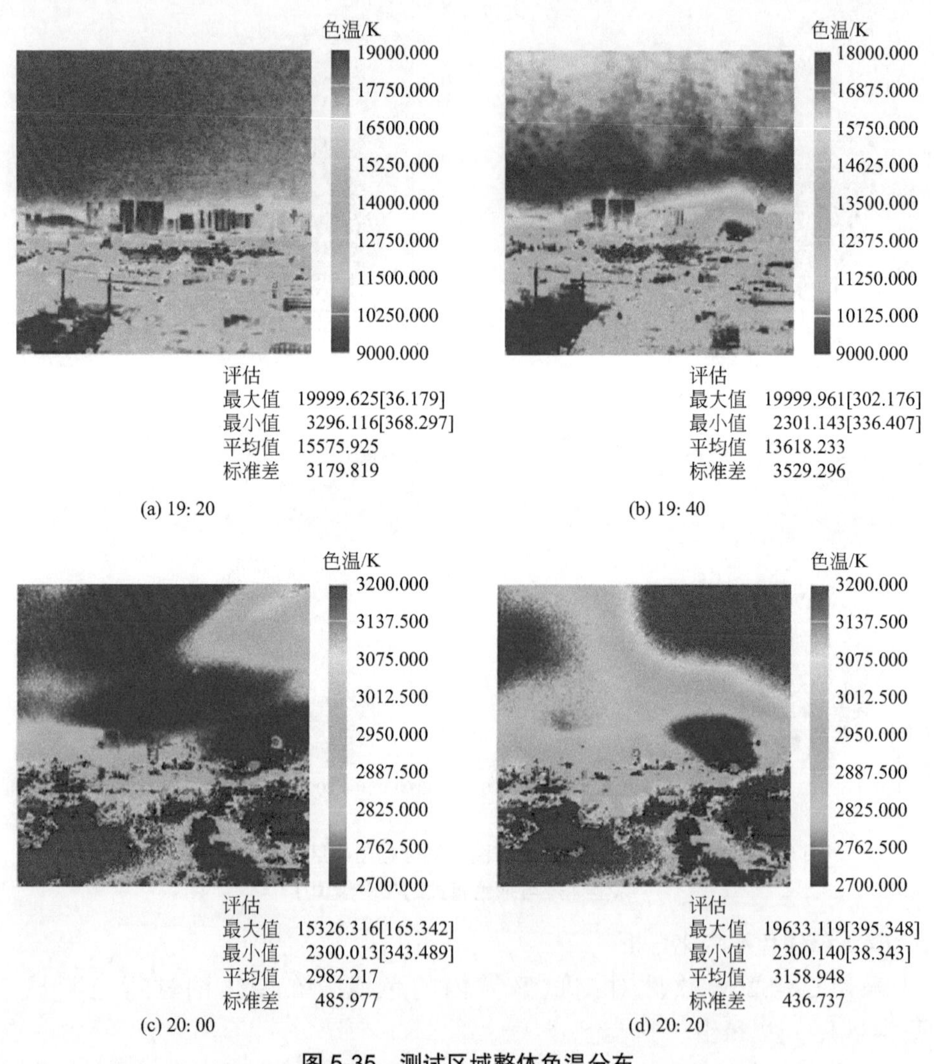

(a) 19: 20　(b) 19: 40

(c) 20: 00　(d) 20: 20

图 5-35　测试区域整体色温分布

5.4　本章小结

本章介绍了城市夜空层观测结果的具体分析方法以及城市整体空间下的光环境变化。以大连市光环境为例，根据气象数据与空气质量数据，统计分析了月相、云层和大气对城市夜空层光污染的影响情况。根据分析结果可以发现，典型晴朗夜天空星等亮度可以根据光源的情况分为五个阶段，分别为天顶亮度快速降低、缓慢降低、波折降低、平稳、快速上升五个阶段。其中快速下降和快速上升是自然背景光和人工照明共同作用的结果，该阶段的夜天空亮度变化主要受到由于季节性引起昼夜变化的影响，导致起始时间的不同，但变化趋势一致。此外该阶段的峰值则主要受到了人工照明、云层、月相等其他因素的影响。在其余三个阶段，主要为人工照明影响的结果，其中天顶亮度缓慢下降阶段是人工照明量最多的阶段，夜天空星等亮度最大，平稳阶段则是夜间人工照明量最少的阶段，主要受到道路照明的影响。两个阶段的夜天空亮度分别为 6.082mcd/m^2 和 3.201mcd/m^2，比自然夜天空亮度高 15 倍和 8 倍，说明大连市的光污染严重。

在光污染影响因素的分析中，云层对夜天空亮度影响结果最大，在阴雨天气下，亮度可高达 60.059mcd/m^2。由于云层具有动态性和光学厚度，也是对夜间光污染观测结果影响最大的因素。其次是大气气溶胶，随着大连市空气污染情况的加重，光污染现象也会加重，中度和重度的光污染会提高夜天空亮度 3 ～ 10 倍。月亮对地面照度比对光污染影响最小，由于月亮具有周期性变化，会通过改变自然背景光来影响夜天空的观测结果，晴朗满月时的夜天空亮度是晴朗无月时的 2 ～ 3 倍。

本章采用了从水平方向研究城市空间内各个层次的光环境情况，以及从垂直方向上研究城市空间内光环境的相互影响关系的方法。这些都能够为光污染在空间上的表现形式和评价提供帮助，为城市光污染的可视化表达提供了一定的借鉴意义。

第6章

全天空光污染分布规律

城市夜间区域光环境受到地面人工光源作用及自然背景光源的共同影响，其变化情况相对稳定，并且能够反映出实测点面积较大的区域范围内的光污染情况。因此，本章内容通过梳理区域全天空光污染产生的原因，进而对大连市选定区域内进行实测，以测点区域天顶星等亮度的连续变化值作为基础观测数据，探讨分析了大连市作为中国北方滨海城市区域全天空光污染在空气质量、光色条件下的分布规律以及典型气象条件下的分布特性对比。进一步建立区域全天空污染空间测试模型，探讨全天空亮度变化规律。

6.1 区域全天空光污染产生原因

（1）缺乏整体照明规划

缺乏整体照明规划是城市区域夜间全天空光污染产生的主要原因之一。城市夜间照明规划与城市规划的不配套是由于相关规划管理部门没有很好地协调各方利益，因此在城市相关规划管理部门的主导下，牺牲了城市夜空资源并导致城市居民受光污染的影响。城市规划的目的首先是在满足城市各项功能的前提下让城市空间更美好、舒适，其次美化城市环境，提高精神要求。然而在现实生活中，由于城市照明规划管理部门对夜间灯光使用没有明确限定，导致在现代商业社会、商家为了个人目的而不考虑资源浪费的情况下，随意安置广告灯具，以达到吸引顾客的广告效益。店面之间相互攀比亮度，破坏视觉与环境平衡，无法辨别视觉中心与亮度层次。由于缺乏城市整体照明规划，各方利益无法得以协调。因此为建立光污染评价与防治办法，需要对城市照明有明确且合理统一的规划，并运用先进技术手段进行科学管理，控制光污染源，减少甚至消除光污染。

（2）夜景建设投资不足

城市夜景建设是一项耗资巨大且耗时费力的工程。前期需要一次性投入各项硬件设施，如灯具、设备、线路、控制及监控等，耗资巨大；而后期的日常电能能耗，破损灯具更换，线路老化维修等长期投入也是十分巨大的。但是往往城市夜景工程建成后的运行维护的职责经常由于投资资金不足及管理人员的疏忽而大打折扣。我国现有的室外照明规范，主要针对道路照明需求，但是对于环境照明量值没有十分明确的规定。因此，在城市夜景建设过程中，往往考虑缩减前期投资成本，选用价格低廉的低光效灯具，或缩减对防光污染构件的投入。这是因为有较高功效的节能灯具光源成本较高，因而取而代之的是各种廉价成本的低光效光源。往往也因此呈现光源照度不均，产生眩光等光污染问题。缺少稳定且充足的投资来源，导致费用投入不合理、破损灯具更换不及时、遮光设施的投入使用不足，这也是导致城市光污染的重要原因之一。

（3）夜景文化缺乏特色

在全球化背景下，“城市夜景文化特色危机”问题由来已久。理论上不同历史背景、地理环境、人文文化、风俗习惯的城市夜间规划设计也应各有特色，但是实际上仍有许多中小城市夜景设计盲目复制国内外一线大城市的做法，夜景照明一味追求华丽、明亮，结果必然导致所谓的“千城一面”，失去城市固有特色及文化底蕴。众所周知，亮和暗是相辅相成的，即没有黑暗也就没有光明。然而我国城市照明规划却形成一种错误的意识，片面认为城市夜景照明应越亮越好，各种灯光节、灯光展、灯光秀应运而生。往往导致各城市之间出现亮度攀比情况，造成彩光污染现象严重。

（4）绿色照明发展滞后

光污染是对人民赖以生存的自然夜空环境的严重破坏。但我国对于绿色照明科学发展相对滞后，其中城市主要道路照明、建筑外立面照明仍然选用价格相对低廉的白炽灯、高压汞灯和高压钠灯等非节能环保型灯具，导致夜间照明节能任务加重。在我国大力倡导绿色照明的大环境下，出于控制成本的原因，节能照明产品占市场份额却很少，经常出现重光源、轻灯具的倾向。一方面只注重选择节能型 LED 光源，却对灯具的光效、配光、遮光罩、投射角度及铺设间距等技术问题视而不见，在投入实际应用中时则出现了灯具出光效率低、截光性弱、照度均匀性差等问题，即成为一种“伪节能”；另一方面，我国灯具主要以进口及仿造为主，灯具设计的自主研发性差，出于成本控制因素而很少考虑防光污染的措施。即便有部分灯具供应商考虑到防光污染设备，也会因受限于现有技术而难以达到真正完全防止光线溢出到天空而形成的夜间光污染。因此国产的灯具产品普遍质量一般且使用寿命时间短，但是价格相较于国外引进的更为低廉，容易为大众所接受。真正符合绿色照明要求的灯具设计应在设计阶段就将光色度、光效、防溢散光、防眩光等性能调配合理，并通过不断地模拟实验来达到最适宜现实环境。

6.2 区域环境单色光污染亮度监测

6.2.1 单色光污染监测方法

为研究夜间区域光污染的分布特性，主要采用对夜天空亮度不间断地连续测试的方法，使用天空质量计对天顶每隔 5min 进行一次测量，获得天顶星等亮度连续变化值，作为区域天空光污染的基础数据，并利用气象相关网站获取城市实时气象情况及空气质量指数等指标，从而分析夜天空天顶亮度随季节、时间、气象及空气污染指数的变化规律，得到夜间光污染的分布特性。同时使用辅助工具——红色、蓝色、绿色截光滤光片加载于 3 台天空质量计上，与无滤光片天空质量计数据做对比，研究天顶亮度在不同光色条件下的分布特性。

6.2.2 单色光亮度分布规律

光是以电磁波形式传播的辐射能，而人眼可见光的波长范围在380 ～ 760nm，波长的不同导致视觉映射不同色彩，例如700nm的光即我们俗称的长波，呈现红色；470nm的光即短波，呈现蓝色。根据研究可知，彩光污染作为城市夜间照明中光污染主要表现形式之一，其产生是由于城市人工光源光色成分的不同，使光线反射到天空而产生颜色差异。其中人眼可以观察到在晴空夜间，天空颜色接近深蓝色，而云天夜间则接近红色或白色，且多云及阴天，天空颜色就越红或越白。本节通过实验探究单色光影响天空星等亮度分布规律。

单色光是指单一波长的光，其呈现为一种颜色。其中人眼对红色（R）、绿色（G）、蓝色（B）最为敏感。大多数的颜色都可以基于RGB三色按照不同的比例混合产生。其光谱颜色中心波长及范围如表6-1所示。实验通过给测量天空亮度的仪器加载红色、绿色及蓝色滤光片，与不加载任何滤光片的仪器数据做对比，探究单色光对城市光污染的影响。其中没有加滤光片的仪器1所测夜天空星等亮度数据是受复合光的影响。加载红色滤光片的仪器2受红光影响；加载蓝色滤光片的仪器3受蓝色影响；加载绿色滤光片的仪器4受绿光影响。通过对亮度的分光处理探讨不同波长单色光成分对城市区域天空光污染影响的强弱关系。图6-1所示为实验选用的不同颜色滤光片的型号及光谱分布。

表6-1 光谱颜色的中心波长及范围

颜色	中心波长 /nm	范围 /nm	颜色	中心波长 /nm	范围 /nm
红	700	640 ～ 750	绿	510	480 ～ 550
橙	620	600 ～ 640	蓝	470	450 ～ 480
黄	580	550 ～ 600	紫	420	400 ～ 450

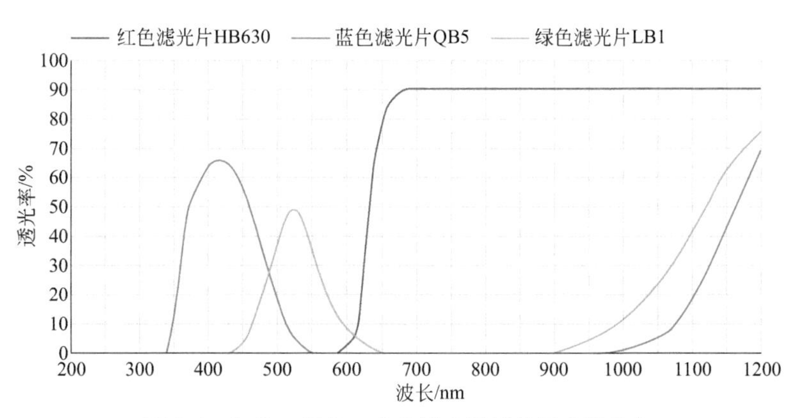

图6-1 红色、绿色、蓝色滤光片型号及光谱分布

使用四台天空质量计定点测量测试区域环境内的夜天空星等亮度，其中仪器

1 作为校准仪器，不加载任何滤光片；仪器 2 加载红色（R）滤光片；仪器 3 加载蓝色（B）滤光片；仪器 4 加载绿色（G）滤光片。其中红、蓝、绿三种颜色玻璃圆片为仪器的辅助工具，每个滤光片直径为标准 25mm、厚度为标准 1mm。实验通过使用四台天空质量计同时进行每隔 5min 测试一组的夜天空星等亮度连续数据，测试周期选取为 2018 年 1 月，分析夜天空星等亮度在不同光色条件下的分布特性如图 6-2 所示，其中图 6-2（b）所示为 2018 年 1 月去除雪天（8 ～ 12 日）对仪器镜头覆盖的影响的连续数据。

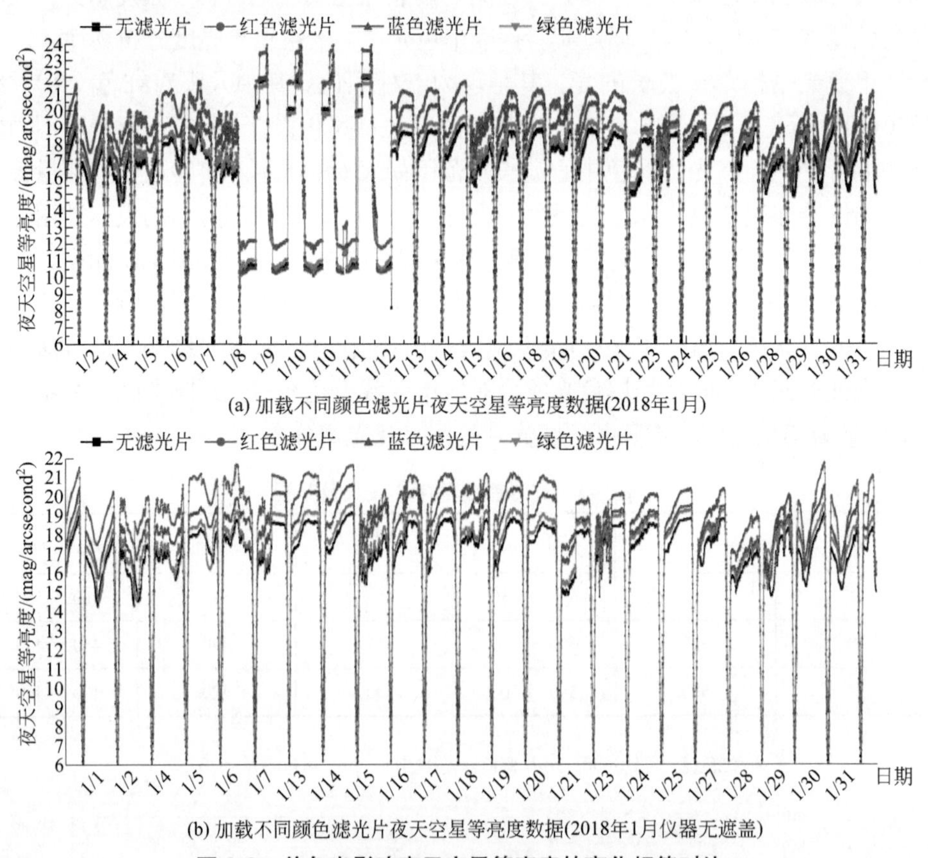

(a) 加载不同颜色滤光片夜天空星等亮度数据(2018年1月)

(b) 加载不同颜色滤光片夜天空星等亮度数据(2018年1月仪器无遮盖)

图 6-2　单色光影响夜天空星等亮度的变化规律对比

通过对加载红、蓝、绿色滤光片夜天空星等亮度与校准无滤光片夜天空星等亮度对比连续测试数据变化图中可以看出，加载滤光片的仪器测量数据与校准仪器测量数据变化趋势相一致，证明其存在较高的相关性。进一步观察发现加载红、蓝、绿色滤光片的夜天空星等亮度明显普遍高于校准数据，且呈现出红色偏离校准数据更大的情况，而对于究竟加载哪种颜色滤光片的夜天空星等亮度变化最为明显，即天空亮度在不同光色下的分布更偏向哪种颜色，需要通过进一步 SPSS 单因素方差分析得到。

经过对连续测试数据统计分析（表 6-2），发现在测试周期内（2018 年 1 月），仪器 1（无）测得夜天空星等亮度平均值为 16.35mag/arcsecond^2，即亮度为 31.1mcd/m^2，共计测试数据样本 4295 例；仪器 2（红）测得夜天空星等亮度平均值为 18.37mag/arcsecond^2，即亮度为 4.8mcd/m^2，共计测试数据样本 4295 例；仪器 3（蓝）测得夜天空星等亮度平均值为 17.71mag/arcsecond^2，即亮度为 8.9mcd/m^2，共计测试数据样本 4295 例；仪器 4（绿）测得夜天空星等亮度平均值为 16.87mag/arcsecond^2，即亮度为 19.3mcd/m^2，共计测试数据样本 4295 例。本节研究数据样本数量庞大，因此取得分析数据结果真实可靠。

根据表 6-3 方差齐性检验可以看出，输出的显著性为 0.002，远小于 0.05，因此认为各组的总体方差不齐。根据表单因素方差表 6-4 分析得到其总离差平方和为 179638.360，组间离差平方和为 10287.636，在组间离差平方和中可以被线性解释的部分为 174.400。方差检验 F=347.800，对应的显著性为 0.000，远小于显著性水平 0.05，因此认为测试结果之间存在显著差异性，有一定的研究意义。

多重比较表 6-5（LSD 法）中 95% 置信区间表明了如果同样的研究重复 100 次，其中 95 次的均值差（MD）将落在置信区间上下限之间。研究发现仪器 1（无）测得夜天空星等亮度平均值与加载红、蓝、绿色滤光片的其他 3 台仪器所测得的夜天空星等亮度值之间的显著性均为 0.000，明显远小于显著性水平 0.05，在表格中差异显著的数据均用“*”符号标识出。其中，仪器 1（无）测得的夜天空星等亮度数据与仪器 2（红）测得的夜天空星等亮度数据均值差平均值为 -2.01858；仪器 1（无）测得的夜天空星等亮度数据与仪器 3（蓝）测得的夜天空星等亮度数据均值差为 -1.36023；仪器 1（无）测得的夜天空星等亮度数据与仪器 4（绿）测得的夜天空星等亮度数据均值差为 -0.51984。图 6-3 所示为根据表 6-2 绘制的仪器 1 至仪器 4 测得的均值折线图。因此根据均值差绝对值可以看出加载滤光片的夜天空星等亮度对无滤光片的夜天空星等亮度影响由高到低依次为仪器 2（红）> 仪器 3（蓝）> 仪器 4（绿），可知单色光对区域天空影响程度由大到小分别为红光 > 蓝光 > 绿光。

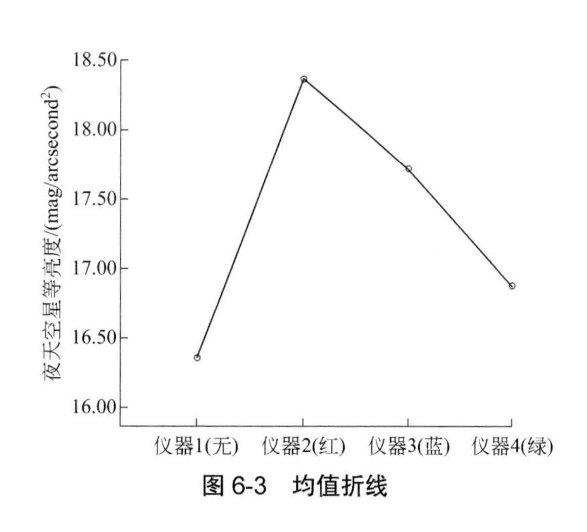

图 6-3　均值折线

节选特殊时间段（1 月 13 日 17：00 ～ 1 月 14 日 7：00）进一步分析仪器 1（无）测得夜天空星等亮度数据与加载红色、蓝色、绿色滤光片的仪器夜天空星等亮度对比分析，如图 6-4 所示。相关统计分析如表 6-6 所示。

表 6-2　单色光影响夜天空星等亮度相关统计

研究对象	夜天空星等亮度 /（mag/arcsecond²）			均值的 95% 置信区间		标准偏差	N
	最小值	最大值	平均值	下限	上限		
仪器 1（无）	6.00	19.21	16.35	16.2594	16.4431	3.08680	4295
仪器 2（红）	6.63	21.84	18.37	18.2752	18.4635	3.14637	4295
仪器 3（蓝）	6.84	20.68	17.71	17.6131	17.8089	3.27243	4295
仪器 4（绿）	6.44	19.69	16.87	16.7794	16.9618	3.04994	4295

表 6-3　方差齐性检验

Levene 统计量	df1	df2	显著性
4.936	3	17176	0.002

表 6-4　单因素方差分析

项目	平方和	df	均方	F	显著性
组间	10287.636	3	3429.212	347.800	0.000
线性项对比	174.400	1	174.400	17.688	0.000
偏差	10113.236	2	5056.618	512.856	0.000
组内	169350.723	17176	9.860		
总数	179638.360	17179			

表 6-5　多重比较

研究对象	对比对象	均值差	标准误差	显著性	95% 置信区间	
					下限	上限
仪器 1（无）	仪器 2（红）	−2.01858*	0.06776	0.000	−2.1514	−1.8858
	仪器 3（蓝）	−1.36023*	0.06776	0.000	−1.4930	−1.2274
	仪器 4（绿）	−0.51984*	0.06776	0.000	−0.6527	−0.3870
仪器 2（红）	仪器 1（无）	−2.01858*	0.06776	0.000	1.8858	2.1514
	仪器 3（蓝）	0.65835*	0.06776	0.000	0.5255	0.7912
	仪器 4（绿）	1.49874*	0.06776	0.000	1.3659	1.6316
仪器 3（蓝）	仪器 1（无）	1.36023*	0.06776	0.000	1.2274	1.4930
	仪器 2（红）	−0.65835*	0.06776	0.000	−0.7912	−0.5255
	仪器 4（绿）	0.84039*	0.06776	0.000	0.7076	0.9732
仪器 4（绿）	仪器 1（无）	0.51984*	0.06776	0.000	0.3870	0.6527
	仪器 2（红）	−1.49874*	0.06776	0.000	−1.6316	−1.3659
	仪器 3（蓝）	−0.84039*	0.06776	0.000	−0.9732	−0.7076

注：* 均值差的显著水平为 0.05。

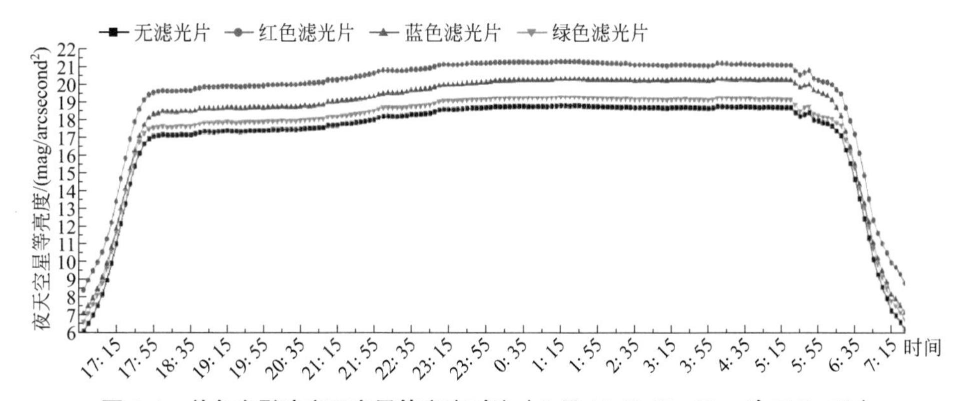

图 6-4 单色光影响夜天空星等亮度对比（1 月 13 日 17：00 ～次日 7：00）

表 6-6 单色光影响夜天空星等亮度统计

研究对象	夜天空星等亮度 /（mag/arcsecond^2）			标准偏差	N
	最小值	最大值	平均值		
仪器 1（无）	6.10	18.83	17.04	3.10070	179
仪器 2（红）	8.44	21.31	19.52	3.10557	179
仪器 3（蓝）	7.12	20.34	18.40	3.28434	179
仪器 4（绿）	6.69	19.33	17.56	3.06045	179

根据夜天空星等亮度连续测试数据可以看出，其中加载滤光片的夜天空星等亮度比无滤光片数据普遍偏高。复合光影响夜天空星等亮度平均值为 17.04mag/arcsecond^2，即亮度为 16.5mcd/m^2；红光影响夜天空星等亮度平均值为 19.52mag/arcsecond^2，即亮度为 1.7mcd/m^2；蓝光影响夜天空星等亮度平均值为 18.40mag/arcsecond^2，即亮度为 4.7mcd/m^2；绿光影响夜天空星等亮度平均值为 17.56mag/arcsecond^2，即亮度为 10.2mcd/m^2。其中红光影响偏差最大（9.7 倍左右），其次为蓝光，影响偏差为 3.5 倍左右，绿光影响偏差最小（1.6 倍左右）。因此单色光对区域天空影响程度由大到小分别为红光 > 蓝光 > 绿光。测试结果与前述相一致，研究结果真实可靠且具有借鉴意义。因此建议在现实夜间照明的灯具选用上应减少对红色光的使用，多选用节能高效的绿色光谱范围的灯具。

6.3 区域全天空亮度分布规律

6.3.1 典型气象条件下全天空光污染实测分析

经过 6.2 节对天空星等亮度值连续观测数据的分析发现，城市夜间天空亮度不仅随时间呈现出周期性变化规律，且在每个夜晚中也会随时间呈现规律性变化。通过实测对比分析，尽量排除其他因素的影响，进行了 2 组典型气象条件下全天候（24 小时）图像采集，并使用 SM 光学亮度分析软件进行处理，利用实景图来分析全天候（24 小时）区域光污染分布规律。将典型气象条件下的全天空光环境动态实景图及亮度分析汇总如图 6-5、图 6-6 所示。其中每组图像的纵坐标表示小时，横坐标表示分钟，可以按照时间坐标清晰定位选择相应测试时间的实景图像及亮度分析图。

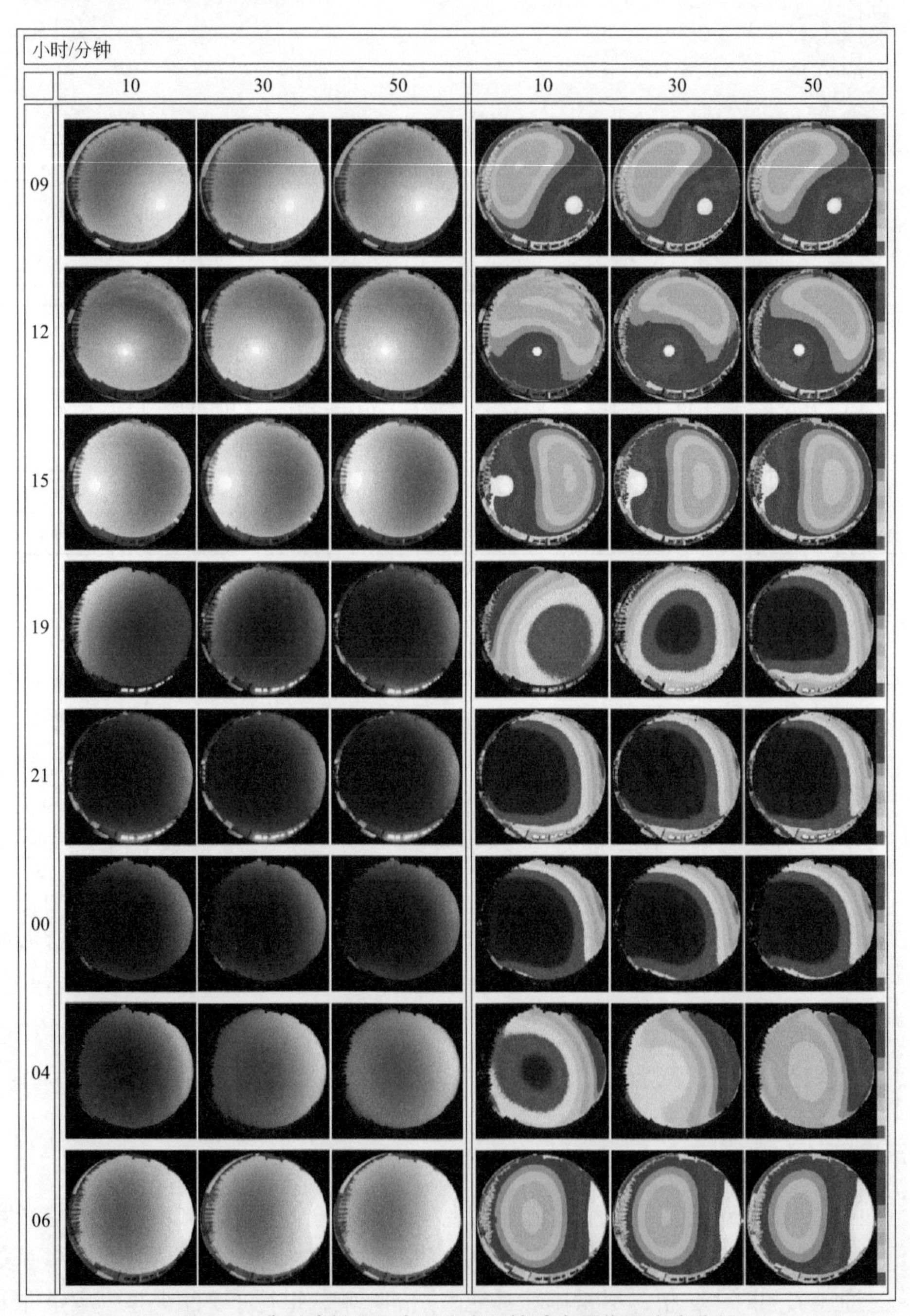

图 6-5　典型晴朗无月全天空光环境动态图像及亮度分析

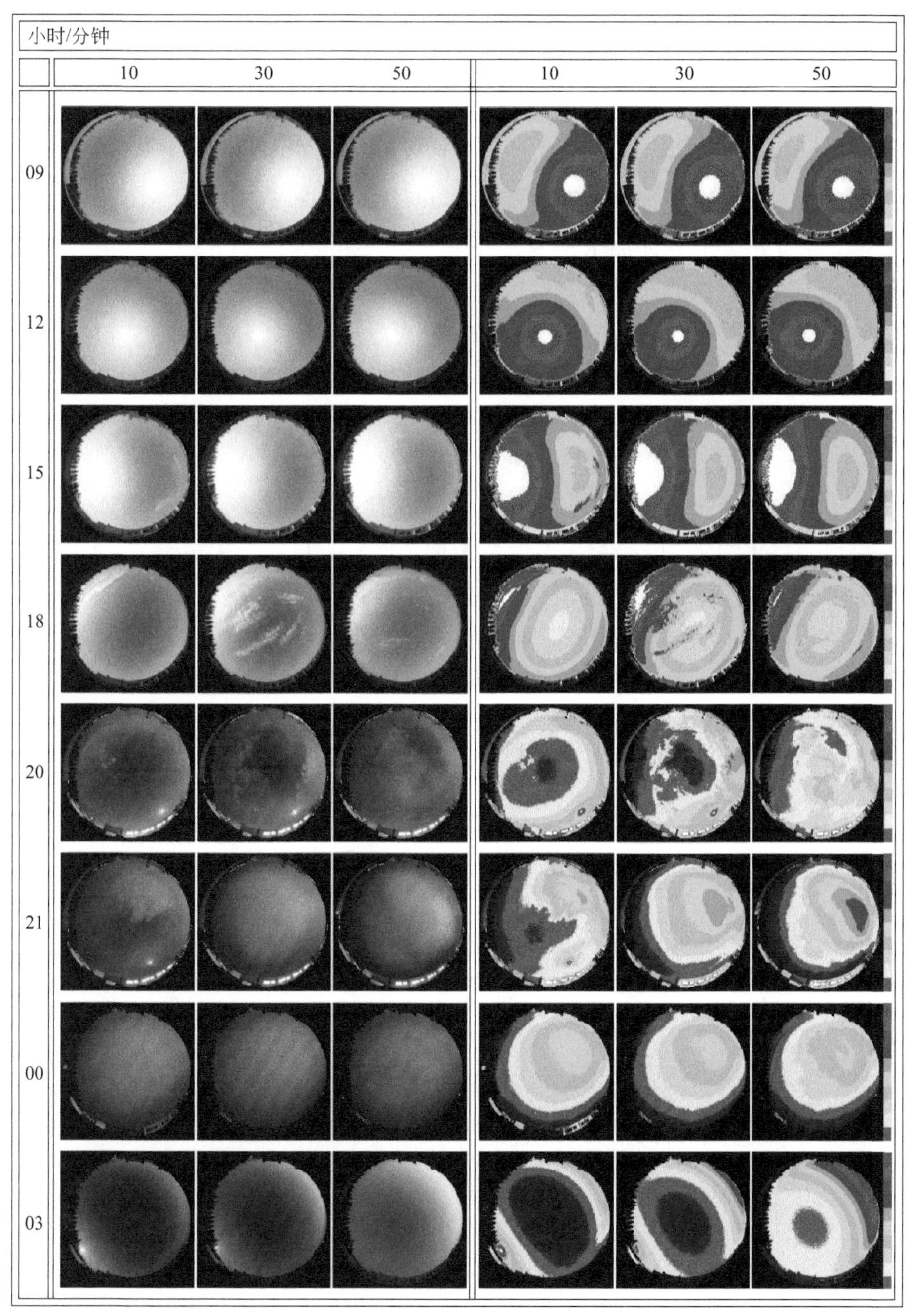

图 6-6　典型云天有月全天空光环境动态图像及亮度分析

6.3.2　区域全天空光污染监测模型

相较于数码照片的采集及光学软件处理，其区域内的光污染亮度水平只能是相对粗略的人眼识别阶段，要进一步得到精确的天空发亮程度的取值需用到更加简便及精确的测量仪器，因此有学者发现了最初运用在天文观测上的仪器——天空质量计，用它来测试区域天空的星等亮度值（即天空发亮水平）。但经研究发现，区域全天空是一个相对较大的范围，如果仅从一点进行定点测试垂直区域的夜天空星等亮度（即天顶亮度水平），难以比较城市来自不同方位的人工光源影响，而且从测点区域天顶到地面之间的亮度分布也很难得到探究。因此需要建立区域全天空光污染的立体测试模型，并进一步探究测点区域光污染在不同典型气象条件、不同方位的分布特性。探究夜天空星等亮度在不同典型气象条件下的全色块对比分析，并通过区域光谱分布来探究光污染的空间分布特性。

实验在全天空（半球体）在之前彩色图片的初步研究的基础上，进一步建立如图 6-7 所示的空间测试模型，该模型有 8 个主导方位，顺时针分别代表北、东北、东、东南、南、西南、西、西北（表 6-7）。将天空从天顶到地表的范围水平分成 8 个层次，用圈来表示，其中圈 1 表示天顶层；圈 2 表示从天顶到地表垂直线的夹角偏移 12°的点集；圈 3 表示从天顶到地表垂直线的夹角偏移 24°的点集；以此类推，圈 8 表示地表层的测试点集。由于天空质量计的测量镜头有 20°范围角，因此可以将其测试范围近似为一个圆形区域，每个测点都以多次测量来减小误差的方式进行，且每一个测点的坐标都是按照一定规律来确定的，即测点 A（水平旋转角度，垂直偏移角度）。共得到从 $A_1 \sim A_{165}$ 测试点集，如图 6-8 所示。

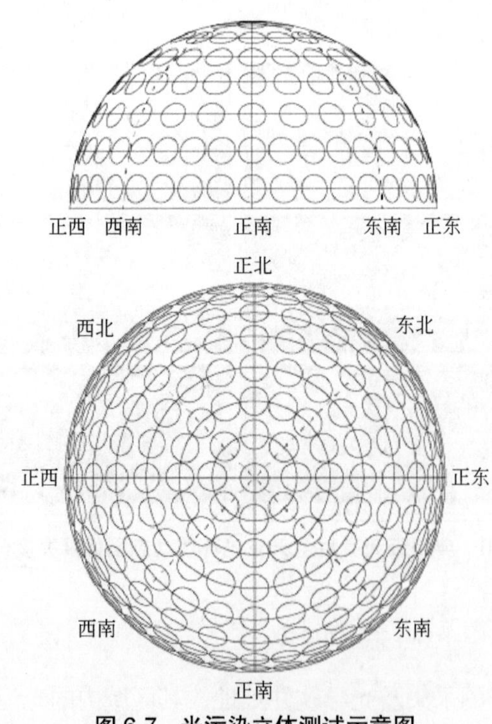

图 6-7 光污染立体测试示意图

表 6-7　区域全天空光污染测试模型的测点分布

圈数	水平旋转角度 / (°)	垂直偏移角度 / (°)	圆形个数	测点编号
1	0	0	1	A_1（天顶）
2	45	12	8	A_2 ～ A_9
3	22.5	24	16	A_{10} ～ A_{25}
4	18	36	20	A_{26} ～ A_{45}
5	15	48	24	A_{46} ～ A_{69}
6	15	60	24	A_{70} ～ A_{93}
7	10	75	36	A_{94} ～ A_{129}
8	10	90	36	A_{130} ～ A_{165}

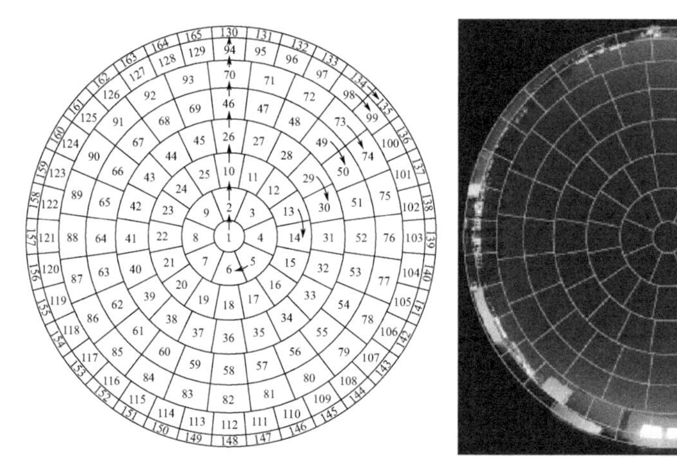

图 6-8　测试模型全天空平面展开及实景对位关系

将光污染立体测试模型的测点圆形区域以扇形平面拼接展开，即可得到区域全天空夜间光污染测试模型平面展开图。图中数字代表测点的编号，其中，数字 1 表示测点 A_1，数字 2 表示测点 A_2，依次顺时针类推。从圈 1 到圈 8 的过渡测点均为正南向测点，以此规律得到 A_1 ～ A_{165} 测试点集。立体测试模型扇形平面展开图与加载鱼眼镜头的数码相机获取的实景彩色图片进行区域拼合，得到如图 6-8 所示的图形。新建立的立体测试模型可以很好地覆盖全天空星等亮度的测试范围，可以更好地表明区域全天空光污染分布情况，主要采用的测试仪器是天空质量计。

6.3.3　亮度整体分布规律

本节实验选取典型晴朗无月夜（4 月 28 日 20：40 ～ 22：00、4 月 29 日 0：20 ～ 1：25）、典型阴天有月夜（6 月 8 日 20：40 ～ 22：00、6 月 9 日 0：20 ～ 1：25）作为四次实验数据进行对比分析。由于夜间光环境随着时间的变化而不同，尤其是受人工光源的影响，因而选取两个时间段做对比，即宵禁前后

（22：30 左右）。在前一阶段，人工光源主要来自建筑室内外照明、道路照明及景观绿化照明，是夜间人工光最为显著的时间段，而后一阶段的人工光源主要以道路照明为主，夜间人工光相对最弱，根据这两个时间段内全天空测试模型的星等亮度及气象因素绘制四条曲线，如图 6-9 所示。

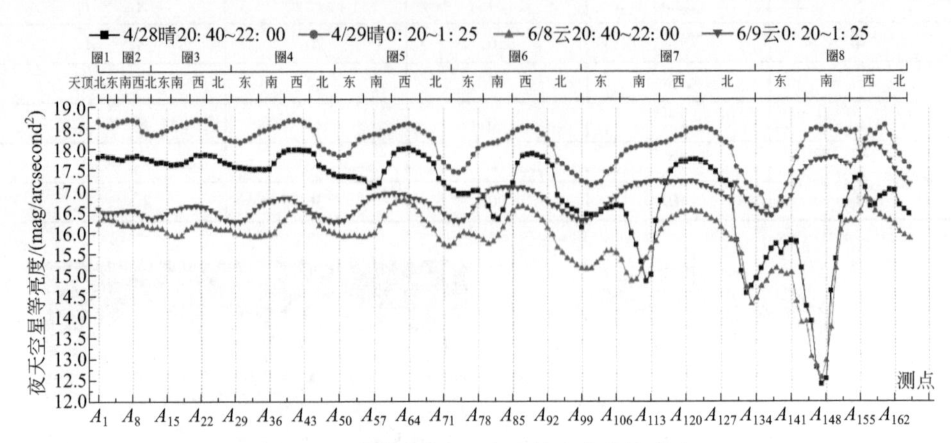

图 6-9　测试区域全天空星等亮度整体对比

根据区域全天空立体测试星等亮度在不同典型气象条件下的夜间分布情况如图 6-9 所示，研究发现，全天空星等亮度与所在方位呈现相对规律的周期性变化。初步可以看出不同典型气象条件下的不同时间段的南向测点天空星等亮度处于相对低值，即实际天空亮度相对更亮。由图 6-9 可知，在相同时间段内的不同典型气象条件夜天空星等亮度曲线走势大致相似，如 4 月 28 日 20：40 ～ 22：00 与 6 月 8 日 20：40 ～ 22：00 星等亮度变化曲线有相似的变化规律，同理可得另外两条曲线星等亮度变化规律相似。由图 6-9 说明在相同时间段内的不同典型气象条件下，晴天比云天全天空星等亮度更高，即天空实际亮度相对更暗。而在相同典型气象条件下的不同时间段内，宵禁后（0：20 ～ 1：25 阶段）比宵禁前（20：40 ～ 22：00 阶段）星等亮度更高，即天空实际亮度相对更暗。进一步使用 SPSS 分析软件来分析其不同条件下的分布特性，如表 6-8 所示。

表 6-8　典型气象条件夜天空星等亮度统计

研究对象			夜天空星等亮度 / （mag/arcsecond²）			差值	标准偏差	N
			最小值	最大值	平均值			
4/28	晴	20：40 ～ 22：00	12.45	18.04	16.99	0	1.07164	165
4/29	晴	0：20 ～ 1：25	16.43	18.71	18.15	1.16	0.48853	165
6/8	云	20：40 ～ 22：00	12.60	16.85	15.88	−1.11	0.74700	165
6/9	云	0：20 ～ 1：25	16.28	18.12	16.87	−0.12	0.45110	165

通过使用 SPSS 软件对实验的相关数据统计分析得到典型晴天夜间宵禁前（20：40 ～ 22：00）的夜天空星等亮度平均值为 16.99mag/arcsecond^2，即亮

度为 17.3mcd/m^2，标准偏差为 1.07164；晴天夜间宵禁后（0：20 ～ 1：25）的夜天空星等亮度平均值为 18.15mag/arcsecond^2，即亮度为 5.9mcd/m^2，标准偏差为 0.48853。说明前者的夜天空星等亮度随着人工光源的逐渐关闭而呈现出的离散程度的差异，显然是宵禁前的离散程度比宵禁后更为严重，且宵禁前的天空亮度是宵禁后的 3 倍左右。通过分析在典型云天夜间宵禁前（20：40 ～ 22：00）的夜天空星等亮度平均值为 15.88mag/arcsecond^2，即亮度为 48.0mcd/m^2，标准偏差为 0.74700；而云天夜间宵禁后（0：20 ～ 1：25 阶段）的夜天空星等亮度平均值为 16.87mag/arcsecond^2，即亮度为 19.3mcd/m^2，标准偏差为 0.45110。说明前者的夜天空星等亮度随着人工光源的逐渐关闭而呈现出的离散程度的差异，显然是宵禁前的离散程度比宵禁后更为严重，且宵禁前的天空亮度是宵禁后的 2.5 倍左右。

其中，在宵禁前，即人工照明占主导地位的时间段内典型晴天夜天空亮度平均值为 17.3mcd/m^2，典型云天夜天空亮度平均值为 48.0mcd/m^2，后者为前者的 2.8 倍左右；而宵禁后，即人工照明逐渐褪去的时间段内典型晴天夜天空亮度平均值为 5.9mcd/m^2，典型云天夜天空亮度平均值为 19.3mcd/m^2，后者为前者的 3.3 倍左右。比标准黑暗的自然天空的亮度（2.1×10^{-4}cd/m^2）相差数十倍甚至百倍之多。上述分析亮度数据由公式经过换算得出。综上所述，可知在相同测试时间段内不同典型气象因素下的夜天空星等亮度中晴天高于云天，且云天天空发亮水平为晴天的 2.8 ～ 3.3 倍；在相同典型气象条件因素下的夜天空星等亮度中宵禁后高于宵禁前，且宵禁前天空发亮水平为宵禁后的 2.5 ～ 3 倍。

6.3.4 亮度方向性规律

从测试区域地理环境上观察可知，测试地点上空夜间光环境受到周边来自城市东南方向的商业区广场人工光的影响较为严重，而西侧因有植物遮挡作用而无法定性观察夜间光污染情况，因此进一步采用该区域立体测试模型分析全天空星等亮度在方向上的分布特性。其中，四个主导方向（北向、东向、南向、西向）区域的测点分布图如图 6-10 所示。

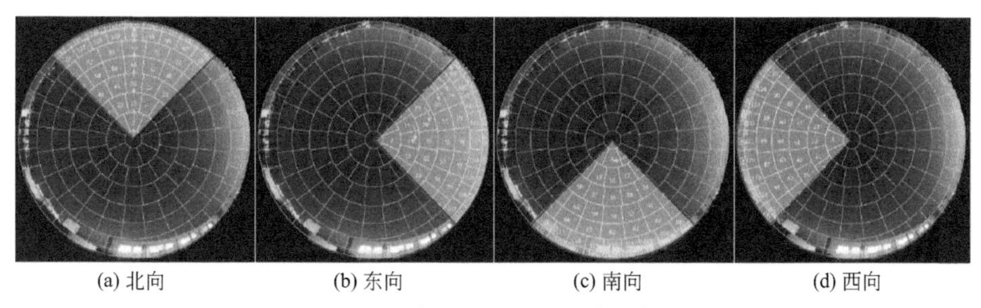

(a) 北向　(b) 东向　(c) 南向　(d) 西向

图 6-10　四个主导方向区域的测点分布

本节选取典型晴朗无月夜（4 月 28 日 20：40 ～ 22：00、4 月 29 日 0：20 ～ 1：25）、典型云天有月夜（6 月 8 日 20：40 ～ 22：00、6 月 9 日 0：20 ～ 1：25）天空星等亮度作为四次实验数据进行对比分析。其中分别对比四个主导方向区域测点（北向、东向、南向、西向）的星等亮度汇总如图 6-11 所示。

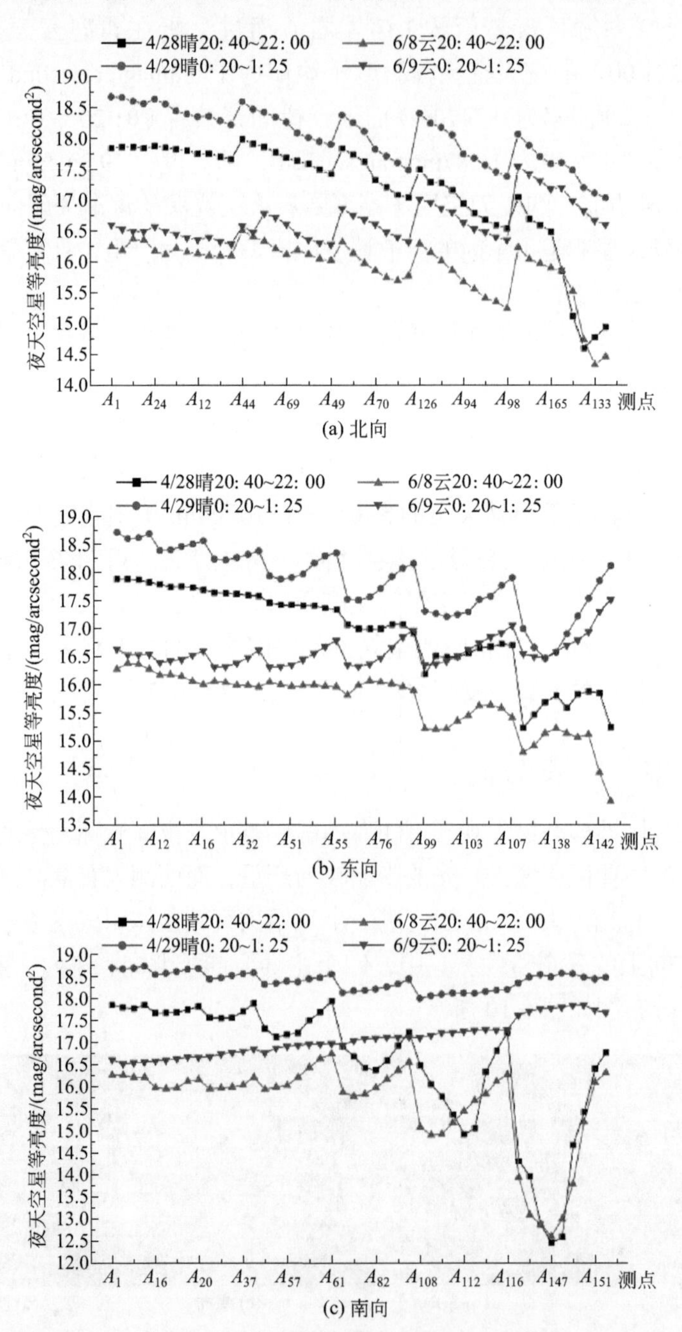

(a) 北向

(b) 东向

(c) 南向

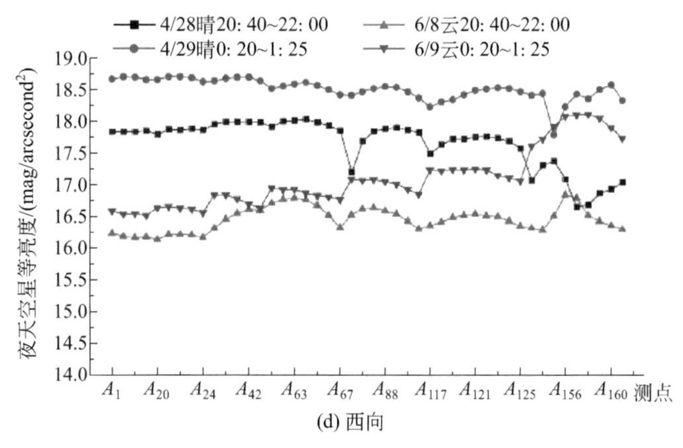

图 6-11　四个主导方向区域的测点夜天空星等亮度对比

根据区域四个主导方向星等亮度在不同典型气象条件下的夜间不同时间段的分析汇总图 6-11，研究发现，全天空星等亮度与所在方位呈现相对规律的周期性变化，且初步可以看出不同典型气象条件下的不同时间段的南向测点夜天空星等亮度处于相对低值，即实际天空亮度相对更亮。而西向测点夜天空星等亮度处于相对高值，即实际天空亮度相对更暗。其中北向及东向区域测点夜天空星等亮度有逐渐走低趋势，而西向测点夜天空星等亮度相对稳定。由图 6-11 可知，在同方位的相同时间段内的不同典型气象条件下，夜天空星等亮度曲线走势大致相似，如 4 月 28 日 20：40 ～ 22：00 与 6 月 8 日 20：40 ～ 22：00 的天空星等亮度变化曲线有相似的变化规律，同理可得另外两条曲线的天空星等亮度变化规律相似，且在相同方位的相同时间段内的不同典型气象条件下，晴天比云天全天空星等亮度更高，即天空实际亮度相对更暗。而在相同典型气象条件下的不同时间段内，宵禁后（0：20 ～ 1：25）比宵禁前（20：40 ～ 22：00）天空星等亮度更高，即天空实际亮度相对更暗。进一步使用 SPSS 分析软件来分析其不同条件下的分布特性，如表 6-9 所示。

表 6-9　四个主导方向典型气象条件夜天空星等亮度统计

研究对象				夜天空星等亮度 / (mag/arcsecond²)			差值	标准偏差	N
				最小值	最大值	平均值			
北向	4/28	晴	20：40 ～ 22：00	14.60	17.98	17.16	0	0.87167	46
	4/29	晴	0：20 ～ 1：25	17.03	18.67	18.03	0.87	0.44826	46
	6/8	云	20：40 ～ 22：00	14.34	16.51	15.92	−1.24	0.47075	46
	6/9	云	0：20 ～ 1：25	16.28	17.54	16.65	−0.51	0.30892	46
东向	4/28	晴	20：40 ～ 22：00	15.19	17.84	16.89	−0.27	0.79096	46
	4/29	晴	0：20 ～ 1：25	16.43	18.67	17.80	0.64	0.58879	46
	6/8	云	20：40 ～ 22：00	13.89	16.35	15.66	−1.50	0.53632	46
	6/9	云	0：20 ～ 1：25	16.28	17.47	16.56	−0.60	0.25965	46

续表

研究对象				夜天空星等亮度 / (mag/arcsecond^2)			差值	标准偏差	N
				最小值	最大值	平均值			
南向	4/28	晴	0: 40 ～ 22: 00	12.45	17.92	16.52	−0.64	1.46293	46
	4/29	晴	0: 20 ～ 1: 25	17.98	18.71	18.38	1.22	0.19976	46
	6/8	云	0: 40 ～ 22: 00	12.60	16.72	15.60	−1.56	1.03390	46
	6/9	云	0: 20 ～ 1: 25	16.51	17.83	17.07	−0.09	0.39763	46
西向	4/28	晴	20: 40 ～ 22: 00	16.66	18.04	17.67	0.51	0.37537	46
	4/29	晴	0: 20 ～ 1: 25	17.79	18.71	18.51	1.35	0.17079	46
	6/8	云	20: 40 ～ 22: 00	16.15	16.85	16.47	−0.69	0.19048	46
	6/9	云	0: 20 ～ 1: 25	16.53	18.12	17.10	−0.06	0.46738	46

运用 SPSS 软件分析可以得到测点区域天空星等亮度平均值的最大值为西向晴天宵禁后（0: 20 ～ 1: 25），其星等亮度平均为 18.51mag/arcsecond^2，即亮度为 4.3mcd/m^2；测点区域天空星等亮度平均值的最小值为南向云天的宵禁前（20: 40 ～ 22: 00），其星等亮度平均值为 15.60mag/arcsecond^2，即亮度为 62.1mcd/m^2；后者亮度约为前者的 15 倍。而标准偏差的最大值出现在南向晴天的宵禁前，数值为 1.46293，说明在测点区域的南向晴天夜间宵禁前的星等亮度离散程度最高，其亮度变化程度最明显；而标准偏差的最小值出现在西向晴天宵禁后，其数值为 0.17079，说明其离散程度最低，亮度变化程度最稳定。

综上所述，在测试区域夜间光环境的分布特点为西向亮度均值最低，南向均值亮度最高，其星等亮度相差近 3 星等级，且后者亮度约为前者的 15 倍，进一步说明城市夜间不同方向区域的夜间光污染程度不同，受到地理方位的影响。受到不同气象条件的影响，晴天星等亮度普遍高于云天，即晴天夜间光环境相对更暗；且与城市夜间宵禁时间有一定的关系，其中宵禁后星等亮度普遍高于宵禁前，即宵禁后夜间光环境相对更暗。因此城市夜间不同地理方位的商业照明、建筑照明等人工光照明对夜间光污染的形成有重要的影响作用。

6.3.5 亮度轴线分布规律

通过比较城市四个主导方向上的天空星等亮度可以初步判定夜间光污染的程度与观测区域所在的地理方位有直接关系。因此进一步对测试模型轴线四方位（正北、正东、正南、正西）的星等亮度进行比较，探究天空星等亮度从天顶到地表轴线上垂直坐标四方位随时间因素及典型气象条件下的分布规律。其中四个主导方位上从天顶到地表的 8 个测点如图 6-12 所示。

选取典型晴朗无月夜（4 月 28 日 20: 40 ～ 22: 00、4 月 29 日 0: 20 ～ 1: 25）、典型云天有月夜（6 月 8 日 20: 40 ～ 22: 00、6 月 9 日 0: 20 ～ 1: 25）作为四次

测试对比。其中分别对比测点轴线四个方位（正北、正东、正南、正西）的夜天空星等亮度汇总，如图6-13所示，测点1～8分别代表从天顶到地表轴线的夜天空星等亮度。

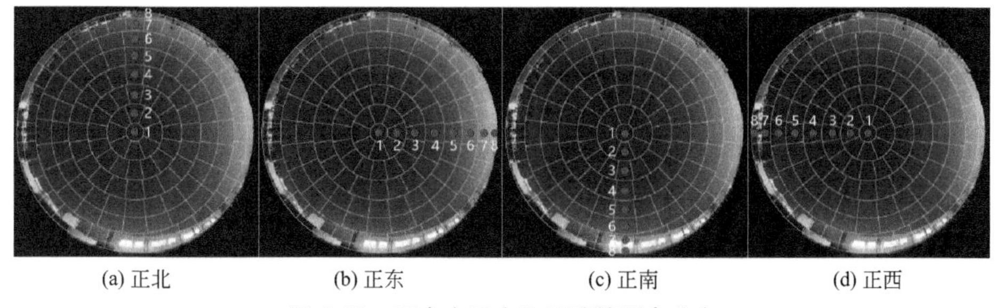

图6-12　四个主导方位区域的测点分布

由图6-13分析可以看出，在晴天时，测点轴线四个方位（正北、正东、正南、正西）的天空星等亮度在宵禁前后在从天顶到地表轴线整体呈现出由暗变亮的趋势。其中典型晴天宵禁前天空星等亮度由高到低依次为正西＞正北＞正东＞正南。典型晴天宵禁后天空星等亮度由高到低依次为正西＞正南＞正北＞正东。典型云天宵禁前天空星等亮度由高到低依次为正西＞正北＞正东＞正南，其星等亮度变化趋势与典型晴天宵禁前相一致。典型云天宵禁后天空星等亮度由高到低依次为正西＞正南＞正北＞正东，其星等亮度变化趋势与典型晴天宵禁后相一致。

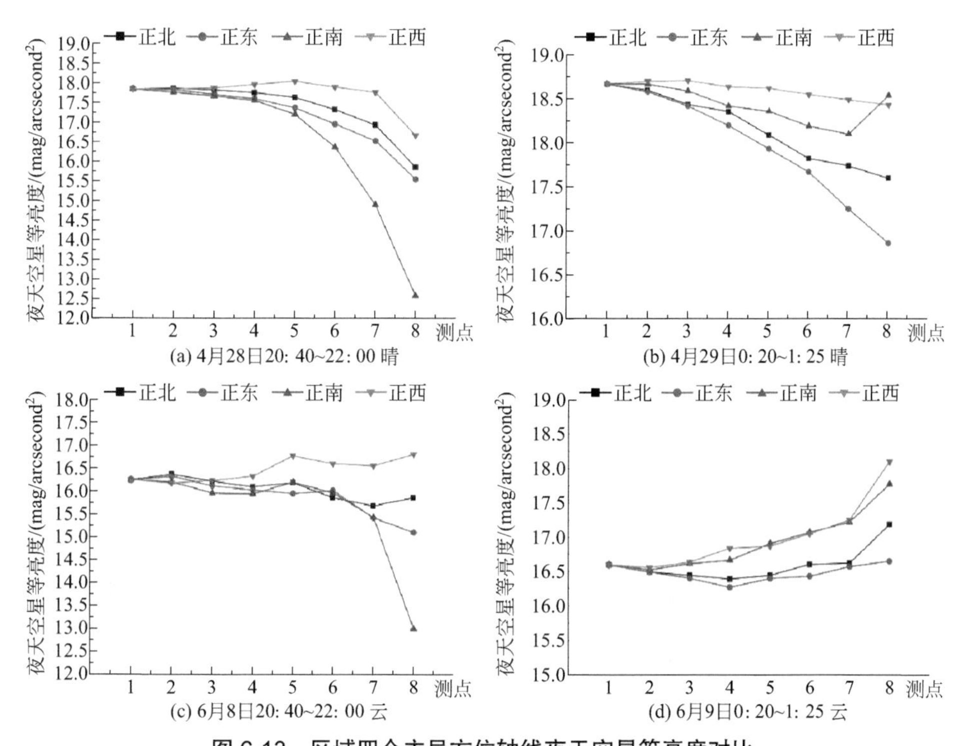

图6-13　区域四个主导方位轴线夜天空星等亮度对比

由分析可知，在典型晴天宵禁后正南向测点 7 ～ 8（地表）星等亮度呈现出突然变高的走势，即实际亮度突然变暗，这是由于地表建筑内透人工光关闭而导致的亮度下降。值得注意的是，典型云天宵禁前后天空星等亮度与典型晴天宵禁前后的变化走势相悖，尤其是典型云天宵禁后天空星等亮度由天顶到地表呈现出由低到高的变化趋势，这是由于云天天顶在云层作用下发亮明显，而宵禁后人工光在城市地表边缘逐渐关闭，使其呈现出较暗的光环境。测点轴线四个方位（正北、正东、正南、正西）的夜天空星等亮度测试结果见表 6-10。

表 6-10　轴线方向典型气象条件夜天空星等亮度统计

研究对象		夜天空星等亮度 / (mag/arcsecond^2)			
		4/28 晴 20：40 ～ 22：00	4/29 晴 0：20 ～ 1：25	6/8 云 20：40 ～ 22：00	6/9 云 0：20 ～ 1：25
正北	1	17.84	18.67	16.25	16.60
	2	17.86	18.60	16.37	16.50
	3	17.82	18.44	16.22	16.45
	4	17.75	18.36	16.10	16.40
	5	17.63	18.09	16.19	16.45
	6	17.32	17.82	15.86	16.61
	7	16.93	17.74	15.68	16.63
	8	15.85	17.60	15.86	17.20
正东	1	17.84	18.67	16.25	16.60
	2	17.83	18.58	16.33	16.50
	3	17.71	18.42	16.12	16.41
	4	17.60	18.20	16.03	16.28
	5	17.37	17.93	15.95	16.41
	6	16.95	17.67	16.01	16.44
	7	16.52	17.25	15.42	16.58
	8	15.55	16.86	15.10	16.66
正南	1	17.84	18.67	16.25	16.60
	2	17.76	18.67	16.20	16.53
	3	17.67	18.59	15.96	16.62
	4	17.55	18.42	15.94	16.67
	5	17.20	18.36	16.20	16.92
	6	16.36	18.19	15.96	17.08
	7	14.90	18.10	15.43	17.23
	8	12.58	18.54	12.99	17.78

续表

研究对象		夜天空星等亮度 /（mag/arcsecond^2）			
		4/28 晴 20：40 ～ 22：00	4/29 晴 0：20 ～ 1：25	6/8 云 20：40 ～ 22：00	6/9 云 0：20 ～ 1：25
正西	1	17.84	18.67	16.25	16.60
	2	17.84	18.70	16.18	16.56
	3	17.87	18.71	16.23	16.64
	4	17.96	18.64	16.33	16.85
	5	18.04	18.62	16.77	16.88
	6	17.89	18.55	16.60	17.06
	7	17.76	18.49	16.55	17.26
	8	16.66	18.43	16.80	18.11

研究发现典型晴天宵禁前的测点 1（天顶）星等亮度为 17.84mag/arcsecond^2，即亮度为 7.9mcd/m^2。而测点 8（地表）星等亮度为正北 15.85mag/arcsecond^2，即亮度为 63.3mcd/m^2；正东星等亮度为 15.55mag/arcsecond^2，即亮度为 65.1mcd/m^2；正南星等亮度为 12.58mag/arcsecond^2，即亮度为 1.003cd/m^2；正西星等亮度为 16.66mag/arcsecond^2，即亮度为 23.4mcd/m^2；即测点实际亮度由天顶越靠近地表亮度越高，其中地表亮度为天顶亮度值的 3 ～ 127 倍。由数据可知，地表正南侧的星等亮度最低为 12.58mag/arcsecond^2，即亮度最高为 1.003cd/m^2，高于标准夜天空亮度（2.1×10^{-4}cd/m^2）上千倍，即建筑内部透出人工光营造出“夜如白昼”的景象。而典型晴天宵禁后的测点 1（天顶）星等亮度为 18.67mag/arcsecond^2，而测点 8（地表）星等亮度平均值为 16.86 ～ 18.54mag/arcsecond^2，此时地表亮度为天顶亮度的 1 ～ 5 倍，但是我们可以清晰地从图 6-13（b）中看到地表南向星等亮度为 18.54mag/arcsecond^2，即亮度为 0.004cd/m^2，这是由于随着夜晚人工光逐渐关闭，观察点南侧区域夜间照明逐渐为以道路照明为主，此时夜间人工照明量最少。这也从数据上证明光污染是可被人为调控的，可以通过合理控制发光源来控制光污染。

在典型云天时，宵禁前天空星等亮度从测点 1（天顶）到测点 8（地表）呈现出相对均匀的变化特点，而宵禁前南侧夜天空依然是相对较亮的区域，其变化特点与晴天宵禁前相类似，即典型云天宵禁前测点 1（天顶）星等亮度为 16.25mag/arcsecond^2，而地表星等亮度平均值为 12.99 ～ 16.80mag/arcsecond^2，地表亮度是天顶亮度的 0.6 ～ 2 倍，亮度变化相对均匀。值得注意的是典型云天宵禁后的天空星等亮度的分布规律，其中宵禁后测点 1（天顶）星等亮度为 16.60mag/arcsecond^2（即亮度为 24.7mcd/m^2），而测点 8（地表）星等亮度为正北 17.20mag/arcsecond^2（即亮度为 14.2mcd/m^2）、正东星等亮度为 16.66mag/arcsecond^2（即亮度为 23.4mcd/m^2）、正南星等亮度为 17.78mag/arcsecond^2（即亮度为 8.3mcd/m^2）、正西星等亮度为 18.11mag/arcsecond^2（即亮度为 6.2mcd/m^2），此时天空实际亮度呈现出从天顶到地表逐渐变暗的趋势，其中天顶亮度为地表亮度的 1 ～ 4 倍。这是由于宵禁后人工光逐渐退去，在云的作用下，甚至是阴雨来临前，我们所见到的天空中的云层厚薄相差很大，厚的可达七八公里，薄的只有几十米。而阴天时，天空中的云层厚，或产生积雨云，自然背景光经过折射与漫反射作用被消耗，因而视觉天空颜色很暗且云色偏黑。而较薄的云层可以投射部分光线，因为视觉呈现灰色。尤其是波状云的边缘部分，视觉呈现更灰白。这是由于此时积雨云中的水珠已不再是蒸汽状。光线在水珠里面会发生折射，无数个水珠，将光线进行无数次折射，所以，光线在经无数次折射损耗以后，反而呈现出更暗的天空光环境。

综上所述，在天顶到地表轴线四个方位（正北、正东、正南、正西）的天空星等亮度值在不同典型气象条件下差异很大，其中晴天宵禁前后均呈现从天顶到地表的由暗到亮的趋势，而云天宵禁后反而呈现从天顶到地表的由亮到暗变化趋势。

6.3.6 亮度全色块分布

基于前期的研究基础，进一步深化区域全天空光污染立体测试模型的直观污染程度图像化表达。本节内容借鉴于伪彩色图方法，利用彩色图块来分级表示现实光污染分布强弱情况。该方法可以很好地表达出区域光污染随典型气象条件及时间变化规律于不同地理方位的污染强度，使区域光污染程度一目了然，具有直观性。

本节研究基于伪彩色图方法将区域实测 156 个星等亮度值按照一定的规律分级。也就是 13 ～ 19mag/arcsecond^2，每隔 0.25mag/arcsecond^2 为一个污染数量级，共分成 25 个星等色度级。将全部全天空范围内的星等亮度指标赋予到已经建立完成的全天空光污染测试模型扇形拼接展开图像中，可以清晰地对不同气象条件及时间段范围的数据进行光污染图视化表达。通过对星等亮度数据的图视表达转化，可以更加清晰且直观地看到城市区域光污染的严重程度，形象地将光污染程度通过颜色色块的形式表达出来，其结果汇总如图 6-14 所示。

图 6-14 中每一个色块所对应的星等亮度都是可以随着测试数据而实时变化的，如图例所示色彩由上到下表示星等亮度由高到低，即实际亮度由暗到亮。通过图示化表达可以直观看出，图 6-14（a）所示为晴天宵禁前的光污染情况，此时南向相对最亮而西向相对最暗，且由天顶到地表轴线呈现由暗到亮的变化趋势；图 6-14（b）所示为晴天宵禁后的光污染情况，此时处于相对暗的环境中，相较于宵禁前有很大的差异，测点南侧地表宵禁后亮度骤降，东北方向呈现相对

较亮的情况；图 6-14（c）所示为云天宵禁前光污染情况，此时光污染相对严重，而由天顶到地表呈现出逐渐变亮的趋势，且东南向地表发亮更严重；图 6-14（d）所示为云天宵禁后光污染情况，此时由天顶到地表呈现出逐渐变暗的趋势，且东北方向较亮。通过对亮度数据的整理可知，晴天宵禁前亮度平均值为 17.3mcd/m^2；晴天宵禁后亮度平均值为 5.9mcd/m^2；云天宵禁前亮度平均值为 48.0mcd/m^2；云天宵禁后亮度平均值为 19.3mcd/m^2。但是数据的处理需要较长时间且复杂，不能第一时间发现光污染的变化情况。因此通过对数据的色彩转化，根据色彩感知亮度进行对比区域亮度水平由亮到暗分别为云天宵禁前 > 云天宵禁后 > 晴天宵禁前 > 晴天宵禁后。结果更准确且直观。

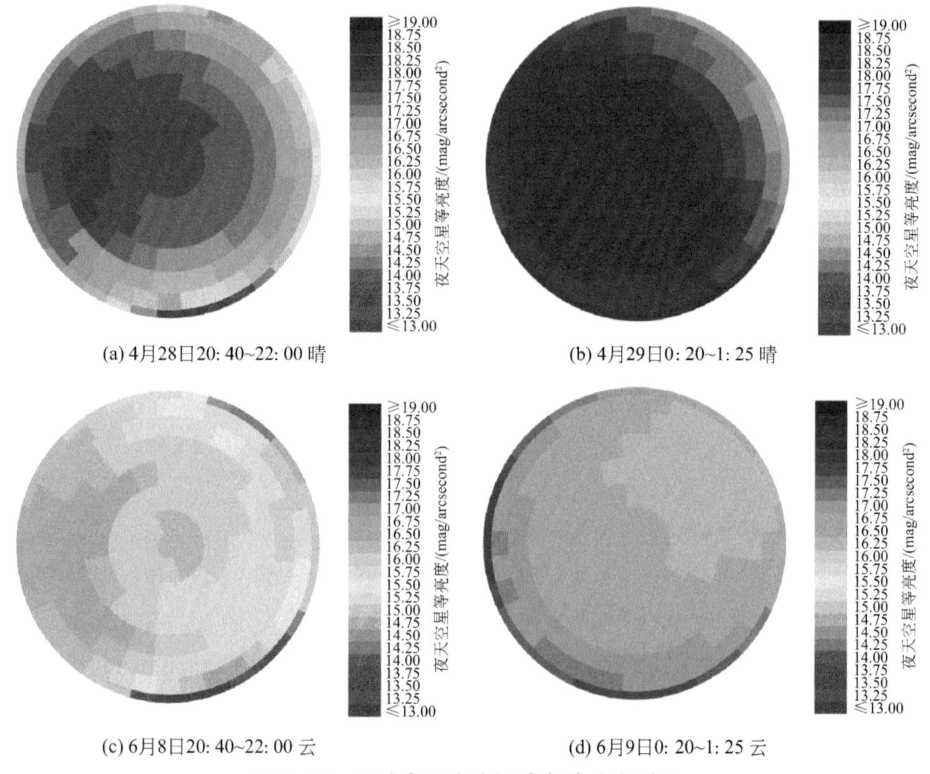

(a) 4月28日20: 40~22: 00 晴

(b) 4月29日0: 20~1: 25 晴

(c) 6月8日20: 40~22: 00 云

(d) 6月9日0: 20~1: 25 云

图 6-14　区域全天空光污染色块分布对比

综上所述，通过将每个得到的亮度数值都进行图像的可视化，即将数据实时获取之后再进行图像色彩转化就可以连续得到该区域的亮度值变化情况，可对光污染的评价与监测的进一步研究提供良好的思路。

6.4　本章小结

本章内容的研究基于对相关文献的整理，发现在现代生活的城市环境中，光污染是无处不在的。对区域天空光污染的产生原因进行整理，通过对测试区域天空星等亮度进行长期连续观测，并根据气象数据、空气质量数据统计，以及加载红色、绿色、蓝色滤光片与无滤光片的亮度数据进行对比，探究单色光影响下的夜天空光污染分布规律；通过采集2组典型气象条件下全天候（24小时）光环境图像，并使用SM光学亮度分析软件进行处理，利用实景图对比定性分析区域光污染情况，进而建立区域全天空光污染空间测试模型，并总结全天空亮度变化规律。

（1）单色光影响下的夜天空光污染分布规律

根据研究发现，复合光（无滤光片）影响下天空亮度平均值为31.1mcd/m^2；红光（红滤光片）影响下天空亮度平均值为4.8mcd/m^2；蓝光（蓝滤光片）影响下天空亮度平均值为8.9mcd/m^2；绿光（绿滤光片）影响下天空亮度平均值为19.3mcd/m^2，其中红光较复合光的影响最大（6.5倍左右）；绿光影响最小（1.6倍左右）。并根据单因素方差分析可得，单色光对光污染的亮度影响关系由大到小分别为红光 > 蓝光 > 绿光。

选取特殊时间段（1月13日17：00～次日7：00）天空星等亮度数据进一步分析可以看出，复合光影响亮度平均值为16.5mcd/m^2；红光影响亮度平均值为1.7mcd/m^2；蓝光影响亮度平均值为4.7mcd/m^2；绿光影响亮度平均值为10.2mcd/m^2。其中红光影响偏差最大（9.7倍左右），其次为蓝光影响偏差（3.5倍左右），绿光影响偏差最小（1.6倍左右）。因此单色光对区域天空影响程度由大到小分别为红光 > 蓝光 > 绿光。

（2）全天空亮度变化规律

1）整体分布规律

根据数据分析发现，典型晴天夜间宵禁前（20：40～22：00）的亮度平均值为17.3mcd/m^2；晴天夜间宵禁后（0：20～1：25）的亮度平均值为5.9mcd/m^2；典型云天夜间宵禁前（20：40～22：00）的亮度平均值为48.0mcd/m^2；而云天夜间宵禁后（0：20～1：25）的亮度平均值为19.3mcd/m^2。其中晴朗夜空宵禁前的天空亮度是宵禁后的3倍左右；云天夜空宵禁前的天空亮度是宵禁后的2.5倍左右。而对比不同气象条件时，云天宵禁前的天空亮度是晴天亮度的2.8倍左右；云天宵禁后的天空亮度是晴天亮度的3.3倍左右。比标准黑暗的自然天空的亮度（2.1×10^{-4}cd/m^2）相差数十倍甚至百倍之多。因此天空发亮水平从亮到暗依次为云天宵禁前 > 云天宵禁后 > 晴天宵禁前 > 晴天宵禁后。

2）方向分布规律

根据数据分析发现，分别对比典型气象条件下宵禁前后在测点区域四个主导方向（北向、东向、南向、西向）的亮度，其中天空亮度最低为西向晴天宵禁后（0：20～1：25），亮度为4.3mcd/m^2；天空亮度最高为南向云天宵禁前

（20：40 ～ 22：00），亮度为 62.1mcd/m^2；后者亮度约为前者的 15 倍。因此在测试区域夜间光亮度分布规律为西向亮度均值最低而南向亮度均值最高，进一步说明城市夜间不同方向区域的夜间光污染程度不同，受到地理方位的影响，且与城市夜间宵禁时间有一定的关系，其中宵禁前亮度普遍高于宵禁后。

3）轴线分布规律

通过对测试模型轴线四个方位（正北、正东、正南、正西）的星等亮度值进行比较，探究天空亮度从天顶到地表轴线上垂直坐标四个方位随着时间因素及典型气象条件下的分布规律。在晴天时，测点轴线四个方位的亮度在宵禁前后在从天顶到地表轴线整体呈现出由暗变亮的趋势。其中典型晴天与云天宵禁前天空亮度由高到低依次为正南 > 正东 > 正北 > 正西。典型晴天与云天宵禁后天空星等亮度由高到低依次为正东 > 正北 > 正南 > 正西。其中晴天宵禁前越靠近地表的亮度越高，地表亮度为天顶亮度的 3 ～ 127 倍；而晴天宵禁后地表亮度为天顶亮度的 1 ～ 5 倍；典型云天宵禁前亮度变化相对均匀，地表亮度是天顶亮度的 0.6 ～ 2 倍。

与之不同的是典型云天宵禁后的亮度值的分布规律，其中宵禁后测点 1（天顶）亮度为 24.7mcd/m^2，而测点 8（地表）正北亮度为 14.2mcd/m^2、正东亮度为 23.4mcd/m^2、正南亮度为 8.3mcd/m^2、正西亮度为 6.2mcd/m^2。此时天空实际亮度呈现出从天顶到地表逐渐变暗的趋势，其中天顶亮度为地表亮度的 1 ～ 4 倍。天顶到地表轴线四方位（正北、正东、正南、正西）的天空星等亮度在不同典型气象条件下差异很大，其中晴天宵禁前后均呈现从天顶到地表的由暗到亮趋势，而云天宵禁后反而呈现从天顶到地表的由亮到暗变化趋势。

进一步建立星等亮度的色块分布图，用不同亮度级的颜色直观表示区域内测点的光污染情况，将亮度数据实时获取之后再进行图像色彩转化，就可以连续得到该区域的亮度变化情况，直观表达区域光污染的强弱在时间、气象条件及地理方位等因素下的分布，为将来光污染的评价与监测的进一步研究提供良好的思路。

第7章

城市照明中光污染评价研究

科学的、可持续的夜景照明要求人造光环境对周围物理环境的影响应该是最小的，而光污染作为城市夜景照明中的副产品与可持续发展理念相违背。因此，有必要结合城市建筑与环境发展的建设情况，建立有效的光污染评价程序，对在夜景照明设计前期或建设时期有可能造成光污染的环节进行评价与检测，以达到设计的优化与资源的合理配置，将有害光减少到不对周围环境和人产生危害的水平。本章在前面研究的基础上，初步提出总体评价指标、检测技术指标，力求构建一个较为完备的光污染防治、检测和监测的屏障。

7.1 光污染的评价与监测指标

作为一个学术概念，对光污染的定义不但要有科学依据和逻辑上的严密性，而且还要有可测量的技术指标，将光所造成的不良后果通过现代化科技监测手段，经量化后，用设定的等级来判定光污染的严重程度，此时处理就有了依据，也有了可操作性。下面对光污染拟从总体评价指标和监测技术指标两方面来综合评定光污染的程度。

7.1.1 总体评价指标

（1）亮度分区

分区规则已成为建立环境规划的一个基础元素，分区的好处就是一旦污染行为是不可避免的，分区能够缩小污染的状况，使其不会危害到其他环境区域。虽然分区的方法并不能成为控制环境污染的最终手段，但是它对于分区优化治理和分区制定相应有效的防治环境污染的法律、法规提供了有利的条件。针对每一个区域，还可以再细分子区域，以便更好地进行照明的规划、设计和光污染的防治。表 7-1 所示为根据 CIE 分区系统进行的环境亮度分区。

表 7-1 根据 CIE 分区系统进行的环境亮度分区

区域	环境特征	子区域	举例
E1	自然的，黑暗区域	E1a	自然保护区
		E1b	国家公园
		E1c	著名自然景观区
E2	农村，低亮度区域		城市的外围区域和农村居住区
E3	郊区，中等亮度区域	E3a	城市郊区居住区
		E3b	城市居住区
E4	城区，高亮度区	E4a	晚上具有适当活动功能的城区、商业区、工业区、混合型住宅区
		E4b	晚上具有高度丰富活动功能的都市商业区、商住混合区

（2）宵禁时间

可通过限制宵禁时间来控制照明时间。在现代生活中，夜晚关闭全部灯具是不可能的，对于社会生产和生活中某些重要方面，在宵禁后照明是仍然需要的。宵禁时间是人类的活动变化的一个标志和界限，因此通过调光器或智能化控制系统可在宵禁后关掉一些不需要的灯。许多法规、标准可以依据宵禁时间作为界限来进行规定和量化。宵禁时间对商业、工业混合居住区居民的正常休息和夜间环境保护起着重要的作用。

（3）光色控制

光污染的监测应将光色考虑在内。城市中的霓虹灯、红绿蓝等饱和度高的灯箱、色彩识别性强的广告牌等形式过杂、色彩过多的光，易使城市夜景缺乏美感；而在道路照明却应采用单一色光或少量色光，防止交通信号隐没在色彩斑斓的广告背景当中，根据对中国城市居民光色偏好的研究，选用暖黄色、暖白色的灯光较为合适；天文台附近的道路照明应采用单色光，低压钠灯只放射窄范围的黄色光，比较容易用望远镜上的滤光片去除。可见，光污染监测中应衡量光形、光色、光亮等元素的适“度”性问题，以满足人们功能性和审美性的要求。因此，光色的确定不容忽视，防止光色泛滥、色彩单调、光色误导或光色失衡等给城市居民带来新的光污染，造成新的烦恼。建议可以通过区域色温分布、灯具的色坐标等进行具体评估。

（4）区域间的距离关系

在特定区域内，某些地方（可称为控制点或参考点，如天文台、国家公园等地方）的光污染程度不仅与本区域内的照明有关，而且也会受到周围区域室外照明的影响，这些照明同样会增加该区域的光污染和光干扰。因此不同区域间的距离限制可有效控制区域间光污染的相互影响，尤其是可以从整体上限制商业区、工业区对临近居住区的光污染。目前对区域间距离的研究还在不断地发展和更新，对于人口稀少、地域辽阔的国家或地区，其区域边界线间的最小距离推荐值见表 7-2，而对于人口密集的国家或地区很难按此标准进行，意大利的照明标准对此进行了规定，见表 7-3。因此，在我国可以根据实际国情参考或制定限制区域边界线间最小距离推荐值，以便评价和限制光污染和光干扰。

表 7-2　控制点与区域边界线间最小距离推荐值

控制点的区域类型	周围区域类型		
	E1 ～ E2	E2 ～ E3	E3 ～ E4
	最小距离推荐值 /km		
E1	1	10	100
E2		1	10
E3			1
E4		无限制	

表 7-3　控制点与区域边界线间最小允许距离

控制点的区域类型	周围区域类型		
	E1 ～ E2	E2 ～ E3	E3 ～ E4
	最小允许距离 /km		
E1	1	5	10
E2		1	5
E3			1
E4		无限制	

（5）有效光照区域

考察有效光照区域的目的是在适当的区域科学合理地进行城市照明，该方面可以通过上射光比例进行保护和推断。有效光照区域是从照明的空间上进行监测分析，也就是说根据被照目标选择与之匹配的灯具和光源，在安装照明设备时，把光集中在需要照明的方向，把射向其他方向的光遮挡掉或者反射到需要的方向，提高光照的有效性，减少无用光。这样既能以更加少的能量确保必要的光度，又能减少能量的使用。

（6）亮度平衡

亮度平衡的目的是缩小光环境中明暗的亮度间距，主要考察光环境中的光分布均匀性和亮度对比度。对于夜间光环境，不仅要有足够的照度水平，还必须具备良好的光照分布，其中环境中景观要素的亮度平衡极为重要。如果夜间环境中亮度比过大，不仅易形成眩光，还易引起光干扰、光溢散和能源浪费等。舒适的亮度比一般为 3:1 ～ 5:1，为将人们的视线吸引到视觉焦点上，可以将亮度比提高到 10:1 ～ 100:1，但要增加中间层次的亮度过渡。

7.1.2　监测技术指标

（1）照度

光照强度简称照度，是指光对被照对象“造成不良后果”的严重程度，光照强度是一个很重要因素，即在单位面积上光通量越大，则光污染就越严重。对于光的照射强度，可以用照度仪来测试，并用勒克斯 (lx) 单位来进行量化。

（2）光源闪烁度

光的闪烁是灯具在交流电源情况下，灯管两端不断改变电压极性，随着电流的变化，光通量随之波动，由此产生的闪烁感，这种现象称为频闪效应（或闪烁现象）。光的闪烁会引发视觉疲劳、偏头痛，造成人眼分辨能力下降、视力下降，还会引发心跳过速等。有时光源的强度并不大，但它不断闪烁，造成视觉混乱，产生了光污染。光的闪烁度可用每秒所闪烁的次数（次 / 秒）来计量。光源闪烁常见有周期性闪烁、非周期性闪烁、VDU（视觉显示设备）闪烁和灯光闪烁四类。人眼最敏感的闪烁频率是8.8Hz，当闪烁频率达40Hz以上感觉就不灵敏，至50Hz以上时，则完全感觉不到。

（3）照射时间

考察照射时间的目的是在适当的时间科学合理地进行城市照明。与其他环境污染相比，光污染的可控性较强，停止光源，光污染也就消失。在一定的光强下，照射时间越长，光污染的累积效应也就越严重；反之，即使光很强，但只是一闪而已，也许并不会造成光污染。因此，对照射时间的控制就是在需要时开启照明灯具，不需要时关掉，即使是道路照明，也不一定要整夜开启，可以通过各种方式进行控制。所以，照射时间是控制光污染中一个不可忽视的因素，表7-4显示了照明时间的权重系数。

表7-4　照明时间的权重系数

照明类型	道路	公园	广场空地	商业周围	停车场	景观	广告标识	其他	备注
公路照明	1.00	1.00	1.00	1.00	1.00	1.00	1.00	1.00	道路20：00～22：00后进行20%的调光
警卫照明	1.00	1.00	1.00	1.00	1.00	1.00	1.00	1.00	大多数夜晚是整夜开启
高杆照明	0.50	1.00	1.00	0.35	1.00	1.00	1.00	0.50	熄灯时间可为21：00～22：00
HID照明	0.35	0.35	0.35	0.35	0.50	0.40	0.40	0.35	熄灯时间可为21：00～23：00
泛光照明	0.35	0.35	0.35	0.35	0.50	0.40	0.40	0.35	熄灯时间可为21：00～23：00
壁灯照明	0.35	0.35	0.50	0.50	0.50	0.40	0.40	0.50	夜间关闭时候多
其他	0.65	0.65	0.65	0.65	0.65	0.65	0.65	0.65	

（4）上射光比例

上射光是引起城市天空发亮的主要光污染类型，其中灯具形式、城市表面反射特性是影响照明上射光线比例大小的主要因素，因此可从这两方面进行城市照明上射光线的定量化评价。对此世界上很多国家都有明确的规定，如表7-5中英国对不同性质区域中使用的灯具的上射光线占灯具总光通的比例做了明确的规定。日本根据不同性质区域和照明的等级对上射光线占灯具总光通的比例规定如表7-6所示。

表7-5　英国对灯具上射光线占灯具总光通的比例的规定

区域	上射光的输出比率（最大值）/%	天文观察活动
E1	0	国家级天文台观测
E2	0～5	进行科研活动
E3	0～15	业余爱好者观察
E4	0～25	随意性的天空观察

注：各区域定义与表7-1相同。

表 7-6　日本对灯具上射光线占灯具总光通的比例的规定　（%）

<table>
<tr><th rowspan="2">区域划分</th><th rowspan="2">安全性道路照明上射光线比例最大值</th><th colspan="2">景观性道路照明上射光线比例最大值</th></tr>
<tr><th>临时性照明设备</th><th>长期性照明设备</th></tr>
<tr><td>区域 1（公共绿地）</td><td>0</td><td rowspan="2">—</td><td rowspan="2">—</td></tr>
<tr><td>区域 2（其他城区和农村居住区）</td><td rowspan="3">0 ～ 5</td></tr>
<tr><td>区域 3（城区居住区）</td><td>0 ～ 15</td><td rowspan="2">0 ～ 15</td></tr>
<tr><td>区域 4（城区混合型居住区，有夜市的商业区内的住宅）</td><td>0 ～ 20</td></tr>
</table>

但是由于各国城市环境不同、灯具利用形式的差异，照明上射光线比例也会存在一定的差别，因此制定适合我国国情的关于照明上射光线比例的标准，还有待于进一步的研究。城市照明上射光线主要包括灯具的天向溢散光和城市表面的反射光，可以通过灯具上射光线和道路表面反射光线占全部出射光线的百分比计算，该值越大，电能浪费越多。目前可以通过经验公式进行估算，见式（3-6）。

（5）眩光控制指标

眩光在室外照明中是最常见的，由于视场中视觉目标太亮，或空间上、时间上亮度对比太大造成的观察者的视觉不适、视觉作业水平下降或在短时间内无法看清目标的现象。与眩光对应的两个指标包括失能眩光和不舒适眩光。失能眩光用阈值增量（TI）度量。阈值增量是指，为弥补由于眩光源造成的观察者视觉分辨率能力的降低，应当相应地提高多少百分比的水平亮度。不舒适眩光常用国际照明委员会推出的统一眩光等级（UGR）来评价，其他还有英国的眩光指数系统（GI）、美国的视觉不舒适概率系统（VCP）等眩光指数或眩光等级。

（6）灯具遮光形式

灯具是一种产生、控制和分配光的器件，通过对灯具遮光形式的监测可以判断区域溢散光的严重程度。限制溢散光最好的办法是合理选择灯具遮光角，采用截光型灯具或给光源装设格栅、遮光片、防护罩等，以有效控制照明灯具的遮光角，防止直射光线的溢散和眩光产生。

（7）天顶亮度

由于天空亮度是由天边逐渐向天顶方向延伸，天顶亮度越高，说明城市光污染越严重，因此天顶亮度可作为评价光污染的重要指标之一。某一处的夜天空亮度是由该处及周围环境光的光线累加上射的结果，给出天顶亮度值将有利于定量化地对比分析和综合评价地面上光溢散的程度和进程，也便于为天文爱好者和天文学家进行各种不同场合下的天文观测或天体拍摄等提供择址依据。

7.2 夜间光环境风险治理措施

7.2.1 城市管理策略

（1）构建城市夜间光环境风险监测体系

结合先进技术（如高精度遥感技术、大数据分析处理技术）对城市夜间光环境进行全面的监测、对夜间光环境风险点进行精准的定位、对夜间光环境问题及时地展开治理，从而构建灵活、高效的城市夜间光环境风险防治体系。

在监测方面，可以使用周期性更新的夜光遥感数据，结合本研究的地面反演方法及地面光环境数据库，周期性地生成城市夜间光环境风险地图，实现对城市夜间光环境的周期性监测及对风险点的精准捕捉，并可通过周期性的监测结果对夜间光环境治理效果进行实时的评估与对比。

（2）多规合一，系统化规划

为了提高城市夜间活力，除对夜间光环境安全性高风险地区进行专项规划，提高城市夜间照明的安全性水平外，夜间城市照明设计应当综合考虑其他各专业门类，建立系统化的、综合性的城市夜间照明的国家规范体系，从法规条文上引导城市照明设计往更加系统的方向行进。

（3）健全法律，多部门协作

政府加强城市夜间光环境安全性方面的法规、标准、规章制度的研究力度，建立健全城市夜间光环境安全性的监督及治理体系。发挥政府的统筹规划作用，出台相关政策措施，规范城市夜间照明资源的合理分布，让过亮的区域暗下来、过暗的区域亮起来。同时夜间光环境研究中的科研团体、协会、高校应认真研究城市夜间光环境风险点的治理方法，为政府的精准布局、科学防控提供技术支持。

根据以上的叙述，可以对城市夜间光环境安全性照明的宏观监督治理体系进行初步的构建。城市管理者通过城市规划、城市资源调配等方式开展夜间光环境的治理工作，对安全性照明风险点进行专项规划，进而提高城市夜间光环境的质量。

7.2.2 建筑设计策略

在相同的城市形态参数下，不同区域因建筑形体、建筑材料、景观、灯具配比的不同，夜间光环境也会存在较大的差异。例如，不同建筑形体、绿化方式对城市公共灯光的遮挡作用、不同材料对夜间灯光的反射效果都会对城市夜间光环境造成直接的影响。

因此本节在建筑设计层面，从建筑形体布局、建筑外立面材料选用、园林景观配套、照明灯具布置四个方面提出提升夜间照明安全性的设计意见，为减少低照明安全性区域在城市区域内的面积占比，以及为建设高质量的城市夜间光环境提供建筑设计策略的参考。

（1）建筑形体布局

城市夜间灯光亮化的活跃阶段为 20：00 ～ 22：00，在此阶段，城市装饰性照明被大量打开，商业综合体、办公楼等公共建筑所在区域成为夜间灯光量化水平较高的区域。因此在该时间段内，可以通过以下几点建筑形体布局的改变对城市公共照明进行充分的利用。

第一点，通过形体错动引入光线，如图 7-1 所示。常规兵营式布局的建筑形体对于城市灯光的渗透作用较为单一，通过建筑形体的高差以及形体间的错位布置，增强城市公共照明的灯光渗透作用，同时形成变化丰富的城市天际线。

第二点，避免过于复杂的形体，如图 7-2 所示。形体的不规则凹凸影响了建筑形体对城市公共照明的光线的引导作用。因此建议在保证建筑功能合理完整、形体优美的前提下，简化建筑形体，减少光线的多次反射带来的能量衰减。

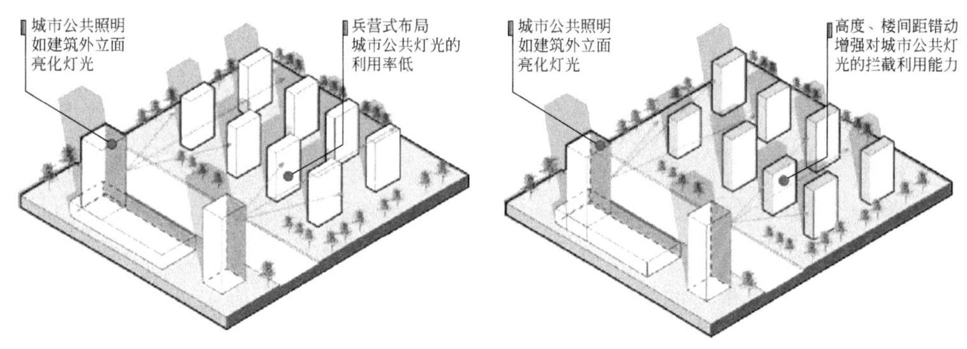

图 7-1　建筑形体布局

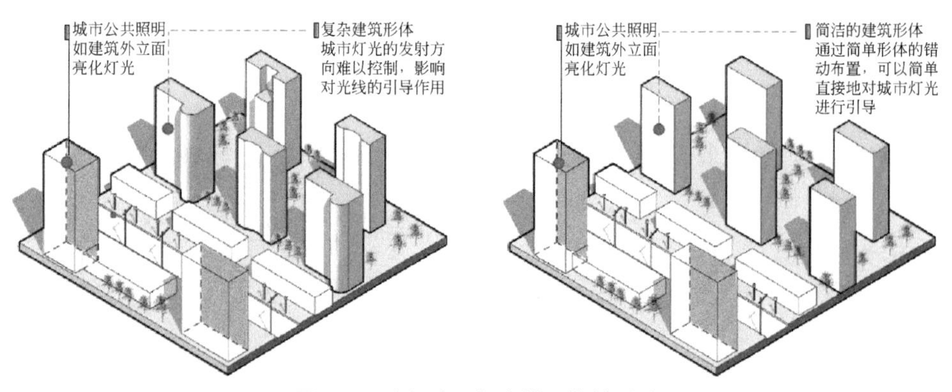

图 7-2　避免过于复杂性形体的影响

（2）建筑外立面材料选用

如图 7-3 所示，建筑外立面使用可以产生较强漫反射效果的立面材质，如涂料类的真石漆、石英砂等质感涂料，石材类的花岗石材料，减少使用乳胶漆、金属漆、铝合金等漫反射效果较差的立面材料，使城市内部的人工光可以被均匀地反射到城市空间内部，从而达到提升区域夜间照度的效果。

（3）照明灯具布置

对于城市居住区，通过居住区的空间开放程度将其划分为开放式住区与封闭式住区两类。开放式住区建设年代较早，灯具布置形式较为单一，居住区内照明灯具多布置在组团级道路内。封闭式住区建设年代较迟，灯具布置方式多样且具有较高的整体性。

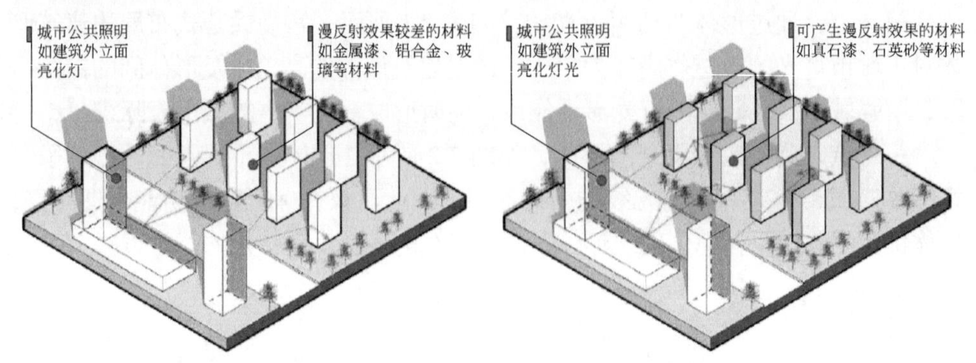

图 7-3　建筑外立面材料对光线散射的影响

因此对于开放式住区的安全性照明问题，应当从照明的整体性入手，解决策略如图 7-4 所示。在位于建筑主立面间的宅间小路布置地灯，提高照明水平的同时减少夜间灯光对居民的干扰。在位于建筑山墙面间的宅间小路布置高度较高的庭院灯，增强水平方向的人脸识别效果。在组团级道路同时布置庭院灯、草坪灯，增强环境的立体照明效果，提高行人对环境中物体的识别能力。通过居住区内多空间层次照明体系的建立，提升夜间安全性照明感受。

对于城市道路，通过对风险点的分析发现安全性感受较低的风险点多是由于灯具的布置间距、布置方式不满足现行的国家规范所导致，因此对于城市道路安全性照明风险点的治理可借助安全性风险地图，对风险点进行捕捉。以现行国家规范对风险区域内路灯的灯具间距、灯具参数、灯具布置方式进行调整。

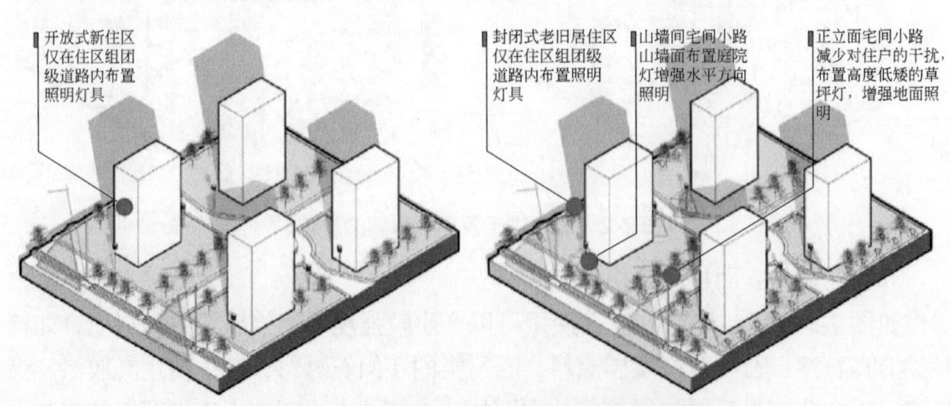

图 7-4　单一层次与多层次照明的照明效果对比

（4）园林景观配套

景观配套作为城市的基础设施，与城市照明设施的布置位置具有较高的重合度。相关研究表明，景观绿化对于城市公共照明设施的照明效果有着一定的干扰作用（图 7-5）。

通过实地调研发现，景观绿化对于照明的影响主要表现在对灯具照明工作面的遮挡，进而导致区域的实际照明效果远差于设计值。因此对于未建成区域应综合考虑景观配套与照明设施的关系进行系统化的设计，以树木生长龄期提出绿化修剪周期。对于已建成的区域，则应对路灯周边的乔木以及地灯周边的灌木进行定期清理，减少景观绿化对于照明灯具的遮挡。

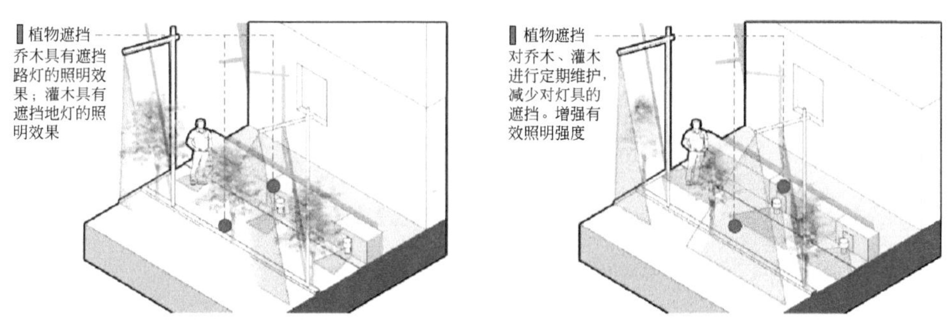

图 7-5　景观配套措施对照明效果的影响

（5）物联网照明监控体系

参照美国、以色列等国家的城市公共照明设施线上监管系统，依托大数据分析、物联网技术可对城市的公共照明设施运行情况进行实时监控与风险预警。例如，CIM（城市信息模型）平台可通过照明灯具的物联网系统对城市基础照明设施运行情况进行实时监管。通过对先进技术的集成使用，形成及时发现、及时治理的光环境问题解决机制。

7.3　城市光污染分布可视化方法

经过前几章的研究分析，发现由于光在空间存在瑞利散射和米氏散射两种主要传播方式，城市地表层也具有对光反射的作用，从而造成光污染具有远离光源、影响范围广等特点，也使不同城市空间层次中的光污染分布特性存在差异，因此在基于地理信息系统技术上，对光污染分布可视化是根据城市空间层次进行的。在研究中，根据城市空间光环境的分布特点，将城市空间分为城市地表层、城市冠顶层（中空）、城市夜空层（天顶）三个层次，分别进行各空间层次的光污染可视化表达研究。在不同层次中，分别采用现场调查、物理测量、数值分析、二维图像数字化处理分析、分子吸收光谱理论、地理信息系统、遥感技术、环境监测等方法建立相应的光污染信息数据库，以便利用地理信息系统等处理软件进行可视化表达。例如，结合第 4 章的处理方法，利用高分辨率对地观测系统湖北数据与应用网提供的高分辨率珞珈一号夜光数据进行大连市夜间灯光图像处理分析，如图 7-6 所示。

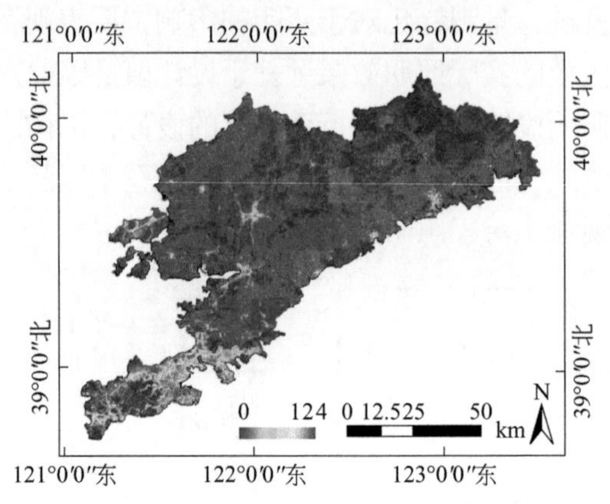

图 7-6　处理后的大连市夜光遥感图像示例

光污染分布可视化是未来光环境监控的趋势，通过研究，总结为四个方面，依次是空间信息数据库的建立、空间模型数据转换、光色地理信息耦合和光污染分布模型可视化，从而使光污染能够与地理信息系统相结合，不仅能够对城市夜间光污染的情况进行可视化表达，得到光污染等级和评价系统情况，还能够结合光污染观测方法进行数据实时更新，方便相应的研究及数据的可利用和可操作性，并能够结合光污染评价系统，为光污染评价和防治提供策略支持。

（1）空间信息数据库的建立

空间信息数据库主要由地理信息、遥感观测空间信息、光污染信息、气象信息与光污染有关数据组成，可通过实地调研、气象网站数据、地理信息网站等途径获得。其中地理信息包括城市土地使用类型、城市建筑分布、地表表面反射率、人工照明设施；空间信息以大气颗粒物浓度分布为主，可用空气质量指数等指标表达；光污染信息主要表现为城市空间光环境的亮度、色温、色度、照度等光污染评价和表现参数；气象信息包括天气状况、月相，其中天气状况主要选择云层分布、雨雪、温湿度、可见度等对光污染会产生影响的数据。

（2）空间模型数据转换

空间信息数据库的建立主要为后期各模型数据的相互转换打基础，针对城市区域各空间信息，采用聚类分析、层次分析、主成分分析等方法，使用地理信息系统软件（如 GIS、GPS/INS）和数据分析软件（如 SPSS、MATLAB）等建立各信息数据之间的关系模型。根据数据模型，结合实测，建立光地理信息空间分布模型。该转换数据的作用主要为后期监测的光信息和地理信息进行叠加整合做准备，其中地理信息主要包括区域地形、建筑模型、土地利用矢量数、光源设置（包括数量、位置、高度等信息）等基本信息。

（3）光色地理信息耦合

通过对空间模型数据的转换，将光信息和地理信息进行耦合，即将实测的光污染有关信息加载入地理信息中，初步建立城市地表层、城市冠顶层和城市夜空层的光污染分布模型。其中，城市夜空层主要建立星等亮度分布图、光亮度分布图、光谱能量图，在此基础上加载气象数据、颗粒物分布数据；城市冠顶层主要以亮度分布图为主；城市地表层主要以室外光源信息图、亮度分布图、照度分布图、光谱能量图等为主。

（4）光污染分布模型可视化

基于前期研究基础，利用与地理信息系统相关的处理软件，在地理信息基础上，逐层叠加光污染信息，建立含有空间信息的光污染可视化表达。在可视化表达过程中，主要是对前期耦合的空间层次光污染分布模型进行逐层叠加，从而建立整体空间下的，从微观、中观到宏观的光污染分布的二维及三维的可视化表达模型，为城市夜间管理和规划提供良好评价依据。

城市光污染分布的可视化的建立过程和方法大致如图 7-7 所示。

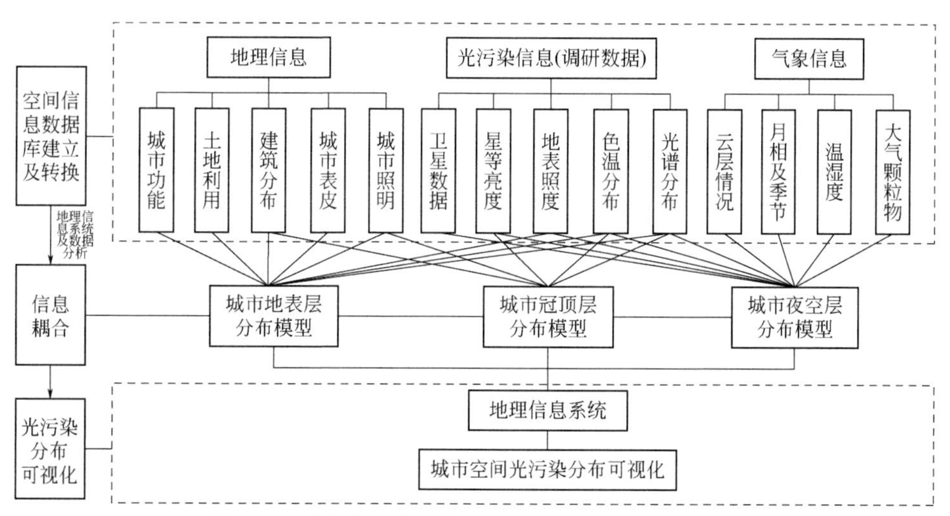

图 7-7　城市光污染分布的可视化的建立过程和方法

参考文献

[1] Cinzano P (editor). IDA European Meeting Report [R]. Italy: Light Pollution Science and Technology Institute, 2002.

[2] 廖秀健，阳素. 我国光污染立法现状及其防治措施[J].生态经济，2006 (1):35-37.

[3] Bergen F, Abs M. Etho-ecological Study of the Singing Activity of the Blue tit (Parus caeruleus), Great Tit (Parus major) and Chaffinch (Fringilla Coelebs) [J]. Journal Fuer Ornithologie, 1997, 138(4): 451-467.

[4] Jason J, Charles M Francis. The Effects of Light Characteristics on Avian Mortality at Lighthouses [J]. Journal of Avian Biology, 2003, 34: 328-333.

[5] Buchanan BW. Effects of Enhanced Lighting on the Behaviour of Nocturnal Frogs [J]. Anim Behav. 1993,45: 893-899.

[6] Bender DJ, Bayne EM, Brigham RM. Lunar Condition Influences Coyote (Canis Latrans) Howling [J]. Am Midl Nat,1996, 136:413-417.

[7] 胡家玉. 西安市主城区夜景照明光污染评价与防治研究[D].西安：西安建筑科技大学, 2015.

[8] 刘凯. 郑州市居住区夜间光环境问题及对策初步研究[D].苏州：苏州科技学院，2009.

[9] 刘鸣. 城市照明中主要光污染的测量、实验与评价研究[D].天津：天津大学，2007.

[10] 白彩全，易行，何晨.夜间灯光遥感数据应用研究的文献计量分析：以美国国防气象卫星计划运行线扫描系统为例[J].测绘科学，2017(8):116-123.

[11] 梁琦，刘萱.科研项目嵌入面向公众科学传播活动的政策与实现路径：美国NASA空间科学办公室教育与科普项目案例研究[J].中国科技论坛，2013(5):149-154.

[12] 汪凌. 以色列高分辨率商业遥感卫星计划[J].测绘科学，2002(2):52-54.

[13] 郝庆丽. 多维度城市夜间光环境数字观测与空间模型构建研究[D].大连：大连理工大学，2019.

[14] 肖辉乾，赵建平，等. 城市夜景照明技术指南[M]. 北京：中国电力出版社，2004.

[15] Henrik W J, Fr´edo D, Michael M S, et al. A Physically-Based Night Sky Model [J]. New York: the SIGGRAPH Conference Proceedings, 2001:399-408.

[16] 廖国男.大气辐射导论[M]. 周诗健，阮忠家，陶丽君，等译. 北京：气象出版社，1985.

[17] Puschnig J, Schwope A, Posch T, et al. The Night Sky Brightness at Potsdam-Babelsberg Including Overcast and Moonlit Conditions[J]. Journal of Quantitative Spectroscopy and Radiative Transfer, 2014, 139:76-81.

[18] Kyba C C M , Ruhtz T , Fischer, et al. Cloud Coverage Acts as an Amplifier for Ecological Light Pollution in Urban Ecosystems[J]. PLoS ONE, 2011, 6(3):e17307.

[19] Kyba C C M, Ruhtz T, Fischer J, et al. Red is the New Black: How the Colour of Urban Skyglow Varies with Cloud Cover[J]. Monthly Notices of the Royal Astronomical Society, 2012, 425(1):701-708.

[20] Jiang W, He G, Long T, et al. Assessing Light Pollution in China Based on Nighttime Light Imagery[J]. Remote Sensing, 2017, 9(2):135.

[21] Han P, Huang J, R Li, et al. Monitoring Trends in Light Pollution in China Based on Nighttime Satellite Imagery[J]. Remote Sensing, 2014, 6(6):5541-5558.

[22] 柳孝图. 建筑物理[M].北京：中国建筑工业出版社，2010.

[23] 谭满清，郝允祥. 北京夜间天空亮度的研究[J]. 照明工程学报，1994(1):51-55.

[24] Katz Y, Levin N. Quantifying Urban Light Pollution: A Comparison Between Field Measurements and EROS-B Imagery[J]. Remote Sensing of Environment, 2016,177:65-77.

[25] Falchi F, Cinzano P. Maps of Artificial Sky Brightness and Upward Emission in Italy from DMSP Satellite Measurements[J]. Memorie Della Societa Astronomica Italiana, 2000,71(1):139-152.

[26] Letu H, Hara M, Tana G, et al. Generating the Nighttime Light of the Human Settlements by Identifying Periodic Components from DMSP/OLS Satellite Imagery[J]. Environmental Science & Technology, 2015, 49(17):10503-10509.

[27] Smith R, Bereitschaft B. Sustainable Urban Development? Exploring the Locational Attributes of LEED-ND Projects in the United States through a GIS Analysis of Light Intensity and Land Use[J]. Sustainability, 2016,8(6):547.

[28] Levin N, Duke Y. High Spatial Resolution Night-time Light Images for Demographic and Socio-economic Studies[J]. Remote Sensing of Environment, 2012,119:1-10.

[29] Kuechly H U, Kyba C C M, Ruhtz T, et al. Aerial Survey and Spatial Analysis of Sources of Light Pollution in Berlin, Germany[J]. Remote Sensing of Environment, 2012,126:39-50.

[30] 毛银盾，唐正宏，郑义劲，等. CCD 漂移扫描的基本原理及在天文上的应用[J].天文学进展，2005(4): 304-317.

[31] Benn C R, Ellison S L. Brightness of the Night Sky over La Palma[J].New Astronomy Reviews, 1998, 42 (6): 503-507.

[32] 崔元日.防治光污染保护夜天空[J].灯与照明，2005(1):1-3.

[33] Cinzano P. Disentangling Artificial Sky Brightness from Single Sources in Diffusely Urbanized Areas[J]. Journal of the Italian Astronomical Society, 2000,71(1): 113-131.

[34] Walker M F. Light Pollution in California and Arizona[J]. Publ. Astron. Soc.Pacific, 1973(85): 508-519.

[35] Walker M F. The California Site Survey[J]. Publ. Astron. Soc. Pacific, 1970(82):672-698.

[36] David L, Crawford. Light Pollution, an Environmental Problem for Astronomy and for Mankind [J]. Journal of the Italian Astronomical Society, 2001,71(1).11-15.

[37] Cinzano P. The Propagation of Light Pollution in Diffusely Urbanised Areas[J]. Memorie della Societa Astronomia Italiana, 2000, 71(1):93-112.

[38] Cabello A.J, Kirschbaum C F. Modeling of Urban Light Pollution: Seasonal and Environmental

Influence [J]. Journal of the Ies, 2001, 30(1):142-151.

[39] 谭徽松，岑学奋. 光污染和光学天文台址保护[J].天文学进展，2001, 2(1):1-6.

[40] Cinzano P. Disentangling Artificial Sky Brightness from Single Sources in Diffusely Urbanized Areas [J]. Journal of the Italian Astronomical Society, 2000, 71(1): 113-131.

[41] Yocke M A, Hogo H, Henderson D. A Mathematical Model for Predicting Night-Sky [J]. Publications of the Astronomical Society of the Pacific, 1986, 98: 889-893.

[42] E.J.麦卡特尼.大气光学分子和粒子散射[M].潘乃先，毛节泰，王永生，译. 北京：科学出版社，1988.

[43] Albers S, Duriscoe D. Modeling Light Pollution from Population Data and Implications for National Park Service Lands [J]. George Wright Forum，2001, 18(4): 56-68.

[44] 陈亢利，王琦，王葳.光环境功能区域划分及管理初探[J].环境与可持续发展，2006(4):8-9.

[45] 李志国，沈天行. 天向逸散型光污染的现状与控制[J]. 照明工程学报，2005(1): 15-19.

[46] 周太明. 高效照明系统设计指南[M].上海：复旦大学出版社，2004.

[47] Cinzano P, et al.The First World Atlas of the Artificial Night Sky Brightness[J]. Mon. Not. R. Astron. Soc, 2001(328): 689-707.

[48] Cinzano P, Falchi F, Elvidge. C.D, et al.The artificial Night Sky Brightness Mapped from DMSP Satellite Operational Linescan System Measurements [J]. Mon. Not. R. Astron. Soc, 2000 (318): 641-657.

[49] Cinzano P, Falchi F, Elvidge. C.D. Naked-Eye Star Visibility and Limiting Magnitude Mapped from DMAP-OLS Satellite Data [J]. Mon. Not. R. Astron. Soc, 2001(323): 34-46.

[50] Cinzano P, Elvidge C D. Night Sky Brightness at Sites from DMAP-OLS Satellite Measurements [J]. Mon. Not. R. Astron. Soc, 2004(353): 1107-1116.

[51] CIE 2007. Proceedings of CIE 26th Seesion [R]. Vienna Austria: CIE Central Bureau, 2007.

[52] 郝洛西. 城市照明设计[M].沈阳：辽宁科学技术出版社，2005.

[53] 俞丽华，朱桐城.电器照明[M].上海：同济大学出版社，2014.

[54] Ir. Wout van Bommel. Lighting and Crime Prevention, Internationales Forum Für Den Iichttechnischen Nachwuchs, Proceedings [J]. Technische Universität Ilmenau, 2001: 47-50.

[55] J·R·柯顿，A·M·马斯登. 光源与照明[M]. 陈大华，等译.上海：复旦大学出版社，2000.

[56] 陈亢利，钱先友，许浩瀚.物理性污染与防治[M].北京：化学工业出版社，2006.

[57] 李公才.城市夜景照明的光污染及其防治措施[J]. 建筑电气，2004(1):34-35.

[58] 薛志钢，刘妍，柴发合，等.城市空气污染指数改进方案及论证[J].环境科学研究，2011(2):125-132.

[59] 徐晓星. 关于光污染概念问题的探讨[J].光源与照明，2005(3):23-24.

[60] 余希湖，蒋涌潮. 光源闪烁对视觉影响的研究[J].照明工程学报，1996(2):22-26.

[61] 袁星.光源闪烁及电气照明设计之对策[J]. 建筑电气，2005(6):35-38.

[62] 美国无线电公司. 电光学手册[M].北京：国防工业出版社, 1978.

[63] 郝允祥，陈遐举，张保洲.光度学[M].北京：中国计量出版社，2010.

[64] 郝洛西.全球重构下的光与照明:热点与趋势、变革与对策[J].照明工程学报，2020(6):4-5.

[65] MJ Sherlock，M Hasan，FF Samavati. Interactive Data Styling and Multifocal Visualization for a Multigrid Web-based Digital Earth[J]. International Journal of Digital Earth, 2021, 14(3):1-23.

[66] Wei J, Guojin H, Tengfei L, et al. Assessing Light Pollution in China Based on Nighttime Light Imagery[J]. Remote Sensing, 2017, 9(2):135.

[67] Wei J, Guojin H, Tengfei L, et al. Using Time Series Nighttime Images to Measure Light Pollution Trend in China[J]. International Journal of Environmental Science and Development, 2017, 8(9): 622-625.

[68] Wei Jiang,Guojin He,Tengfei Long, et al. Potentiality of Using Luojia 1-01 Nighttime Light Imagery to Investigate Artificial Light Pollution[J]. Sensors,2018,18(9)：1-15.

[69] Biggs JD，Fouché T，Bilki F，et al. Measuring and Mapping the Night Sky Brightness of Perth,Western Australia[J]. Monthly Notices of the Royal Astronomical Society，2012，421(2)：1450-1464.

[70] Jonathan Bennie, et al. Contrasting Trends in Light Pollution Across Europe Based on Satellite Observed Night Time Lights [J]. Scientific Reports, 2014, 4(1): 689-707.

[71] Bennie J, Davies T W, Duffy J P, et al. Contrasting Trends in Light Pollution Across Europe Based on Satellite Observed Night Time Lights[J]. Sci Rep, 2014, 4(3):3789.

[72] Bennett M M, Smith L C. Advances in Using Multitemporal Night-time Lights Satellite Imagery to Detect, Estimate, and Monitor Socioeconomic Dynamics[J]. Remote Sensing of Environment, 2017,192:176-197.

[73] 刘鸣，郝庆丽，刘玥. 遥感技术在城市夜间光污染研究中的应用进展[J]. 照明工程学报，2019, (2): 109-116.

[74] Falchi F, Furgoni R, Gallaway T A, et al. Light Pollution in USA and Europe: The Good, the Bad and the Ugly [J]. Journal of Environmental Management, 2019:248.

[75] Butt M J. Estimation of Light Pollution Using Satellite Remote Sensing and Geographic Information System Techniques [J]. Mapping Sciences & Remote Sensing, 2012, 49(4):9-21.

[76] Netzel H, Netzel P. High-resolution Map of Light Pollution [J]. Journal of Quantitative Spectroscopy and Radiative Transfer, 2018.

[9] [illegible] 1998.

[10] [illegible]

[11] [illegible] 2000.

[12] [illegible] Change [illegible] Using Multi-temporal Moderate-Resolution [illegible] Imaging Spectroradiometer [illegible] [illegible] 2020, 11(7): [illegible]

[13] Wei X, [illegible] Assessing [illegible] and Carbon [illegible] in Southwestern China [illegible] Science [illegible] 2017 [illegible]

[14] [illegible] Pollution [illegible]. International Journal of [illegible] Sustainable Development & World Ecology [illegible]

[15] Wei [illegible] Lee [illegible] [illegible] et al. [illegible] 1-10. [illegible] [illegible] 2018 [illegible]

[16] [illegible] Measurement and Mapping [illegible]

[17] [illegible]

[18] [illegible] Trends in [illegible] for [illegible] Cluster Research [illegible] [illegible] 2018 [illegible]

[19] [illegible] Remote Sensing [illegible] Earth Observation and Geoinformation [illegible]

[20] [illegible] Satellite Images [illegible] Estimating and [illegible] Remote Sensing of Environment [illegible] 2017, 194: [illegible]

[21] [illegible] [illegible] 2017 [illegible]

[22] [illegible] Journal of Environmental Management [illegible]

[23] [illegible] Satellite [illegible] information [illegible] Remote Sensing, 2017 [illegible]

[24] [illegible] Resources, Conservation and Recycling [illegible]